数据分析实践

姜文哲 ◎ 著

专业知识和职场技巧

清华大学出版社
北京

内 容 简 介

本书从初学者的角度出发，讲解了进阶为高级数据分析师所需的知识和技能，其中既包括数据分析岗位的介绍、发展现状及未来趋势，也包括实际工作中各环节的方法策略、实战案例，还包括职场中的困惑解答及面试指导。阅读本书，并基于本书进一步拓展所需要的知识技能，可以帮助读者形成一套成系统、可实战的数据分析方法论。

本书适合初级、中级数据分析师阅读，也适合在工作中需要应用数据分析解决问题的职场人士参考。

图书在版编目 (CIP) 数据

数据分析实践：专业知识和职场技巧 / 姜文哲著 .

北京：清华大学出版社，2024. 7（2025.5重印）. -- ISBN 978-7-302 -66655-4

Ⅰ . TP274

中国国家版本馆 CIP 数据核字第 2024UU0715 号

责任编辑： 杜　杨
封面设计： 杨玉兰
版式设计： 方加青
责任校对： 徐俊伟
责任印制： 曹婉颖

出版发行： 清华大学出版社
　　　　　　网　　　址：https://www.tup.com.cn，https://www.wqxuetang.com
　　　　　　地　　　址：北京清华大学学研大厦 A 座　　　　　邮　　编：100084
　　　　　　社 总 机：010-83470000　　　　　　　　　　　邮　　购：010-62786544
　　　　　　投稿与读者服务：010-62776969，c-service@tup.tsinghua.edu.cn
　　　　　　质 量 反 馈：010-62772015，zhiliang@tup.tsinghua.edu.cn
印 装 者： 涿州汇美亿浓印刷有限公司
经　　销： 全国新华书店
开　　本： 188mm×260mm　　　　**印　张：** 21.5　　　**字　数：** 472 千字
版　　次： 2024 年 7 月第 1 版　　　**印　次：** 2025 年 5 月第 2 次印刷
定　　价： 109.00 元

产品编号：100255-01

人物介绍

小白：数据学院大四应届毕业生，希望未来从事数据分析方向的工作，并为此不断努力中。

老姜：互联网数据科学家，拥有 10 年以上数据分析经验，积累了丰富的实战方法论；数据分析类公众号"小火龙说数据"号主，分享上百篇原创干货文章，拥有上万粉丝，文章全网阅读量超过 300 万次，是一个敢做敢说的数据人。现希望将沉淀的知识分享出来，帮助大家少走弯路。

故 事 开 始

小白：老姜您好，我是小白，我马上就要大学毕业了，本科学的是统计学专业，希望毕业之后能够从事数据分析相关的工作，因为最近这两年数据分析也挺火的，想看看有没有机会。

老姜：确实，随着近些年大数据的普及，各行各业都在引入数据化技术，该技术已从过往的粗犷式运营模式逐渐转变为精细化的数字运营。这个时间点从事此行业还是不错的。

小白：不过因为我还没有毕业，对于这个行业还有很多问题，想要咨询您一下，不知道是否可以。

老姜：当然可以，说说你的问题，我来帮你逐个解答。

小白：太感谢了！目前主要有以下几个方面的问题。

- 这个行业当下和未来的发展情况如何？
- 数据分析的日常工作内容有哪些？
- 需要重点学习哪些东西？如何进阶？
- 如何应对数据分析方向的面试？

老姜：好的小白，你的问题还是挺多的。正好，当下我正在撰写书籍，会将你上面的这些问题逐个解决，并且融入实战案例中，帮助你更好地理解。

小白：太好了，我会好好学习记录的！

目录

第 1 章

初来乍到：初识
数据分析

小白：老姜，可否先给我讲一讲，数据分析当前的整体概况，以及我要如何入行。现在完全没有头绪，不知如何下手。

老姜：当然可以，鉴于你是初学者，首先从数据分析的基础讲起，聊聊数据分析岗位日常的工作内容；其次通过工作内容，看看你需要学习哪些知识，以更好地适应这个岗位；再次我会分享一些职业的发展前景；最后通过综合性的评估，来看看你的性格是否适合这个岗位。按照这样的流程，你看是否可以？

小白：好啊，那我们就开始吧，我会做好笔记的！

1.1　什么是数据分析

老姜：小白，在你印象中，你觉得什么是数据分析？

小白：我觉得，是一种岗位统称，同时，也是一种思维能力。

老姜：回答得很对！从岗位角度来看，数据分析是 21 世纪新兴的一种岗位类型，伴随着大数据的崛起，在近 20 年迎来了高速的发展。同时，从思维角度来看，数据分析思维自古至今一直存在，但一直不温不火，同样是大数据的普及，使得数据分析能力逐渐被大众所重视。由此可见，在了解数据分析之前，先要知道什么是大数据。

1.1.1　大数据是什么

引用麦肯锡全球研究所的定义："大数据是一种规模大到在获取、存储、管理、分析方面大大超出了传统数据库软件工具能力范围的数据集合。其拥有海量的数据规模、快速的数据流转、多样的数据类型和价值密度低四大特征。"

通俗来讲，随着互联网技术的普及，越来越多的用户行为会被 App（应用软件）、信号定位记录到，从而留下"数据足迹"。而这些数据，会被国家或企业应用，输出更为人性化的产品或服务，影响人们的衣食住行。

列举几个生活中常见的场景。

- 衣：打开购物类 App，首页"为你推荐商品"，会随着近期关注的内容而不断变化。
- 食：打开饮食类 App，优先推荐附近及评分较高的美食。
- 住：购买房产时，中介会让你填意向资料，然后根据你的意向匹配合适的房源。
- 行：出门时你自认为没有留下什么痕迹，但其实你的行程可以通过手机被定位跟踪。

由此可见，大数据已经与我们的生活融为一体。

另外，从大数据从业人数角度来看，根据中国商业联合会数据分析专业委员会资料显示，截至 2022 年，大数据人才规模仅为 30 万人左右，预计未来 3 ～ 5 年，人才缺口在 180 万人左右。如此大的人才缺口，对准备从事该行业的人来说，是一个比较大的福音。

如果你对大数据感兴趣，希望从事该行业，那需要先了解一下大数据的细分领域，看看自己适合哪个方向。大数据岗位包含诸多子领域，主要涵盖人工智能、算法工程师、数据分析师、数据工程师、网络安全师等。其中，数据分析师是本书要讲解的重点。

1.1.2 数据分析是什么

顾名思义，数据分析 = 数据 + 分析，其核心含义为：**通过大量的用户行为数据，利用数据分析技术手段，输出可用于决策的建议**。过程，需要数据的支撑；结论，需要落地到业务。

举个生活中的例子，帮助你更直白地体会。

新冠疫情期间，各地都在设置核酸检测点，那么检测点要设在哪里才能达到效率最大化？不同检测点营业的时间是否有讲究？这个看似小的事情，背后却需要大量数据分析的支撑。

首先，在哪里搭建检测点，需要结合当地的人群规模、人群年龄等信息，综合进行决断，以达到每个检测点的人流量适中。

其次，检测点的开放时间与周边场所的性质有很大关系，居民区与办公区的营业时间会存在一定差异。其中会涉及统计学及运筹学等数据分析的支持。

由此可见，数据分析的应用场景非常广泛，同时，对于人才的需求量也非常可观。

1.1.3 小结

希望通过本节的学习，可以帮助你了解大数据及数据分析的本质，作为入行的初步知识。

1.2 为什么需要数据分析

小白：老姜，那数据分析对于企业的意义又是什么，可否详细给我讲讲呢？想找一找从事这个行业的动力。

老姜：当然可以，那我来给你介绍一下。

1.2.1 市场大环境

事物的发展和存在，必然与其大环境息息相关。因此，在谈论数据分析价值之前，需要先来看看现阶段所处的市场环境。

其一，**经济增速放缓**。随着新冠疫情暴发、国际冲突加剧等黑天鹅事件的发生，全球经济增速开始放缓。伴随而来的是各大公司裁员消息及降本增效措施的执行。

其二，**数据量增长迅猛**。随着大数据的发展及产业数字化的转型，全球数据量呈现几何级的增长。预计到 2030 年，全球每年新增数据量将突破 1YB（1YB ≈ 4 万亿台 256GB 手机的存储能力）。

其三，行业标杆企业数字化赋能。对于国际互联网头部企业来说，90% 以上的市场决策均有数据分析的介入。

在这样的环境下，数据分析能为企业带来精细化的运营。在防守端，帮助企业降低无效成本，缩减开支；在进攻端，探索业务潜在市场机会，帮助企业高层进行战略决策。

1.2.2 数据分析的价值

介绍完大的市场环境，我们再聚焦数据分析自身。以时间轴的粒度为基准，数据分析价值主要体现在三个方面，分别为对于过去的描述、对于现在的分析、对于未来的探索。

- **对于过去的描述：**通过业务的历史数据，对过往情况进行描述，取其精华、去其糟粕。
- **对于现在的分析：**对现阶段业务问题的探索，通过分析方法论，找到优化业务的抓手。
- **对于未来的探索：**对未来业务的发展趋势进行预测，指引产品预期。

由此可见，数据分析的价值面是非常广的，在当下这个数字化时代，作为精细化运营的基石，不可或缺。

同时，无论是哪个方面，都离不开业务，业务是数据分析最终落地的点，一切脱离业务的分析都是空中楼阁。

1.2.3 案例讲解

列举两个数据分析赋能业务的案例，帮助你更直观地体会。

案例一：数据分析辅助业务方排查问题

背景：以搜索产品为例，PV（流量）是其重点关注的北极星指标之一，作为数据分析师，日常需要对流量的异动进行监控。开学前的某日，流量出现周同比 5% 左右的降幅，远远超出正常波动阈值。

行动：对流量进行横向及纵向拆解式归因分析。横向根据公式 PV=UV（独立访客）× 人均 PV，分析哪个因素的影响程度较大；纵向将 PV 按照各个维度进行拆分，例如年龄、性别、用户活跃度、搜索类目等，将影响变化较大的维度值抽取出来。

结果：通过分析发现教育渠道流量降幅明显，贡献了整体降幅的 90%。通过数据与业务的排查，发现教育产品外渠投放链接失效，导致引流失败。

该问题的解决，依赖数据分析对问题的定位，缩小排查范畴，再配合业务输出结论。如果没有数据分析介入，很难快速发现问题点。

案例二：数据分析指引业务方优化产品

背景：同样以搜索产品为切入点。随着居家办公、居家上学等场景的普及化，用户在日常的搜索诉求也发生了一些改变。希望通过数据分析，找到一些有意义的点，为产品优化提供数据基础。

　　行动：通过用户搜索内容的分析，探索用户需求发生的转变，从而筛选出一些近期热门的搜索内容，与产品结合，判断是否有机会落地。

　　结果：通过探索，发现教育、网课、网游等词汇出现的频次明显变高，通过业务价值分析，最终增加了教育类目的内容建设。

1.2.4　小结

　　希望通过本节的学习，可以帮助你了解数据分析的价值所在，并在日后的工作中逐步探索。

1.3　数据分析的岗位类型

　　小白：老姜，听了您的讲解，我觉得数据分析行业的前景真的很广阔，我也要成为其中的一员！

　　老姜：好啊，小白，你知道其实数据分析岗位也分很多种类型吗？

　　小白：啊，不知道，数据分析岗位不就是数据分析师吗？还有细分领域？

　　老姜：是的，数据分析师只是一个统称，根据工作内容的侧重点，它可划分为不同细分类型岗位，如图 1-1 所示。

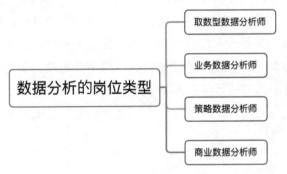

图 1-1　数据分析的岗位类型

　　小白：这些细分岗位之间有何差异呢？

　　老姜：下面我来逐一为你介绍。

1.3.1　取数型数据分析师

　　取数型数据分析师，侧重于数据整合。工作内容一般围绕着业务所提的临时需求为主，从数据仓库中提取分析所需要的数据，并按照指定格式输出给业务方。

　　岗位特点：偏执行层面工作，需要自主思考的方面较少，内容相对烦琐。因此，门槛较低、压力较小，适合于还未毕业的实习生。但随着工作年限的提升，该岗位的天花板较低，对于自身的价值体现有限，人员替代性较高，长期从事需谨慎。

1.3.2 业务数据分析师

业务数据分析师，侧重于业务项目分析。工作内容一般围绕业务开展的项目来进行，通过专业的数据分析方法，辅助业务输出产品改进方案。业务目的是提升用户对于产品的满意度，数据目的是提升产品的北极星指标。具体的分析内容，可通过"人、货、场"进行拆解。

- **人**：分析通过何种方式服务好不同类型的用户，以提升用户对产品的满意度及黏性。
- **货**：分析产品现状中的不足，探索未来方向，通过实验等方式加以验证。
- **场**：分析在何种场合，以何种方式，为用户带来何种服务，以提升用户满意度。

岗位特点：该岗位类型人员需求量，在整体数据分析岗位中占比较大。发展前景很大程度取决于业务对数据的依赖程度，因此，岗位的要求也良莠不齐。由于该岗位的工作内容与业务紧密关联，因此需要与业务方保持一个良好的关系，并且需要多加思考、自我驱动，在工作中不断沉淀分析方法论，提升自我职业能力。

1.3.3 策略数据分析师

策略数据分析师，侧重于业务垂类策略分析。工作内容与业务分析师有很多相似之处，而不同之处在于更加聚焦于一个具象化的业务化目标，通过分析方法找寻目标的解决方案，某种程度上来讲，是业务分析延伸出来的一个垂类岗位。

这样讲或许有些抽象，我们一起来看个例子。某购物类 App，业务分析师主要负责对产品提出改进方案，通过设立阶段项目，为产品改进提供数据支持。而策略分析，依据各垂类方向，又可划分为负责风险控制的风控策略分析师、负责推荐算法的推荐策略分析师、负责产品营销的营销策略分析师等。

岗位特点：同业务分析师特点相似，不同之处在于，需要对垂类方向的知识体系有更为深入的理解。

1.3.4 商业数据分析师

商业数据分析师，侧重于商业化分析。工作内容主要围绕企业的经营状况展开，涉及所在业务领域现状及机遇探索，与收入、净利休戚相关。根据工作内容，可划分为两种类型：一种是偏"防守方向"的经营分析师；另一种是偏"进攻方向"的战略分析师。

- **经营分析师**：主要负责对业务的营收状况、财务健康度进行监控，并根据内部财务数据，探索未来发力点，反推业务进行改进优化。
- **战略分析师**：主要负责俯瞰公司业务市场份额、监控竞争对手动向、探索市场机遇、思考如何扩大自身在市场的影响度。通过公司内外数据，提出对业务发展有战略意义的建议。

岗位特点：商业分析师对于人才素质要求、商业嗅觉敏感度，有着极高的要求，产出的分析内容直接面向企业高层，岗位发展的天花板相对较高。也正因为如此，岗位人员的需求量相对较少。

1.3.5　小结

希望本节的学习可以帮助你厘清数据分析的细分方向，对自己未来的职业规划有一个更加清晰的认知。

1.4　数据分析的具体工作内容

小白：老姜，听了您的讲述，使我更加深入地了解了数据分析的岗位类型。除此之外，也想听您说说数据分析具体有哪些工作内容，综合评估一下入行的难易程度。

老姜：当然没问题，那你要做好笔记哦！虽然数据分析岗位有多种类型，但工作内容存在很多交集。这里和你分享一些核心且普适性的工作内容，未来工作中大概率会接触到，其中核心内容也会在后面的章节中详细讲解。

小白：太好了，这正是我目前想学习的！

老姜：那我们开始吧，从数据流转的角度来看，数据分析的工作内容主要包含五个层面，分别为数据埋点层、数据仓库层、数据分析层、数据 BI 层、数据报告层，如图 1-2 所示。

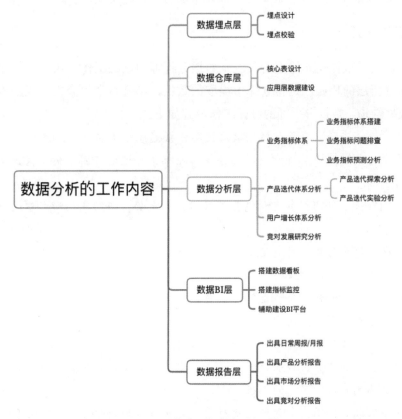

图 1-2　数据分析的工作内容

1.4.1　数据埋点层

正所谓"巧妇难为无米之炊"，数据分析的前提是有数据，而数据生产恰好是保障有数据的前提条件。由于数据分析师是最接近数据应用层的岗位，因此，更需要对数据的来源及准确性有充分的了解，前置介入数据生产是很有必要的。

数据埋点是数据生产的核心环节，通过在 App 界面内植入统计代码，采集用户在端内的行为数据。埋点主要由产品经理、数据产品、数据分析、研发测试人员共同执行完成，其中数据分析师的具体工作内容如下。

- **埋点设计**：负责设计及维护数据埋单方案，保障埋点的规范性。
- **埋点校验**：负责具体业务埋点后的验收工作，保障数据准确无误地传输至底层数据中。

1.4.2　数据仓库层

依据数据的流转顺序，数据生产后的步骤为数据加工，而数据仓库则为数据加工的"场所"。数据仓库的建设及维护，一般由数据工程师（Data Engineer，DE）直接负责，而数据分析师的具体工作内容如下。

- **核心表设计**：负责数据链路中核心表字段及逻辑的设计，并指引 DE 进行开发。
- **应用层数据建设**：负责数据仓库偏应用层的数据建设及维护。

1.4.3　数据分析层

数据分析层是数据仓库的下游，也是数据分析师的核心工作，70% 的工作内容在此完成。数据分析层的核心，是将仓库中提取的数据，结合科学的分析方式，输出对业务有价值的数据结论。数据分析师的具体工作内容如下。

- **业务指标体系搭建**：负责梳理数据链路，搭建业务化的指标体系。
- **业务指标问题排查**：负责监控业务核心指标，并通过归因分析，找出影响异动的本质原因。
- **业务指标预测分析**：负责预测业务核心指标走势，帮助高层形成心理预期，辅助其决策。
- **产品迭代探索分析**：负责通过科学的分析方法，探索产品现阶段问题，并对未来发展提出迭代改进建议。
- **产品迭代实验分析**：负责通过小流量实验，验证改进方案是否有效，是否可以将迭代方案放量到全量用户人群。
- **用户增长体系分析**：负责研究产品是否能服务好不同阶段的用户，其中涵盖潜客期用户、新增用户、成长期用户、成熟期用户、衰退期用户、流失期用户；探索如何提高用户对于产品的黏性。
- **竞对发展研究分析**：负责监控竞对的发展动态，有针对性地调整业务策略。

1.4.4　数据 BI 层

随着分析的落地，很多数据需要例行化产出及可视化展现，供业务方中长期使用。因此，数据分析会涉及数据 BI 层的工作，具体工作内容如下。

- **搭建数据看板**：负责日常数据看板的搭建，供业务方时时关注指标动态。
- **搭建指标监控**：负责将核心指标及其归因分析方法例行化自动输出，供业务方排查应用。
- **辅助建设 BI 平台**：BI 平台建设一般由数据产品及开发负责，但由于数据分析师是最接近业务的岗位，因此需要负责辅助搭建 BI 平台，收集业务方的反馈建议。

1.4.5　数据报告层

数据分析的价值，往往通过汇报的方式输出给业务方，因此，数据分析师需要花一部分时间撰写报告，具体工作内容如下。

- **出具日常周报 / 月报**：负责将日常常规分析结论，定期输出给业务方。
- **出具产品分析报告**：负责将产品问题及探索分析结论，不定期输出给业务方。
- **出具市场分析报告**：负责定期对市场环境进行调研，并将结论汇总输出给业务方。
- **出具竞对分析报告**：负责关注竞对动态，定期汇总成分析报告，输出给业务方。

1.5　入门数据分析需要学习的知识

小白：老姜，听完您讲述后，我觉得数据分析的工作内容还挺有意思，想尝试一下。不过，不知道入门需要学习的东西多不多，门槛高不高。

老姜：首先，入门数据分析师门槛不算高，在零基础的情况下，全身心投入准备，一般 3 个月左右基本就够了；其次，要达到入门级水平，需要在数据分析知识以及数据分析工具上多下些功夫。下面，我会详细为你介绍一下需要学习的内容，帮助你尽快入门。

小白：太好了，那我们就开始吧！

1.5.1　数据分析知识

数据分析是统计学与计算机学的交叉学科，要想从容地从事此行业，没有扎实的理论基础是万万不行的。数据分析的理论基础，主要有三个模块，即统计学知识、数据库知识、算法知识，如图 1-3 所示。

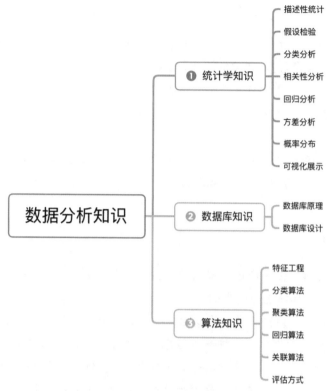

图 1-3　数据分析的理论基础

鉴于前期准备时间有限，因此在图中标注了知识的重要程度（数字越小越重要）供你参考。下面我会详细介绍每个模块的重点学习内容。

1. 统计学知识

统计学是数据分析工作中的核心理论基础，内容会渗透到工作中的方方面面，同时在面试环节也会经常被问到，重要程度可见一斑。核心知识点主要涵盖以下几个方向。

● **描述性统计**：通过概括性的数学方法及图表展示，描述业务的发展现状。主要涵盖集中趋势、离散程度、频数分析、概率分布等。重点工作场景有周报/月报、业务调研摸底、实验效果评估等。

● **假设检验**：用于判断样本与样本、样本与总体之间的差异，是由抽样误差所致还是数据本身存在的。主要涵盖 T 检验、Z 检验、U 检验、卡方检验、方差齐性检验、秩和检验等。重点工作场景有异动分析问题挖掘、实验显著性校验等。

● **分类分析**：在已知样本分类的前提下，通过各个特征值，判断样本类别归属的一种多变量统计分析方法。主要涵盖线性分类、非线性分类等。重点工作场景有用户购买预测、用户流失预测、用户画像标签建设等。

● **相关性分析**：用于衡量两个或多个变量之间的关系密切程度。主要涵盖单相关、复相关、偏相关等。重点工作场景有分析功能与留存之间的关系、度量模型特征间的相关性等。

- 回归分析：通过两个或多个自变量之间的依赖关系，拟合因变量的统计分析方法。主要涵盖一元线性回归、多元线性回归、逻辑回归、非线性回归、时间序列回归等。重点工作场景有指标预测、标签预测等。

2. 数据库知识

数据分析 = 数据 + 分析，从数据库中获取数据是分析的前提条件，因此，作为一名数据分析师，也要掌握数据库的基础知识。虽无须像数据工程师那样专业，但要对数据库的原理及设计规范有一定的认知。在面试的时候，也会或多或少涉及数据库的基础知识。

3. 算法知识

在入门阶段，算法知识的优先级会相对低一些，但当从事数据分析工作后，核心的算法知识还是需要掌握的，可以帮助你扩充职场发展空间。其核心内容主要涵盖以下几个方向。

- 特征工程：模型搭建的首个步骤，将数据加工成模型可输入的格式。其中涵盖特征清洗、特征转化、特征提取、样本调控等。
- 分类算法：根据已知类别样本的先验知识，预测未知类别样本所属的类别划分。其中涵盖 KNN、逻辑回归、朴素贝叶斯、支持向量机、决策树、集成学习算法、深度学习等。
- 聚类算法：在未有先验知识的前提下，预测样本所属的类别划分，遵循"物以类聚，人以群分"的原则。其中涵盖 K-means、层次聚类、DBSCAN 等。
- 回归算法：研究自变量与因变量之间拟合关系的算法，经常用在预测场景中。其中涵盖线性回归、逻辑回归、多项式回归、岭回归等。
- 关联算法：用于度量事物与事物之间关联程度的算法。其中涵盖 Apriori、FP-growth、Eclat、灰色关联法等。
- 评估方式：模型的效果是否能在线上数据中取得好的成绩，需要以量化的方式进行度量。其中，分类模型的评估方式主要涵盖准确率、召回率、F-Score、ROC、AUC 等；回归模型评估方式主要涵盖均方根误差（RMSE）、判定系数（R^2）等。

1.5.2　数据分析工具

如果说数据分析知识是从事数据分析岗位的软技巧，那么数据分析工具就是行业必备的硬技巧。数据分析工具主要有四个方向，即数据获取、数据分析、数据展示、数据汇报，如图 1-4 所示。

1. 数据获取

所谓"巧妇难为无米之炊"，从数据库中获取所需的数据是分析的前提条件。在这个过程中，SQL（Structured Query Language，结构化查询语言）是必须要掌握的，也是从业的必备技能。

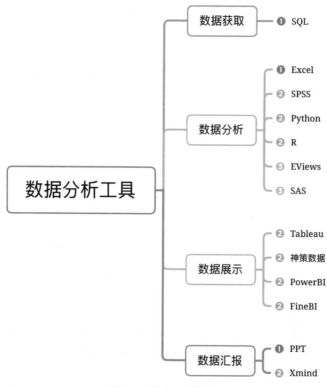

图 1-4　数据分析工具

2. 数据分析

数据获取后，分析是日常工作的核心环节，通过数据的加工处理，探索其中的业务价值。这里主要涉及以下工具。

- Excel：不高端但好用，是数据分析岗位入行必备工具。
- SPSS：数据统计与应用软件，善于处理中小型数据量，通过可视化界面及点选型操作，完成常规的统计分析。可满足数据管理、统计分析、图表分析等内容。
- Python、R：功能丰富，上限较高。可满足数据处理、数据分析、模型搭建、数据可视化等。虽然不是初学者入门必备，但却决定着个人能力的上限。
- EViews、SAS：EViews 在时间序列场景中应用较多；SAS 在银行、金融领域应用较多。这两个工具目前了解即可，需要应用时再深入研究。

3. 数据展示

数据分析结论输出后，往往需要配合图表进行展示。Excel、Python Matplotlib 基本可满足需求，但如果希望追求更加好看的图表及例行化的输出，专业的 BI 工具是必要的。Tableau、神策数据、PowerBI、FineBI 都是不错的选择，可以尝试应用。

4. 数据汇报

数据对于业务的价值，需要通过汇报让高层知晓，PPT 是数据汇报最常用的工具，也是工作中的必备技能。同时，Xmind 在绘制思维导图上表现很好，推荐配合 PPT 进行应用。

1.5.3　小结

希望本节的学习可以帮助你了解入行数据分析所需要的技能点，从而在有限时间内，有针对性地进行学习发力。

1.6　数据分析岗位当前发展现状

老姜：小白，通过上面的讲解，你觉得数据分析入门难度高吗？

小白：虽然有很多知识我还没有接触过，不过我相信，功夫不负有心人，只要努力，三个月后见分晓！

老姜：这股冲劲儿，非常棒！同时，我也和你说说当前数据分析的发展现状，帮助你更加全面地了解这个行业。

小白：太好了，这样我就可以综合地评估一下了。

老姜：下面我们从发展前景、薪资水平、岗位稳定性、岗位压力这四个角度，来看一看数据分析岗位的现状。

1.6.1　发展前景

判断一个职业是否值得从事，最重要的是评估其中长期的发展前景。在新冠疫情期间，大数据已成为抗疫强有力的保障，大到病例流调，小到核酸检测点的位置设定，背后都少不了数据分析的有力支撑。与此同时，人们对于大数据的认知，也在与日俱增。因此，数据分析师在未来的 5 ～ 10 年间，仍然会是一个非常有前景的职业。

1.6.2　薪资水平

薪资水平对于一般求职者来说是一个非常重要的考量因素，因此，我们也来看看数据分析岗位的薪资情况（以下数据是网络上获取的 2022 年薪资数据）。

随机抽取 1 万名来自北京的数据分析从业人员样本，分析可知，薪资在 12000 ～ 50000 的人群占总抽样人员的 84% 左右，如图 1-5 所示。

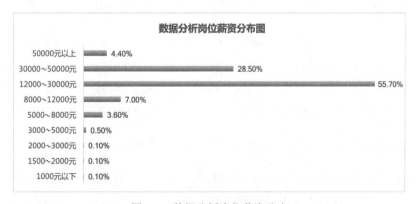

图 1-5　数据分析岗位薪资分布

数据分析岗位的平均薪资为 23030 元 / 月，是北京平均薪资的 1 倍，是全国平均薪资的 2.3 倍，如图 1-6 所示。

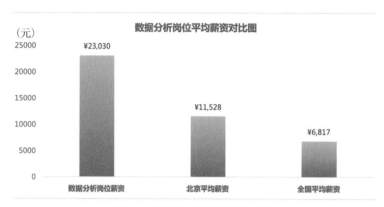

图 1-6　数据分析岗位薪资对比

由此可见，数据分析岗位薪资水平还是比较可观的，而对于优秀毕业生来说，月薪 10000 ～ 20000 元也是相当普遍的。

1.6.3　岗位稳定性

当你入职后，岗位的稳定性变得尤为重要，你一定不希望裁员随时会降临到你的头上。稳定性与公司性质是休戚相关的。对比不同类型公司稳定性的意义不大，因此我们将公司性质拉平，单看互联网行业数据分析岗位的稳定性情况。普遍来看，数据分析岗位的稳定性会优于销售、市场、产品、运营，主要有以下两个原因。

- **岗位饱和度**：在公司发展蒸蒸日上时，偏前线岗位招聘人数会远远高于后线岗位，销售、市场、产品岗位多于数据岗位；反之，当公司业绩出现下滑时，数据团队裁员周期会普遍靠后，裁员比例也相对较低。
- **职位普适性**：数据分析的专业技能，在不同的行业中，思维迁移能力相比产品、运营会更容易一些。举个例子：游戏公司招聘产品经理岗位，往往要求有游戏公司的工作经验。而数据分析岗位，一般对这方面的要求会相对放低。

1.6.4　岗位压力

岗位的工作压力会直接影响工作后的幸福感，因此这个方面也是需要谨慎考虑的。销售、市场岗位，要看销售业绩，如完不成，提成会大大缩水；产品、运营岗位，要看业务核心指标的达成，如完不成，年终奖金会大打折扣。而数据分析师，更多担任的是辅助业务产出有效决策，相较以上类型岗位，日常压力会相对小一些。

1.6.5　小结

总体来说，在当前这种市场环境下，数据分析是各大企业不可或缺的岗位，哪怕是有了 ChatGPT 等人工智能的介入，仍需要最了解数据及市场的人去探索问题的本质。

1.7　数据分析岗位未来趋势预判

小白：老姜，我觉得数据分析的发展现状还是不错的，但毕竟入行之后要从事很久，您觉得岗位未来的发展趋势会是什么样的呢？

老姜：这个问题很好，脚踏实地，仰望星空，虽然我们无法预测未来，但可以从当前岗位的发展推演出未来的趋势，不一定准确，却可以帮助我们提升岗位的认知。

1.7.1　从岗位到能力的变迁

当前，提到数据分析，大家更多想到的是数据分析岗位，由专业的人做专业的事。然而随着大数据的普及化，以及各大传统公司的数字化转型，数据分析被更多的人熟知及应用。举个例子：身边的产品运营人员或多或少会一些 SQL，掌握一些分析思路，能够自己处理一些日常的分析需求。

在这样的趋势下，数据分析这个词汇，会逐渐从岗位名称转变为一种能力，像语文、数学、英语一样普及，也许未来有一天，"数据分析"也会成为中小学的必修课。

如果出现以上情况，数据分析岗位的从业要求势必会水涨船高，优胜劣汰，竞争会更加激烈。偏取数型数据分析师的岗位，很可能会被 ChatGPT 等人工智能代替；而偏公司级战略输出的岗位，仍然会非常吃香。

1.7.2　资历重要性逐步提升

当前对于数据分析岗位，90% 以上的公司都有以下四项任职要求。
- 分析要求：掌握归因分析、小流量实验等。
- 技术要求：掌握 SQL、Excel、SPSS、Python 等。
- 沟通要求：具备良好的逻辑思维能力与语言表达能力等。
- 业务理解要求：具备 N 年以上 ×× 行业工作经验，对于业务有较深理解等。

随着数据分析师普遍能力的提升，应聘者前三项要求能力差异会逐渐缩小，那么，决定自身价值的则是对业务的理解。而业务理解是需要长年累月积攒而来的，因此，相信未来数据分析从业人员的业务能力会更偏垂类，资历越老越吃香。

1.7.3　转行门槛逐步提升

要求的不断提升，必然会导致入行门槛更高。当前入门级数据分析的岗位要求会 SQL、具有一定的数据分析处理能力。未来，面试的考核会更加专业，对分析能力、统计学知识、专业工具等方面的要求会更加细化。

因此，如果整体要求被拉高，对于半路转行的人来说也许不会很友好。

1.7.4　薪资红利逐渐衰减

数据分析岗位的薪资情况，在 1.6 节中也有详细讲述。当前，数据分析岗位的薪资相对还是比较高的，普遍来看，低于算法、平于开发、高于产品运营。但从价值体现角度来看，数据分析部分岗位提供的价值略低于预期。另外，从供需角度来看，未来可能会出现供大于需的情况。

无论从哪个角度，数据分析岗位的整体薪资均有可能被打压，红利期也可能会逐渐消退，趋于平稳水平。

1.8　你是否适合从事数据分析工作

小白：老姜，我也思考了一下自己的未来，还需要更加努力地提升自己才行！

老姜：确实，这个岗位需要不断汲取新的知识，强化自己。下面我们来看看哪些性格特点对于从事数据分析有一定的帮助。虽然努力可以填补一切，但是自身的兴趣爱好却是坚持下去的动力。

小白：那您觉得我的性格怎么样呢？

老姜：我来说一说，你来评估一下。

1.8.1　性格

数据分析师很多时候是在烦琐的工作中度过一天的。例如，遇到数据不准确时，需要花费大量的时间排查问题的所在；遇到日常指标发生异常波动，拆解所有维度也定位不到原因时，需要像侦探一样去找到影响点。久而久之，这些状况就会削减数据分析师对工作的热情。

在这种环境下，如果你具备以下两种性格特点，或许可以帮助你更好地适应工作。

一，**细心**。数据分析输出的内容往往直接影响业务的策略方向，甚至影响高层的战略决策，因此务必要保障数据的准确性，而细心的性格会帮助你大大降低犯错的概率。

二，**好奇心**。在日常工作中，有时遇到的问题是环环相扣的，需要你像侦探一样，拨开层层面纱，找出问题的本质。

1.8.2　兴趣

一日 24 小时中，1/3 的时间都是在工作中度过的，如果你对这份工作不够热爱，会非常痛苦。因此，如果你对数学和计算机比较感兴趣，且喜欢静下来钻研一些事情，那么数据分析这份工作就能为你带来一份别样的快乐。

1.8.3　小结

性格和兴趣是决定一个人能否长时间从事一个岗位的必要条件，你可以思考下自己是否具备这些特性。

1.9　本章小结

老姜：小白，通过本章内容的讲解，你觉得数据分析岗位如何呢？

小白：我在上学期间就很痴迷于数学，同时计算机也是我所擅长的，我觉得这份职业很适合我。

老姜：那从下章开始，我们就正式进入数据分析专业知识和职场技巧的讲解了，希望你可以跟上节奏。

小白：我会用心学习的！

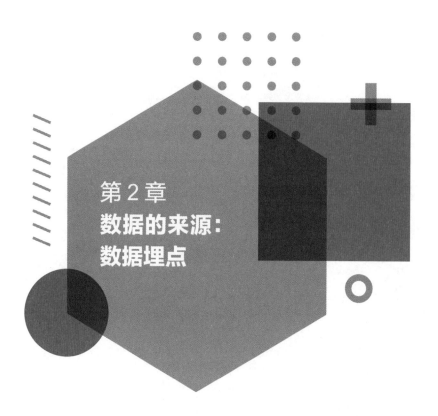

第 2 章
数据的来源：
数据埋点

老姜：小白，从本章开始，我们正式进入课程学习。通过第 1 章，你可以了解数据分析岗位的工作内容，从数据流转角度来看，主要涵盖数据埋点、数据仓库、数据分析、数据 BI、数据汇报等。本章，我们先来看下数据流转的首个步骤——数据埋点。小白，我来考考你，你知道用户在 App 中的行为数据是如何被获取的吗？

小白：我大概知道，通过在页面中植入统计代码，用户在页面产生行为时，即可触发统计代码，记录用户的行为数据。是这样吗？

老姜：非常正确！小白，鉴于你之前没有接触过数据埋点，在本章，首先，我们介绍基础知识；其次，介绍一种相对通用的埋点流程及数据分析师在其中担任的角色；再次，分享一套埋点设计方案及撰写埋点文档的方式，供你在工作中参考应用；最后，聊聊数据质量保障机制及数据埋点管理平台的重要性，谈谈数据埋点常见问题，帮你避避坑。按照这样的流程，你觉得可以吗？"

小白：可以，因为之前是零基础，所以需要您从最基础的内容讲起。

老姜：好，那我们就开始吧！

2.1 数据埋点基础知识

老姜：小白，本节我们先从数据埋点的基础知识开始，帮助你全方位认识一下数据埋点。

小白：嗯嗯，好的。

2.1.1 数据获取流程

数据获取的核心目的是将用户在软件内的数据信息记录下来，传导至数据库，供下游分析应用，同样也是数据分析的前提条件，作为应用层的上游环节，承载了极其重要的作用。数据获取根据流程步骤又可拆分为数据埋点、数据采集、数据上报，如图 2-1 所示。

图 2-1　数据获取流程

- **数据埋点**：通过在软件中植入统计代码，监控用户在应用过程中所触发的行为事件，并对所需的数据进行捕获，存储于内存当中。
- **数据采集**：将埋点捕获的数据，从软件内存中转移至终端本地文件，封装为便于传送的格式，例如 JSON 格式。

● **数据上报**：将终端采集的数据，每隔一段时间，例如 5s，从终端传输至服务器存储层，保存用户在软件内生成的各类数据信息。至此，完成用户的一次行为数据记录。

在数据获取的流程中，数据采集以及数据上报主要由研发人员负责，而数据分析师主要参与数据埋点的工作。

2.1.2 什么是数据埋点

前面简单介绍过，数据埋点是一种通用的数据采集方式，记录用户在应用过程中产生的行为事件，例如页面展现、页面滑动、按钮点击等。图 2-2 以某短视频 App 为例，展示其中可能触发的部分事件，在图中进行标红，例如上滑、下滑、短点击、长点击等。

图 2-2　触发事件

2.1.3 数据埋点的作用

通过完整的数据埋点，可以观察到用户在端内的实时行为数据，真实反映产品是否满足了用户的诉求。通过下游量化的分析，从用户、产品、收入等方面，输出对于业务有价值的信息，指引产品迭代。

2.1.4 数据埋点的内容

鉴于埋点是为了下游分析应用，输出对业务有价值的决策，因此，要求埋点记录的内容"完整化＋系统化"。其中，事件作为埋点记录的核心内容，描述用户在应用软件过程中具体的行为操作类型，例如打开页面、关闭页面、点击按钮、切换前后台等。

埋点内容的梳理，可以引用 4W1H 的方式，即谁（Who）在什么时间（When）在什么地点（Where）通过什么方式（How）做了什么事情（What），如图 2-3 所示。

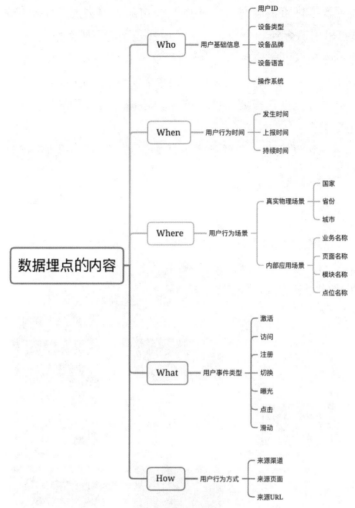

图 2-3　数据埋点的内容

- Who：描述用户的基础属性信息，其中涵盖用户 ID、设备信息等。如用户处于登录状态，还需记录登录注册信息，例如微信号、QQ 号、手机号等。
- When：描述用户事件行为时间，其中涵盖事件发生时间、事件记录上报时间、事件持续时间等。时间一般会精确到毫秒，并以时间戳形式进行存储。
- Where：描述用户两个方面的位置信息。一方面是用户的真实物理场景，通过用户的 GPS 及 IP 等信息定位到，例如国家、省份、城市等；另一方面是用户在软件内部的应用场景，例如用户预览了软件内的哪些页面、消费了哪些点位。
- What：描述用户做了什么事情，触发了哪些事件类型。例如注册行为、激活行为、前后台切换行为、访问行为、曝光行为、点击行为、滑动行为等。
- How：描述用户以什么样的方式做了这件事情，夹带了用户行为的补充信息。例如来源渠道、来源页面、来源模块、来源 URL 等。

以上埋点内容框架可以在工作中参考应用。在实际梳理过程中，内容会更为丰富，同时，要注意以下几点，以防踩坑。

注意 1：梳理数据埋点内容时，需要按照一定的思路去展开，不局限于上面提到的 4W1H。切勿单点输出，想到一个加入一个，这样是无法形成体系的。

注意 2：埋点内容尽可能梳理得完整、详细一些。因为，埋点数据是不支持回溯的、当前没有记录到的用户行为，即便后续加上，也无法回溯之前的内容。

注意 3：埋点内容梳理，需要研发、产品、数据三方共同来完成，以防输出的内容不符合后期应用要求。

数据埋点内容，需要通过一定的埋点方式来记录，下面，我们一起来看下数据埋点有哪些通用的方式。

2.1.5 数据埋点的方式

数据埋点方式的选择及埋点的实施，一般由研发人员全权负责，数据分析师很少接触到，但仍需对此有一个基础认知。根据侧重点不同，埋点方式可划分为基于内容的划分方式和基于手段的划分方式，如图 2-4 所示。

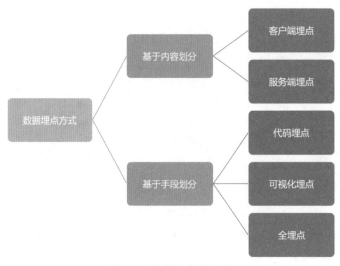

图 2-4 数据埋点的方式

1. 基于内容的划分方式

根据埋点内容，可划分为客户端埋点以及服务端埋点，这里先介绍一下客户端和服务端。

扫盲

客户端：客户就是你本人，客户端就是在你的角度能够接触到的程序，例如短视频 App、购物 Web 页面等。可以在客户端页面发起请求，交由服务器进行处理，例如点击、登录等。整体偏表层行为。

服务端：为客户端提供服务的部分，接收到客户端发来的请求后，对请求进行响应，并返回信息给客户端。整体偏内层行为。

- 客户端埋点（前端埋点）：侧重于记录用户应用界面的上报，例如页面展现、曝光、点击、登录、注销等。
- 服务端埋点（后端埋点）：侧重于记录用户业务操作结果的上报，例如下订单、订单号、用户 VIP 等级等。

下面举一个案例，帮助你更好地理解。

案例讲解

某电商类 App，用户的行为轨迹为"进入主页→进入详情页→点击商品→加入购物车→提交订单"。

其中"进入主页→进入详情页→点击商品→加入购物车→提交订单"完整过程的前端操作行为，一般通过客户端埋点进行采集，记录用户完整的设备类型及行为信息。

而"提交订单"的真实订单情况记录，一般通过服务端埋点进行采集，可避免由入口分散、网络延迟等因素造成的客户端埋点漏报。

附上两种方式的优劣势供参考，如表 2-1 所示。

表 2-1　两种埋点方式优劣

埋点方式	优势	劣势
客户端埋点	采集用户行为数据	受网络环境等因素影响，易导致漏报
	记录用户设备信息	入口多样化，易导致漏报
服务端埋点	采集用户业务结果数据	侧重收集结果数据，内容记录片面
	保证数据的完整上报	

2. 基于手段的划分方式

根据埋点手段，数据埋点方式可划分为代码埋点、可视化埋点、全埋点。

- 代码埋点：此种方式较为常见，在客户端需要采集数据的位置，嵌入捕获代码，将用户的定向行为记录下来。
- 可视化埋点：在大公司的应用相对比较普遍。通过可视化平台，将业务诉求与代码解耦，业务人员可在平台上自行配置需记录的用户行为，再由平台将所需内容解析为代码。更像在代码埋点的基础上，增加了一层可视化封装。
- 全埋点：上游完整采集所有事件信息并上报埋点数据，下游应用时将所需数据过滤出来。

附上三种方式的优劣势供参考，如表 2-2 所示。

表 2-2　三种埋点方式的优劣

埋点方式	优势	劣势
代码埋点	采集灵活，根据业务需求设计	研发及维护成本较高
可视化埋点	业务信息与埋点代码分离，操作简捷	平台有局限性，只能覆盖头部埋点情况
全埋点	不会出现遗漏，研发成本小	上报量级对服务性能考验大，适用场景有限

2.1.6 小结

希望本节的学习，可以帮助你全面认识数据埋点的定义及价值，为下面章节的学习打下基础。

2.2 数据埋点全流程

小白：老姜，听了您的讲述，我大概了解了数据埋点的意义，以及其中常用的方式。但如果在工作中遇到，埋点的完整流程大概是什么样呢？以及我需要在其中担任什么样的角色？目前还是无法将整条链路串联起来。

老姜：这个问题问得很好，我来帮你解答一下。首先，埋点有一套较为成熟的流程方式，其中主要涵盖三大方向，即埋点开发前、埋点开发中、埋点开发后，从新业务数据需求的提出到埋点产品的下线，贯穿埋点完整的生命周期，如图2-5所示；其次，数据埋点需要多方人员配合完成，其中涉及产品、数据、研发、测试等岗位，因此，就需要一套标准化的埋点流程，以保障埋点的准确性及效率。

小白：那作为数据分析师，我们需要负责其中的哪些模块呢？

老姜：理论上，这里的数据岗位，一般指数据产品岗，但由于一些公司部门未配置数据产品人员，因此，往往需要数据分析师顶替来完成。其中，数据岗位人员主要在埋点设计、埋点评审、埋点监控、埋点应用四个环节中负责部分工作内容，在图2-5中以红色进行标注。下面我们来一起看下每个环节涉及的工作内容，以及数据岗位人员需要承担的工作职责。

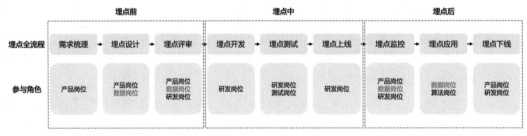

图 2-5　埋点完整的生命周期

2.2.1 埋点前流程

埋点前流程，主要指埋点开发前涉及的埋点的相关工作内容，主要涵盖需求梳理、埋点设计、埋点评审，下面我们来逐一看下。

1. 需求梳理

数据来源于埋点，而埋点来源于业务需求，因此需求梳理作为业务与研发的桥梁，重要性不言而喻。需求梳理，主要需要将页面中需记录的内容标注出来，帮助下游合作方更好地理解需要记录用户的哪些行为。由于产品的新增、迭代主要由产品经理负责推动，因此，该环节的负责方也就顺理成章地落在了产品人员身上。

需求梳理，根据思路流程，可划分为四个步骤。

步骤一：**输出原型图**。产品经理负责新页面及改版页面的思路设计，通过 Axure 等软件，将页面样式绘制成原型图。原型图涵盖产品上线之后所有的前端样式及功能，作为页面开发及埋点的模板。

步骤二：**梳理关注指标**。产品经理根据原型图，梳理产品上线之后需关注的一系列指标，用以度量业务的健康度，指引后续产品迭代。

步骤三：**反推埋点内容**。通过所需指标，反推页面需要埋下哪些点位，记录用户哪些关键行为，用于输出所需数据，达到分析目的。

步骤四：**输出需求文档**。将以上梳理的待埋点内容及埋点时机落地到指定的需求文档中，作为与下游埋点处理方的书面凭证。需求文档重点涵盖埋点页面示意图、埋点位置图、埋点命名、上报内容、上报时机等方面，如图 2-6 所示。

埋点页面示意图	埋点位置图	埋点命名	上报内容	上报时机
		首页-搜索框	1、上报事件：曝光、点击 2、附加参数：默认搜索词	曝光：客户端成功加载元素时。 点击：用户触发点击行为时。
		首页-金刚位	1、上报事件：曝光、点击 2、附加参数：按钮名	曝光：客户端成功加载元素时。 点击：用户触发点击行为时。

图 2-6　需求文档

输出需求文档的核心原则：能够清晰地告知数据、研发、测试人员，用户在哪些页面位置可以触发哪些事件行为，并且需夹带哪些参数信息。

除此之外，在需求梳理环节还有几点重要的注意事项。

注意 1：**梳理要全面**。需求梳理内容的多少，直接影响埋点内容的多少，如果在埋点上线之后发现某些指标由于没有埋点，而捞不回对应数据，那么即便后续将埋点加上也无法记录到过往的数据信息。因此，在页面上线前，需完整梳理内容，避免遗漏。

注意 2：**内容要细致**。埋点的上报内容往往需要涵盖众多业务参数，而这些参数是下游研发人员难以把关的，因此在需求梳理中要写清楚需要上报哪些参数。后续发现遗忘后再增加，同样无法回溯过往数据。

注意 3：**文档要规范**。需求文档作为与下游负责方的唯一书面接口，需要与数据、研发人员共同制订，并遵循梳理规范。谨防由于文档不规范，导致双方理解出现偏差，影响埋点准确性。

2. 埋点设计

需求梳理环节侧重于业务层，根据业务思维输出需记录的用户行为信息。而埋点设计环节侧重于数据层，作为业务层的下游，将产品页面以一定的规范，设计为可用于下游开发的埋点文档。该文档具有重要意义，既可作为研发岗位开发的依据，又可作为下游应用层取数的参考。

该环节需要产品及数据岗位人员配合完成，产品人员负责同步需求文档中记录的内容，数据人员负责埋点规范的制订以及埋点文档的撰写，附上一张页面埋点设计图以供参考，如图2-7所示。具体设计思路，会在下面的章节进行详细讲解。

页面信息

业务名称	业务ID	页面名称	页面ID	页面示意图
XX产品	1001	首页	100001	

页面参数	参数名称	参数类型	参数取值	是否必报	备注
render_id	渲染id	string	11002	1	
render_type	渲染类型	string	完整型/极速型	1	

页面内信息

元素名称	元素ID	上报事件	元素示意图	元素参数	参数名称	参数类型	参数取值	是否必报	备注
搜索框	search_bar	曝光/点击		mod_title	模块名称	string	头部栏	1	
				mod_id	模块id	string	top_bar	1	
				content	内容	string	搜索框默认内容	1	
金刚位	kingkong	曝光/点击		mod_title	模块名称	string	金刚位	1	
				mod_id	模块id	string	kingkong	1	
				btn_title	按钮名称	string	新趋势、福利社、户外主义、宝藏好店、直播探店等	1	
				btn_idx	按钮位置	string	从左至右，从上至下取值从1开始	1	

图2-7　页面埋点设计图

3. 埋点评审

当本次埋点设计完成，且输出埋点文档后，便进入埋点评审环节。埋点评审的目的是将埋点内容同研发人员确认，评判埋点内容的规范性及可行性。如评审通过，则会进入埋点开发环节；如评审不通过，则流程回到埋点设计，由数据及产品人员共同修改埋点方案。

该环节主要由产品、数据、研发三方人员共同参与完成。如果页面埋点仅涉及客户端的内容，则主要由前端研发人员负责；如果涉及服务端的内容，即需要后端回传内容至前端，则仍需后端研发人员参与。

2.2.2　埋点中流程

埋点中流程，主要指埋点开发中的相关工作内容，主要涵盖埋点开发、埋点测试、埋点上线。

1. 埋点开发

埋点评审通过后，便进入正式的埋点开发环节，由研发人员根据埋点文档内容，逐一开发埋点。根据埋点的手段，又可划分为代码埋点、可视化埋点、全埋点。在开发环节，有几点注意事项需要关注。

注意 1：编码格式。当埋点内容为中文时，为避免在客户端与服务端传输过程中出现解析错误，往往需要在客户端将其格式进行转化。

注意 2：参数类型。埋点参数中，相同内容的参数，其类型要保持一致，以防造成数据混乱。例如，A 参数类型为 String，后续若无特殊原因，不做更改。

注意 3：网络环境。当用户网络较差时，客户端回传埋点失败，需要将数据存储于终端本地数据中，待网络条件满足后一并回传，以防埋点数据的遗漏。

2. 埋点测试

在完成埋点开发后，便进入埋点测试环节，此环节目的是保障埋点的准确性，减少漏报、错报的情况发生。该环节主要由测试人员负责，研发人员辅助完成整体流程。

埋点测试的流程一般可划分为以下几个环节，如图 2-8 所示。

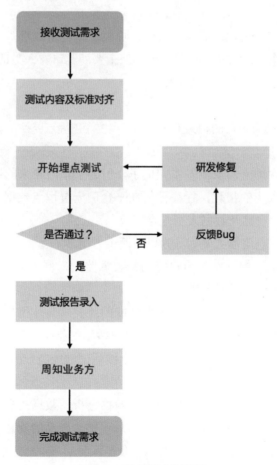

图 2-8　埋点测试的流程

环节一：测试内容及标准对齐。测试与研发岗位人员针对埋点测试流程及通过标准达成共识，制订标准化规范。同时，在单次测试需求前，需同步测试内容及细节，以防出现遗漏。

环节二：**开始埋点测试。** 大多数公司会利用埋点管理平台进行埋点的录入及测试，通过模拟用户操作，验证操作事件信息是否通过埋点记录下来。如测试通过，则将测试内容录入报告，同时存储备份，以便日后查看；如测试不通过，则需要将 Bug 统一记录在平台中，反馈给研发人员，让其修复问题，待修复完成后，重新进入测试。

环节三：**周知业务方。** 当测试完成，并无任何问题后，便可将测试结果通知产品及数据人员，至此，完成埋点测试的整体流程。

在日常工作实操中，埋点测试方式主要有以下两种。

第一种：**平台测试法。** 利用公司自有埋点管理平台或第三方平台，检验测试方在软件中模拟操作的数据是否准确存在。该种方式可以比较直观地反映埋点是否正确，并且可以自动生成测试报告，是目前埋点测试最常用的方式。

第二种：**日志验证法。** 通过查看底层的埋点日志，从日志中逐一捞回埋点测试的数据。该种方式较为传统，比较耗时，可作为第一种方式的补充。

3. 埋点上线

埋点完成测试，并验收无误后，便可进入埋点上线环节。埋点上线往往需要跟随发布的节奏来进行，因此，无法立即生效。该环节主要涉及研发人员的工作内容。

2.2.3 埋点后流程

埋点后流程，指埋点开发后的相关工作内容，主要涵盖埋点监控、埋点应用、埋点下线。

1. 埋点监控

埋点上线后，此次埋点需求就基本完成了，但为了预防未来的某些改动对埋点数据产生影响，同时减少人力的损耗，往往需要在平台侧配置埋点数据的日常监控。该环节主要由研发人员负责，产品及数据人员配合完成。

根据监控内容，埋点监控主要划分为以下两个方面。

方面一：**应用数据监控。** 针对用户应用侧数据监控，例如 PV、UV、CTR、停留时长等。将指标配置到平台，时时预警。

方面二：**性能数据监控。** 针对前端页面性能的监控，关注用户的页面加载时长、成功失败率、白屏率等情况。性能是直接影响用户感知的指标，而随着页面埋点的增加，性能往往会出现一定程度的下滑。因此，埋点上线后，性能监控的作用是不容忽视的。

2. 埋点应用

埋点的最终目的是辅助下游的数据应用、数据分析、数据挖掘等，通过科学的分析方法及算法，将数据转变成对业务有价值的信息，推动产品的迭代。该环节主要涉及数据分析师及算法工程师的工作，此部分内容，会在下面章节中逐一展开。

3. 埋点下线

埋点同产品一样，是存在生命周期的，当产品的某些功能需要下线时，必然会有一些埋点跟随下线，至此，该埋点完成了一生的使命。该环节主要由研发人员负责。在埋点下线之前，需要周知各业务方。

2.2.4　小结

以上三个大环节构成了埋点的全部流程，其中，数据岗位人员主要涉及埋点设计、埋点评审、埋点监控、埋点应用四部分内容。其中，埋点设计对于数据岗位人员是比较重要的，直接影响下游的数据应用，而埋点设计涵盖通用内容设计、新页面设计两个方面，下面两节会为大家详细介绍。相信通过这两节的学习，你可以自己上手设计规范化的数据埋点方案。

2.3　埋点通用内容设计方案

小白：听了您的讲解，我对埋点整体流程清晰了很多。您刚才提到，数据人员涉及较多的是埋点方案的设计，那么，什么是埋点方案设计呢？

老姜：埋点方案设计，目的是将用户在产品中发生的事件行为通过埋点记录下来，设计需要记录事件中的哪些信息，需要一套完整的设计规范，保障埋点内容的可执行性及通用性。

小白：那我们需要设计哪些内容呢？

老姜：根据设计内容的方向，可划分为通用内容设计及新页面设计两个方面。前者是在产品上线时，将一些通用性的参数设计全面，并在后期不断完善；后者是针对单次产品上线的新页面，输出埋点方案，完成单次埋点需求。

小白：明白了，那设计的内容需要以何种方式落地呢？

老姜：埋点方案设计，一般以"文档＋平台"的方式落地。首先，需要将设计的埋点方案填入文档中，并由指定人员负责维护；其次，埋点内容最终往往落地到平台，通过平台进行埋点规范及质量的保障。

小白：了解了，那本节您先和我讲讲，通用内容的设计需要做哪些事情吧。

老姜：好的，那我们这就开始。

2.3.1　通用内容设计简介

在新产品上线前，需要对通用埋点参数进行系统性的制订，后续所有新页面埋点设计均会应用到此内容，并且一般通过"文档＋平台"的方式进行维护。

通用内容设计主要涵盖四个方面，分别为事件、参数、页面、元素。同时，需要将设计内容维护到事件列表、参数列表、页面字典、元素字典四份文档中，以便于后期查看应用。

下面，详细介绍一下每部分涉及的内容。

2.3.2 事件设计方案

在上面的章节中曾提到，埋点的目的是记录用户在端内的事件行为信息，因此事件的规范至关重要。一个事件模型，主要涵盖事件本身及描述事件的参数。下面，我们一起来看下，事件模型需要涵盖哪些信息以及事件列表的格式。

1. 事件是什么

一个简单的事件模型需涵盖三部分内容，分别为时间（When）、人物（Who）、动作（What），例如 2023-12-12 11:11:11 小白访问了某 App 的首页。

● When：记录客户端及服务端对应时间。客户端时间，指用户行为发生的真实时间；服务端时间，指数据上报到服务器的时间。由于上报的延迟，一般情况下客户端时间≤服务端时间。

● Who：记录用户 ID 及其设备账号信息。

● What：记录用户的行为动作，如页面访问、页面滑动、元素曝光、元素点击等。

其中，What 主要指事件本身，是事件设计中需要规范的内容。事件的设计需要注意颗粒度的粗细，这里来看个实例，大家也思考一下哪种事件设计更为合理。

背景：用户进入某 App 的首页，看到页面最上方的 Banner，然后点击 Banner 位，如图 2-9 所示。

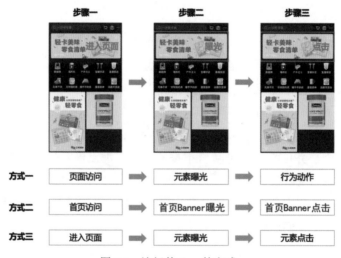

图 2-9　访问某 App 的方式

以上三种方式，宏观来讲都可以作为行为事件，但如果从规范性及复用性角度来考虑，只有一种方式符合预期。

方式一：粒度过于粗糙，信息量不足。通过事件命名，我们希望识别出用户精准的行为动作，然而此种方式却无法满足。其中，页面访问，无法区分是进入页面还是退出页面；行为动作，无法区分是点击还是滑动。如要区分，仍需配合其他参数字段进行识别，不符合行为事件的制订规范。

方式二：粒度过于细致，信息量过载。此种方式在行为事件的基础上增加了页面、元素等信息，导致内容过于饱满。在实操过程中，事件、页面、元素等信息需要解耦，通过不同的字段参数进行描述，以上内容可以拆解为：

- 首页访问 = 首页页面 + 进入页面事件。
- 首页 Banner 曝光 = 首页页面 +Banner 元素 + 元素曝光。
- 首页 Banner 点击 = 首页页面 +Banner 元素 + 元素点击。

方式三：粒度合适，符合事件规范。行为事件上报仅用于识别用户的动作，其他信息通过其他的字段参数进行识别。

由此可见，事件粒度的规范是需要在设计阶段进行把控的。下面，我们来详细看看常见的事件有哪些。

2. 事件有哪些

事件的种类有很多，一般公司在实际操作过程中，最好将产品的细分事件控制在 10 ～ 100 个。太少会导致事件识别过于粗糙，而太多会导致过于分散。以短视频类 App 为例，核心事件如图 2-10 所示。

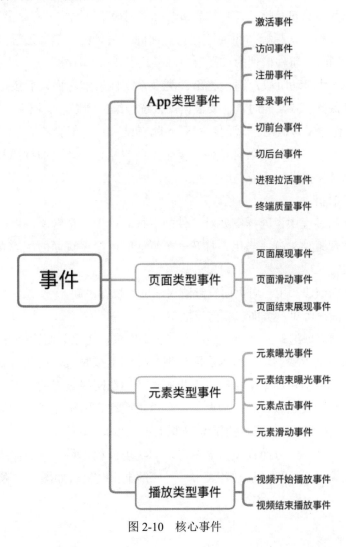

图 2-10　核心事件

该类型 App 事件可粗略划分为四大类，分别为：App 类型事件、页面类型事件、元素类型事件、播放类型事件。

- **App 类型事件**：侧重于 App 粒度下的事件类型，主要涵盖用户应用事件及后端进程事件。用户应用事件如激活、访问、注册等；后端进程事件如外部软件吊起事件、下载开始事件、下载完成事件等。
- **页面类型事件**：侧重于用户访问页面粒度下的事件类型，如用户进入页面时触发的页面展现事件、用户滑动页面时触发的页面滑动事件、用户退出页面时触发的页面结束展现事件等。
- **元素类型事件**：侧重于页面内元素粒度下的事件类型，如元素曝光、元素结束曝光、元素点击、元素滑动等。针对短视频类 App，常见的元素包括点赞、评论、转发、关注、收藏、下拉、表态等一系列按钮内容。
- **播放类型事件**：短视频类 App，最核心的功能就是视频播放，因此播放事件是其中非常重要的内容，如视频开始播放事件、视频结束播放事件等。不同类型的 App，根据其应用属性，又可延展出其他类型的事件内容。

事件类型的梳理，与指标体系的梳理有异曲同工之妙，均需要通过一定的逻辑从上至下逐级拆解。同时，事件梳理的过程当中，有几点要引起注意。

注意 1：在产品启动阶段，建议将事件类型系统性梳理全面，后续如有增加，需要与整体的颗粒度保持一致，同时，需要根据规范统一维护到指定文档中。

注意 2：事件通常是成对出现的，有开始就有结束，一般会将时长等信息记录在结束事件当中。例如，页面结束展现事件，需带上用户从进入该页面到离开该页面的停留时长，用以计算时长类指标。

3. **事件上报时机**

在定义事件的过程中，同样需要对事件的上报时机做一个定义，以明确事件的触发逻辑。以页面展现事件为例，当用户打开一个页面时，根据页面的生成周期，可以划分为以下几个步骤。

步骤一：页面创建。用户对页面发起请求，页面执行吊起。

步骤二：页面框可见。页面加载前端框架。

步骤三：页面完成渲染。页面框架及内容渲染完成，完整界面输出用户。

其中，步骤一至步骤三均可作为页面展现事件的上报时机，由此可见，不同的上报时机会影响触发的量级。如果上报时机为步骤一，则在网络延迟的情况下，即便页面没有完全加载，也会触发上报。一般情况下，会以页面完全渲染完成作为页面展现的上报时机，如果定位到更细粒度，还要规定渲染像素的程度。

上报时机的制订，一方面需要考虑客户端的实现流程，另一方面需要考虑对业务的价值。仍以短视频 App 为例，梳理各类事件对应的上报时机，如图 2-11 所示。

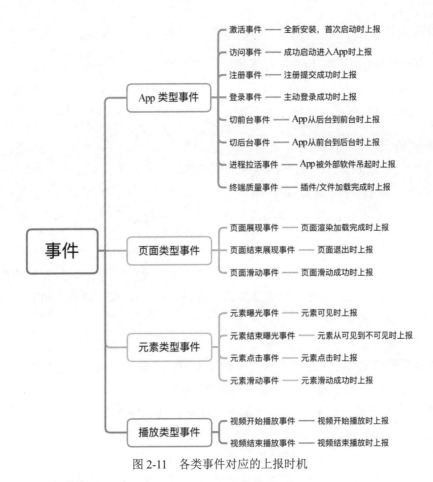

图 2-11　各类事件对应的上报时机

4. 事件列表文档

梳理完核心事件后，需将内容统一维护到事件列表文档中，方便日后新增页面埋点的应用与查看。

事件列表文档需要涵盖事件的核心内容，包括但不限于事件类型、事件名、事件英文名、上报时机、作用、备注等，仍以短视频 App 为例，如表 2-3 所示。

表 2-3　事件列表

事件列表					
事件类型	事件名	事件英文名	上报时机	作用	备注
APP类型事件	激活事件	app_activation	全新安装，首次启动时上报	统计激活uv等指标	
	访问事件	app_start	成功启动进入APP时上报	统计dau、时长等指标	
	注册事件	app_register	注册提交成功时上报	统计注册uv等指标	
	登录事件	app_login	主动登录成功时上报	统计登记uv等指标	
	切前台事件	app_front	APP从后台到前台时上报	统计切换前台uv等指标	
	切后台事件	app_back	APP从前台到后台时上报	统计切换后台uv等指标	
	进程拉活事件	app_pull	APP被外部软件吊起时上报	统计外call吊起uv等指标	
	终端质量事件	app_process	插件/文件加载完成时上报	统计后台加载完成uv等指标	
页面类型事件	页面展现事件	page_visit	页面渲染加载完成时上报	统计页面pv、uv、时长等指标	
	页面结束展现事件	page_visit_end	页面退出时上报	统计页面pv、uv、时长等指标	
	页面滑动事件	page_slide	页面滑动成功时上报	统计页面滑动pv、uv等指标	
元素类型事件	元素曝光事件	element_exposure	元素可见时上报	统计元素曝光次数、uv等指标	
	元素结束曝光事件	element_exposure_end	元素从可见到不可见时上报	统计元素曝光次数、uv等指标	
	元素点击事件	element_click	元素点击时上报	统计元素点击次数、uv等指标	
	元素滑动事件	element_slide	元素滑动成功时上报	统计元素滑动次数、uv等指标	
播放类型事件	视频开始播放事件	play_begin	视频开始播放时上报	统计视频播放时长等指标	
	视频结束播放事件	play_end	视频结束播放时上报	统计视频播放时长等指标	

2.3.3 参数设计方案

为了更加精细化地描述用户的行为事件，支持下游的业务分析决策，需要在事件的基础上增加参数信息。在广义的参数定义中，事件类型也是参数的一种，但由于其性质比较独特，因此会单独进行说明。关于参数的核心价值，我们来看一个案例。

> **案例讲解**
>
> 以"首页 Banner 点击"为例，事件只能定位到元素点击，不足以描述在哪个页面的哪个位置，这个时候，就需要在事件的基础上增加"当前页面名 = 首页""元素名称 =Banner"两个参数，用以完整描述用户的行为。

参数根据通用性，可细分为两种类型：一种为公共参数，指 App 中所有事件均需携带的内容，如用户 ID、事件发生时间等；另一种为业务参数，作为公共参数的补充，不是所有行为均需要记录的内容，如直播类 App 中的房间 ID，仅在进入直播间时记录，非播放页面则无须记录。

1. 公共参数

公共参数需要记录在用户端内的每个点位上面，涵盖端粒度、页面粒度、元素粒度等。建议通过 4W1H 的方式进行梳理，核心内容如下。

- Who：记录用户自身信息，涵盖用户设备信息、终端信息、网络信息、账号信息等。
- When：记录用户行为时间信息，涵盖事件上报时间、数据上报时间等。
- Where：记录用户行为场景及来源信息，涵盖当前位置、来源位置等。
- How：记录用于以何种方式应用 App 的信息，涵盖下载渠道、启动渠道、启动方式、App 版本、App 下载包号等。
- What：记录用户触发的行为信息，涵盖事件参数等。

2. 业务参数

业务参数作为公共参数的补充，记录行为事件中的一些指定内容，一般在页面粒度、元素粒度下出现频次较高。下面我们来看一个案例。

> **案例讲解**
>
> 在页面粒度下，游戏页面需要记录游戏的名称及游戏 ID，但在非游戏页面则无须记录；在元素粒度下，电商页面商品图卡的点击，需要记录图卡商品的名称，这样的内容并非所有页面元素均需记录，同样属于业务参数。

3. 参数列表文档

同事件列表文档一样，参数也同样需要在业务上线前进行统一梳理，并在日后产品迭代时不断新增完善，作为数据、研发、产品的参考文档，方便埋点相关人员应用。下面附上公共参数列表文档供你在日常工作中应用，如表 2-4 所示。

表 2-4 参数列表

参数列表							
一级分类	二级分类	参数字段名	参数中文名	参数值类型	参数取值	参数下发方	参数类型
Who	用户设备信息	imei	国际移动设备标识	STRING	15位数字组成	终端	公参
		idfa	iOS广告标识符	STRING	16进制的32位字符串	终端	公参
	终端信息	platform	平台类型	STRING	{"Android", "iPhone", "iPad"}	终端	公参
		operating_sys	操作系统	STRING	{"andorid", "ios", "macos"}	终端	公参
		brand	设备品牌	STRING	{"华为", "vivo", "oppo"......}	终端	公参
		model	设备型号	STRING	{"华为p70", "华为mate30"......}	终端	公参
	网络信息	network	网络类型	STRING	{"3G", "4G", "5G"......}	终端	公参
		client_ip	客户端IP	STRING		终端	公参
		operator	运营商	STRING	{"中国移动", "中国联通"......}	终端	公参
	账号信息	uid	用户标识	STRING		后台	公参
		qq_num	用户qq号	STRING		后台	公参
		wx_num	用户微信号	STRING		后台	公参
		login_type	用户登录类型	STRING	{"未登录", "微信", "QQ"}	后台	公参
When	时间信息	upload_time	事件上报时间戳	STRING		终端	公参
		event_time	数据上报时间戳	STRING		终端	公参
		realtime_event	是否实时上报	STRING	{"实时", "非实时"}	终端	公参
Where	当前位置	pageid	当前页面id	STRING		终端	公参
	来源位置	ref_pageid	来源页面id	STRING		终端	公参
		ref_elementid	来源元素id	STRING		终端	公参
		ref_url	来源页面url	STRING		终端	公参
How	启动方式	start_mode	启动方式	STRING	{"热启动", "冷启动"}	后台	公参
		start_type	启动类型	STRING	{"主启", "push", "外call"}	终端	公参
		start_channel	启动渠道号	STRING		终端	公参
	下载方式	download_channel	下载渠道号	STRING		后台	公参
	APP信息	app_version	APP版本	STRING		终端	公参
		app_id	APP包号	STRING		终端	公参
What	事件信息	event_code	事件	STRING		终端	公参

在梳理的过程中，建议按照一定的层次逻辑进行展开，4W1H 仅是其中一种方式，根据不同的产品特性，方式会有所差异。

- **参数字段名**：采用小写英文字母进行命名。
- **参数下发方**：涵盖终端及后台，根据参数的来源进行判定。
- **参数类型**：涵盖公参及私参，私参即业务参数。

随着产品页面的不断扩充，参数也会逐渐丰富，需随时将新的参数维护到文档中。

2.3.4 页面设计方案

鉴于产品页面数量很多，因此需要将页面 ID 和页面名称单独进行维护。一方面，保障命名的规范性；另一方面，防止页面名称出现重复。页面信息同样需要维护到文档中，其中有几点注意事项需要关注下。

注意 1：页面值的命名要符合一定的规范，例如，均以 page 开头。

注意 2：随着产品内容的不断扩充，页面也会越来越多，因此，页面名称需要好理解，一眼就能识别出描述的是什么页面，例如首页 =page_main；详情页 =page_detail 等。

附上页面文档涵盖的内容，供你参考应用，如表 2-5 所示。

表 2-5 页面文档

页面列表			
pageid	页面名称	UI	备注
page_login	登录页	页面图	
page_main	首页	页面图	
page_detail	详情页	页面图	
page_me	个人中心页	页面图	

2.3.5 元素设计方案

元素设计与页面设计有很多相似的地方，不同页面可能存在相同的元素，例如关闭按钮、取消按钮、确认按钮等。因此，同样也需要一个元素列表文档，用以对元素 ID、元素名称进行维护，如表 2-6 所示。

表 2-6 元素列表文档

元素列表			
elementid	元素名称	UI	备注
share_btn	分享按钮	页面图	
send_btn	发送按钮	页面图	
message_btn	聊天按钮	页面图	
follow_btn	关注按钮	页面图	

2.3.6 小结

希望本节的学习，可以帮助你了解数据埋点的通用内容都有哪些，并且知道如何去设计。当然，通用内容远远不局限于以上这些，只是这四个方面内容相对比较重要，需要在产品上线前期进行梳理落地。

2.4 埋点新页面设计方案

小白： 老姜，听了您的讲述，使我对通用埋点内容有了进一步的认识，会在后续工作中加以应用。

老姜： 嗯，有帮助就好。最近产品有没有新的页面埋点需要你去配合设计呢？

小白： 您别说，还真有。最近产品首页正在改版，让我帮忙撰写埋点文档，正头疼要如何写呢。老姜，这方面您能给我讲讲吗？

老姜： 当然可以，这个也是 2.3 节遗留的问题，针对新页面的埋点设计。

2.4.1 新页面设计简介

当产品要上线新页面，或在原有页面增添一些元素时，如果需要记录对应事件的数据信息，如 PV、UV、CTR 等，则需要对页面进行埋点设计，完整且规范地记录数据内容，当然，这也是埋点实施的核心。

页面设计需要遵循三个原则，即规范性、简洁性、统一性，能够让应用者一眼就能识别出埋点内容的位置及对应记录的信息。因此，梳理点位需要按照一定的逻辑进行展开，建议由上至下进行拆解，逐一厘清页面各点位信息，如图 2-12 所示。

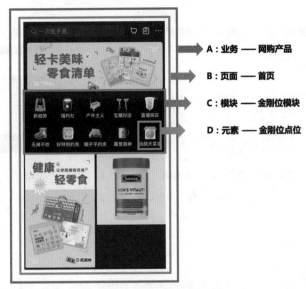

图 2-12 由上至下各点位

埋点内容由上至下可拆解为业务、页面、模块、元素，各部分的核心内容如下。

- 业务。记录当前页面所属的业务产品名称，对于有多条业务线的企业而言，业务命名需要统一管理，例如阿里巴巴旗下涵盖淘宝、天猫、咸鱼等产品。
- 页面。记录当前页面的名称，同时给页面附上一个产品内的唯一页面 ID，例如首页、列表页、详情页、直播页等。
- 模块。记录当前页面中的不同模块的名称，用以将页面划分区域，逐一进行埋点梳理，例如顶部栏、金刚位栏、商品详情页栏等。
- 元素。记录模块内具体的点位信息，用以定位每一个可触发行为事件，例如搜索栏、购物车按钮、清单按钮、商品图卡等。

通过以上方式，将页面详细拆分到每一个点位，配合通用埋点方案中的事件、参数等信息，可完成新页面埋点设计，并将内容落地到埋点文档中，确认无误后，录入数据埋点管理平台。

2.4.2 新页面埋点文档撰写

埋点文档主要是将页面、元素、事件、参数等一系列内容，按照一定的格式梳理出来，作为页面埋点的参考依据，便于日后与应用方查看及回顾相应细节。根据梳理流程，埋点文档又可划分为页面信息梳理和元素信息梳理两部分。

1. 页面信息梳理

如果是在类似 Excel 的文档中梳理，则一个页面对应一个 Sheet，主要涵盖以下信息，如图 2-13 所示。

图 2-13 页面信息

- **业务名称 / 业务 ID**：记录页面所属的业务，若公司内含有多条业务线产品，则该参数为必填项。
- **页面名称 / 页面 ID**：记录当前页面的名称，由于埋点是在页面的基础上完成的，因此页面名称的设定要通俗易懂，并且保障每个页面名称的唯一性，该参数为必填项。
- **页面示意图**：为了让下游应用者清晰地了解页面所属的样式，便于埋点及数据输出，建议附上。
- **页面参数**：记录页面附带的参数信息，前面介绍过，页面参数主要涵盖两种：一种是继承端内公参，此类参数无须单独撰写至新页面埋点中；另一种为业务参数，记录页面特有的一些内容，这一部分内容需要填入文档，如直播页，需要携带房间号、主播号等信息。

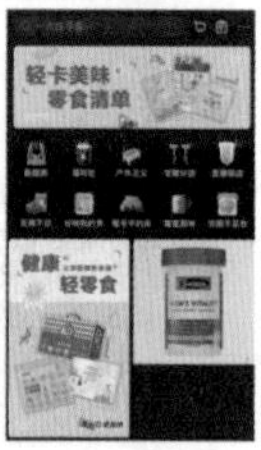

2. 元素信息梳理

在页面信息的基础上，需要对其中的模块、元素进行逐一梳理。一般情况下，直接以元素粒度进行撰写，模块仅作为元素中的一个参数。同时，元素的参数同样继承了端内公参及页面参数信息，即向上继承原则。因此，涉及上述粒度的信息，无须在元素参数中填写，仅需将元素所携带的内容梳理清晰即可，如图 2-14 所示。

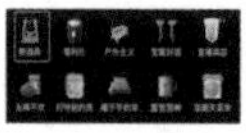

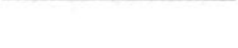

图 2-14 页面内信息

- **元素名称 / 元素 ID**：同页面名称一样，记录元素的内容，属于必填项。这里需要注意，在不同页面或者相同页面中，可以出现相同的元素名称，但是需要通过页面及模块进行区分。例如，在同一个页面中，顶部和底部分别有两个搜索框，元素 ID 均为 search_bar，此类情况可通过模块名称进行区分，上搜索框所属模块 ID 为 top_bar，下搜索框所属模块 ID 为 bottom_bar。

- 上报事件：用以记录元素可触发的事件类型，属于必填项。一般情况下，曝光和点击是较为常见的事件，有时还会涵盖滑动、放大、缩小等事件。另外，点击也可区分为普通单击、普通双击、连续点击、长点击、短点击等情况。
- 元素示意图：同页面示意图的作用，建议附上。
- 元素参数：同页面参数的作用，记录元素所需记录的内容。元素参数也可划分为两种：一种是每个元素均需要记录的参数，如模块名称、模块 id 等；另一种是部分元素涵盖的个性化参数，如填写内容、按钮名称、按钮位置等。

2.4.3　小结

以上就是撰写新页面埋点文档的方式，整体内容并不复杂，但是需要制订一个合理的规范，并在实施当中严格执行。

在产品埋点工作开展初期，通过埋点文档的形式便可将埋点内容进行维护，但随着业务逐渐趋于复杂，埋点数量呈现出指数级别的提升，涉及的合作方会逐渐增加，沟通更加频繁，这个时候，拥有一个高效的数据埋点管理平台就变得至关重要。下面我们一起来看下埋点管理平台的功能及价值。

2.5　数据埋点管理平台

小白：老姜，上面您提到了数据埋点管理平台，这对埋点工作的价值是什么？是否是企业必需的呢？

老姜：这个问题问得很好。如果产品处于发展的初期阶段，大概率埋点文档就可满足内容的记录及查看。但随着产品形态的日益复杂，埋点内容逐渐丰富，仅凭文档来维护便显得力不从心。这个时候，就需要一个数据埋点管理平台来记录及管理对应的埋点内容。

小白：明白了，那埋点平台可以满足哪些诉求呢？

老姜：下面，我们来详细聊一聊。

2.5.1　埋点管理平台的作用

任何事物均产生于一定的背景之下，在分析埋点平台作用及价值之前，先来看看现阶段埋点工作所处的背景及现状。

1. 埋点工作现状

在 2.2 节的内容中，和大家介绍过数据埋点的全流程，涵盖从数据需求的提出、在线埋点文档的设计、埋点内容的开发、数据埋点的校验以及埋点的应用。整条链路归总下来，可划分为埋点前、中、后三大环节，其链路相对较长，具有以下几个特点。

其一，涉及内容烦琐、细节多。如果从技术层面来考量，埋点的技术难度并不高，但由于其直接涉及数据的准确性，因此埋点链路的过程比较复杂，涉及细节较多，稍有不慎，就会造成用户数据的漏报、错报。例如，埋点设计是否合理、埋点 SDK 是否正常、埋点流程是否规范等。

其二，涉及多部门人员协同开发。埋点工作不是单个角色就可完成的事情，需要多部门协同进行，主要涉及产品团队、数据团队、研发团队、测试团队等，这在 2.2 节中也有介绍。例如，数据人员如何知道产品人员需要哪些数据；研发人员如何知道哪些点位需要埋，点位中需要记录哪些参数；测试人员如何知道测试的内容是否准确；BI 人员如何通过埋点信息配置看板。这一整条链路都需要多部门团队层层接力，才能妥当完成。

在这样的现状背景下，如若无埋点管理平台，往往会暴露出以下一些问题，如图 2-15 所示。

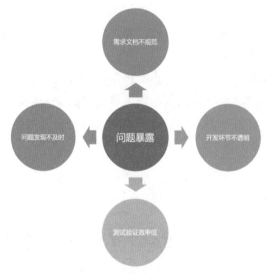

图 2-15　暴露出的问题

问题一：需求文档不规范。

埋点源于产品团队的需求文档，但往往由于负责人员能力的差异，即便有文档规范，仍然会出现内容输出上的偏差。另外，由于每次新页面的埋点需求，均需要单独提需求文档，对于历史文档的留存，往往会出现丢失的情况。

问题二：开发环节不透明。

研发团队往往参考的是埋点文档，已完成哪些埋点、未完成哪些埋点、完成的埋点是否存在问题，这些情况均无法系统性记录。对于下游测试及应用方而言，会造成一定困惑。

问题三：测试验证效率低。

在测试团队对埋点进行校验的过程中，由于没有平台的接入，实时联调只能线下判断是否记录了对应的行为事件数据，排查效率非常低，并且容易在验证过程中出现遗漏。

问题四：问题发现不及时。

埋点上线后，往往会由于各种原因，导致埋点出现异常情况。例如，埋点 SDK 组件失效、新版本上线埋点出现覆盖、页面由于存在 Bug 而无法加载等。若没有平台预警的介入，仅靠人为发现异常问题，往往会较为滞后，影响数据采集。

　　2. 埋点平台作用

　　埋点管理平台的出现，是为了解决上述问题，除了保障埋点质量外，还可减少参与人员的成本，以及提升整体埋点效率。总体来看，埋点平台的作用主要体现在以下几个方面，如图 2-16 所示。

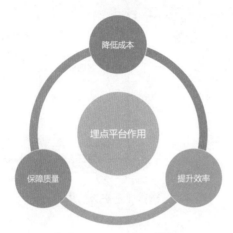

图 2-16　埋点平台作用

　　作用一：降低成本。

　　通过平台的介入，从埋点需求提出，到埋点上线后的监控，减少各环节负责人员的工作成本。例如，在设计环节，埋点方案直接录入平台，多方协同完成；在研发环节，对研发完成的内容，平台自行标记，并检验是否正常；在测试环节，平台可视化联调，自动输出测试结果文档。

　　作用二：提升效率。

　　通过埋点模型的强规范性，提升内容的可复用性，对于页面新增模块内容的埋点，无须重新完整走一遍埋点流程。例如，页面调整的模块，可直接在原有页面进行更改和添加，无须重新创建页面。

　　作用三：保障质量。

　　保障质量是埋点最基本的要求，通过平台的介入，保障埋点需求端到端的输出交付，降低出错风险。这里的质量保障主要涵盖两个方面：一方面，降低埋点出错的概率；另一方面，提升上线后埋点的排查效率，通过平台监控，在点位信息记录出现问题时，可第一时间给予报警及问题定位。

　　由此可见，埋点平台通过规范化的手段来保障埋点的质量。

2.5.2　埋点管理平台的功能

　　埋点管理平台的核心功能主要涵盖需求管理、数据管理、数据校验、数据监控等，如图 2-17 所示。

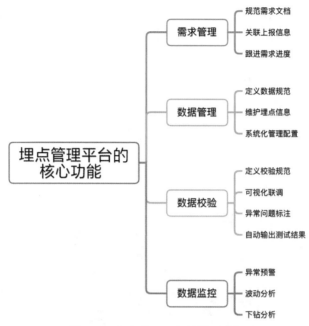

图 2-17 埋点管理平台的核心功能

功能一：需求管理。

数据需求是埋点最初的参考信息，其内容可指导埋点的整体环节，平台的需求管理功能，主要体现在以下三个方面。

其一，规范需求文档。在撰写需求阶段，需要标注清晰埋点的页面样式、页面简介、模块样式、交互形态、后台记录信息、优先级等内容。

其二，关联上报信息。将需求文档关联当次埋点内容，以防历史需求文档丢失，内容无从考证。

其三，跟进需求进度。需求与埋点进度强关联，以减少不同部门人员沟通上的偏差。

功能二：数据管理。

数据管理是对埋点内容的规范及保障，通过数据规范的制订实施、埋点信息维护以及系统化的管理配置，将埋点过程规范化、统一化，提升效率、降低成本。

功能三：数据校验。

传统的数据校验往往需要测试人员在测试机上模拟用户行为，并在埋点 ETL 后的数据仓库中捞取对应数据，进行校验。如遇到复杂的页面埋点，往往需要花费单人几日的工作量。而埋点平台的介入，可以实现埋点校验平台化，通过平台云真机的行为操作，自动校验各个点位是否正常，并输出完成校验报告。整个测试流程，一般一日之内即可完成。

功能四：数据监控。

数据监控主要是对埋点上线后的问题预警，如因为某些原因导致埋点 SDK 异常等，造成数据无法正常上报，平台可以实时监控、联动企业内容沟通软件或者邮件的方式通知维护方，从而保障日常数据的正常产出。

2.5.3　小结

埋点管理平台对于成熟期产品而言是至关重要的。一般企业内部会有自研的平台，如内部暂无研发，可以考虑一些业界开源的平台直接应用。

另外，埋点平台的发展需要从平台能力角度和智能化角度进行不断优化，前者要以埋点生命周期为出发点，满足不同阶段的核心内容；后者要从智能分析、智能预测等角度，提升数据应用的效果。通过数据埋点平台，更好地支持企业整体的数据收集能力。

2.6　埋点常见问题汇总

小白：老姜，听了您的讲述后，我对埋点的认知比之前深刻了不少。与此同时，也汇总了一些问题，希望您可以系统性地帮我解答一下。

老姜：当然没问题，只要有思考就是好的，我们一起来看看你有哪些问题。

1. 埋点常见问题汇总

在埋点工作中，我们往往会遇到一些疑惑，我汇总了在埋点过程中常遇到的八个问题，看看你心中是否也有同样的疑惑。

问题 1：埋点上报字段类型是否需要统一？

回答 1：埋点上报字段的类型不做强要求，String、Int 等格式均可行，但需要注意的是，同一个参数在所有场景中的类型需要一致。因此，参数类型需要考虑通用性，一般情况下，String 类型最为常见。

问题 2：元素位置参数一般如何定义？

回答 2：元素位置一般按照从左至右、从上至下的顺序，从 0 到 N 依次赋值。其中，页面弹窗、页面浮层等元素，一般不携带位置参数。

问题 3：页面中所有元素是否都有必要上报？

回答 3：不是。页面中哪些元素需要上报，取决于其数据是否能对业务分析和应用产生价值。如果一些元素的数据无关紧要，在可报可不报中间徘徊，则无须上报。一方面，埋点数量的增加会提升页面的打开时长，直接影响用户的应用体验；另一方面，上报埋点后的数据需要存储于数据仓库中，无效地上报埋点，会占用数据仓库的存储空间，增加存储成本。

问题 4：埋点涉及多部门时需要注意什么？

回答 4：有些时候，页面的前后流程，会涉及与端外场景的连接，例如双十一期间，在支付宝中可跳出淘宝的某些活动页面。此时，在被跳出端的埋点中，需要记录跳出的渠道等信息，这些信息，需要合作部门在参数传输中透传过来。在这个过程中，需要注意参数的内容及格式，以防传输的内容不符合预期。

问题 5：在开发环节，埋点交付的标准是什么样的？

回答 5：研发部门需要做的，不仅是实现埋点，还要在开发环节进行自测，保障事件记录完整、参数上报正常，才可以进入下游的测试环节。

问题 6：在测试环节，需要注意哪些事情？

回答 6：真实的用户行为，往往是多场景、多方式的，例如电商产品中，用户进入首页→点击 A 商品→退出到首页→点击 B 商品→退出到首页→再次点击 B 商品→完成下单→切换到后台→切换至前台等。这就要求在测试环节，对元素进行多场景的模拟触发，保障在各个场景触发中均不会出现问题，埋点测试才算通过。

问题 7：埋点流程规范的意义是什么？

回答 7：本章一直在强调埋点流程的规范性，在实际工作中，你会发现只有保障埋点规范自身的科学性及各部门均按规则处理，才可保障埋点的质量及效率。埋点流程规范主要体现在两个方面：其一，内容规范，也是本章主要阐述的内容；其二，人员规范，每个环节都需要按照规定的交付标准来完成，环环相扣，只有保障每个环节都不出现问题，整体才可能正常。另外，需要明确人员分工，避免在工作中出现扯皮的情况。

问题 8：埋点工作需要数据分析岗位人员具备哪些能力？

回答 8：埋点看似是单点的工作内容，实则是对项目的管理。数据分析人员需要具备完整的项目管理思维，能够对整体内容进行系统性的把控，并保障负责的环节不出现问题，才能在埋点工作中得到合作方的信任与认可。

2.7 本章小结

老姜：小白，至此，数据埋点的整体内容我们就学习完了。下面，我们一起来回顾一下今天所学的内容吧。

- 数据获取流程主要包括数据埋点→数据采集→数据上报，其中数据埋点是首个步骤。通过 4W1H 的方式梳理了埋点主要涵盖的内容。其中埋点方式根据内容可划分为客户端埋点、服务端埋点；根据手段可划分为代码埋点、可视化埋点、全埋点。
- 熟悉了数据埋点涉及的全流程，以及每个流程的核心内容。其中，数据人员主要涉及埋点设计、埋点评审、埋点监控、埋点应用四大环节。
- 学习了埋点通用内容设计规范，其中主要涵盖事件、参数、页面、元素等，并以文档或平台的方式进行内容维护。
- 学习了产品上线一个新页面时，根据业务、页面、模块、元素等，拆解页面点位，并以页面信息及元素信息进行埋点的梳理。
- 熟悉了埋点管理平台的作用及价值，其在需求管理、数据管理、数据校验、数据监控中起到了至关重要的作用。
- 进行了埋点 FAQ，回答了你在埋点过程中经常遇到的一些问题。

通过这些埋点知识，希望可以帮助你快速掌握其中的精髓，并在工作中应用自如。

小白：嗯嗯，学习完这些内容，我可以开始上手处理一些日常的埋点需求了。

第 3 章
数据的工厂:
数据仓库

老姜：第 2 章中，我们一起学习了数据埋点的知识，了解了数据是如何被采集的。在这里，问你个问题，你知道数据采集后的下一个流程是什么吗？

小白：下一个流程？将数据存储起来，通过加工，生成下游应用所需的数据样式？

老姜：完全正确！同商品的生产流程有异曲同工之妙，首先获取商品的原材料；其次将原材料拉入工厂分门别类进行存储；再次对原材料进行加工，经过层层步骤，生成可用于面世销售的商品；最后将成品转运出工厂，进行售卖。对于数据而言，这个核心的"工厂"环节，我们称为数据仓库。

小白：了解了，那数据仓库具体是什么呢？作为数据分析师，我们需要掌握到何种程度呢？

老姜：本章我将带你完整畅游数据仓库的知识体系。首先，仍然是从基础知识出发；其次，介绍当前主流的数据仓库架构体系，以及数据仓库常见建模方式；然后，从规范性角度，衡量数据仓库需要遵循哪些设计规范；再次，站在数据分析师的角度，聊聊需要掌握数据仓库知识的程度，以及可能涉及的工作内容；最后，通过一个实例，全面看下数据仓库整体的搭建过程。

小白：太好了，这正是我想了解的，那我们就开始吧！

3.1 数据仓库基础知识

老姜：首先，需要对数据仓库的基础知识做一个简单介绍，帮助你扫清基础知识的盲区。

小白：好的。

3.1.1 什么是数据仓库

数据仓库（Data Warehouse，DW 或 DWH）是企业存储数据的集成中心，其目的是构建面向下游分析决策的集成化数据环境，通过系统化的方式，对数据的质量、成本、效率进行有效的管控，为企业分析决策提供有力支持。

数据仓库对于企业的价值主要体现在以下几个方面。

其一，**完成数据集成**。企业采集的数据源往往是多渠道、多类型的，数据仓库不生产数据，而是实现各方数据的统一汇总，为下游分析决策打下重要基础。

其二，**把控数据质量**。数据仓库可以有效避免同一数据多方采集所造成的数据差异及错误，通过统一的数据口径，有效地把控数据质量。

其三，**提升数据效率**。数据仓库可以满足开发的快捷统一、问题的高效排查，减少沟通成本，提升数据生成效率。

3.1.2　数据仓库的特点

数据仓库，根据其自身属性，主要表现为以下几个特点，如图 3-1 所示。

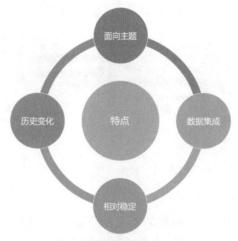

图 3-1　数据仓库的特点

1. 面向主题

数据仓库中的数据，是按照一定的主题逻辑组织而成，这里的主题并非一成不变，而是随着业务的变化而变化，如用户、活跃、消费、订单等。这点与传统的数据库有很大的差别，传统数据库的思想是面向应用层，各个业务是相互独立的；而数据仓库是从烦琐的业务中，站在更高的角度，设定主题模块，通过主键进行关联。

2. 数据集成

数据仓库中的数据来源往往是多种多样的，通过将各种分散、独立的数据源进行抽取、转化、加载，保障数据仓库内数据的一致性。在数据进入仓库前，需要经过内容整合，将原始数据中的字段命名、单位、格式等进行统一。

3. 相对稳定

数据进入仓库后，底层数据的存储周期一般都很长，并且很少会更新，整体数据内容相对稳定。在日常的数据应用过程中，也仅对数据进行查询，而非增加、删除、修改。

4. 历史变化

数据仓库涵盖了业务历史数据，可以反映过往的经营状况，并且随着业务的迭代，仓库的数据也会随时更新，满足业务长期分析需要。其历史变化性主要体现在以下三个方面。

其一，数据存储周期较长。

其二，数据不但可以映射当前的业务情况，同样可以反映历史情况。

其三，数据随时间而增加，携带时间属性。

数据仓库的属性及特点并非一成不变，而是随着数据仓库的发展而不断优化，下面，我们来看看数据仓库的演化之路。

3.1.3 数据仓库技术架构演进之路

数据仓库的发展，根据其技术架构可以划分为四个阶段，分别为传统数据仓库架构→Lambda 数据仓库架构→Kappa 数据仓库架构→混合数据仓库架构，如图 3-2 所示。

图 3-2　数据仓库的发展

1. 传统数据仓库架构

数据仓库概念形成初期，主要是为了支持下游的报表及多维分析，并在架构上与 OLTP 业务系统解耦，减少相互之间的影响。在架构上，根据数据的处理流程，可划分为多个层次，对数据进行不同层次的加工处理，如图 3-3 所示。

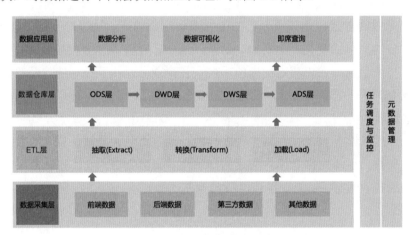

图 3-3　数据处理流程层次

● **数据采集层**：通过前端、后端、第三方采集等方式，获取与业务相关的底层数据。

● **数据仓库层**：数据仓库的核心环节，通过多个层次的处理加工，实现数据的可用性，其中主要涵盖四个阶段，分别为 ODS 层、DWD 层、DWS 层、ADS 层，会在下面的章节中进行详细介绍。

● **ETL 层**：通过抽取、转化、加载流程，将采集到的各方零散、分散的数据整合到一起，存入数据仓库中。

● **数据应用层**：数据仓库的输出应用层，将加工好的数据，用于下游的数据查询、输出分析、数据可视化等场景，为产品输出有价值的业务结论。

2. Lambda 数据仓库架构

传统数据仓库架构可以满足大多数离线数据的建模与分析，但是在业务分析场景中，很多时候，除了天级输出的离线数据外，还需要秒级输出的实时数据，用于满足即时分析或实时策略调整，如推荐策略、大促分析等。因此，需要一套能够同时支持离线和实时的数据仓库架构，在这样的背景下，Lambda 数据仓库架构应运而生。

Lambda 数据仓库架构是由 Storm 的作者 Nathan Marz 提出的一种在处理大规模数据量时，同时解决流处理和批处理的数据架构，丰富下游的应用场景。通过批处理部分，解决数据的全面性、准确性；通过流处理部分，解决数据的低延迟、高吞吐。Lambda 数据仓库架构如图 3-4 所示。

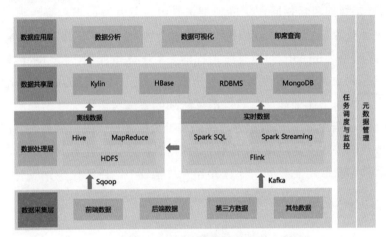

图 3-4　Lambda 数据仓库架构

Lambda 架构的核心处理主要涵盖离线数据处理（批处理）、实时数据处理（流处理）以及数据融合。

- **离线数据处理（批处理）**：通过对历史数据的处理，一般为天级响应，将数据加工成可用于下游分析的样式。由于是基于过往一段时间的数据处理，因此数据的完整性、准确性均有所保障。离线处理一般采用 Hadoop 等框架进行计算。
- **实时数据处理（流处理）**：通过对即时增量数据的处理，一般为秒级响应，能够保障数据的实时性，但由于数据并非全量，因为完整性和准确性，会有所降低。实时处理一般采用 Spark、Flink 等框架进行计算。
- **数据融合**：将处理完的离线数据及实时数据进行融合，输出到指定位置进行存储，供下游分析应用。

Lambda 架构的优势和劣势主要体现在以下几个方面。

【优势】

- **架构清晰**：批处理的对象是离线全量数据，数据不易变更且稳定性强，架构相对简洁；流处理的对象是实时数据，因为是增量数据处理，流程相对复杂。通过此种方式，将两种处理流程分开，一方面分清架构职责；另一方面解耦数据，当遇到问题时，减少问题穿插，提高排查效率。
- **容错率高**：实时流数据会定期写入批处理层，批处理会定期将涵盖最新实时流的数据重新全面计算，即便流处理过程中存在一些问题，也可以通过批处理重新计算而得以修正。

【劣势】

● **口径问题**：由于离线分析和实时分析走的是两套架构逻辑，因此很可能出现数据不一致的情况，会给应用方带来困扰。

● **成本较高**：Lambda 的两种处理方式有很多相似的逻辑，但是却需要维护两套代码，一套用于批处理，另一套用于流处理，因此维护成本比较高。

3. Kappa 数据仓库架构

Lambda 需要维护两套相同逻辑的框架，导致重复开发成本较高。很多人就开始思考，是否有一套框架，可以将批处理和流处理融合到一起，缩减其中的成本。

Kappa 架构是由 LinkedIn 的前首席工程师杰伊·克雷普斯（Jay Kreps）提出的一种架构思想，算是真正意义上的流批一体处理方式，该方式在 Lambda 架构的基础上剔除了批处理流程，仅留下流处理层，通过消息队列的方式保留历史数据回溯的能力。也正因为如此，Lambda 架构的实时数据处理代码和批数据处理代码，只需要保留一套即可。

当流任务代码发生变动，需要回溯历史数据时，原先的任务保持不变，新增一个任务，从消息队列中获取历史数据，计算并存入数据表中。待新任务完成后，停止原流计算任务，并将原有任务结果进行覆盖，整体流程如图 3-5 所示。

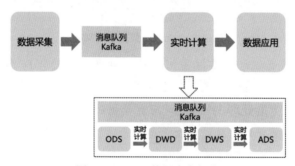

图 3-5　Kappa 数据仓库架构

Kappa 架构的优势和劣势主要体现在以下几个方面。

【优势】

● **成本较低**：Kappa 相比 Lambda 架构成本较低，主要体现在以下几个方面。其一，计算资源消耗开销少，只有流处理，仅针对新任务运行作业；其二，开发成本低，仅需要开发、测试、上线一套代码，无须冗余；其三，运维成本低，仅需要维护一套体系。

● **减少合并操作**：无须进行批处理和流处理的数据合并，避免了其中可能存在的差异问题。

【劣势】

● **依赖中间件缓存能力**：在使用消息队列时，如 Kafka，由于其将数据先存储于内存当中，然后落盘到仓库，往往会导致数据丢失，因此，对于中间件的缓存能力有较高的要求。

4. 混合数据仓库架构

当前很多公司的实际数据仓库架构中，往往同时借鉴了 Lambda 架构和 Kappa 架构的核心思想，形成混合型数据仓库。汲取不同架构的优势环节，并从企业的现实情况出发，设计符合业务的数据仓库架构。

3.1.4 数据仓库相关概念

在日常工作中，我们往往会接触一些数据仓库相关的概念名词，这里列举几个常见的概念进行讲解。

1. 数据库

数据库是面向事物的处理系统，通过联机操作，对数据记录进行增、删、查、改等操作。数据库的本质为一个二元关系，通俗来讲，类似 Excel 中的行列格式，具有结构化程度高、独立性强、冗余性低等特点。作为数据管理的主要手段，常用于操作性处理，也被称为联机事务处理（On-Line Transaction Processing，OLTP）。

关系型数据库理论的提出，诞生了一批经典的关系型数据库管理系统（RDBMS），如 MySQL、SQL Server、Oracle 等。而这批 RDBMS 随着被逐步推向商业化市场应用，根据应用方向，又被划分为操作型数据库、分析型数据库。

- **操作型数据库**：侧重于对日常业务的支持。企业会根据不同的业务模块，创建多种数据库，用于业务的日常数据存储，如用户活跃、消费订单、领取积分等。该类型数据库往往存储周期较短（一般 90 日以内）、数据存储粒度较细、查询数据量相对较小。
- **分析型数据库**：侧重于对业务历史数据的分析。其特性与操作型数据库有所差异，将企业的历史数据单独存储，数据存储周期相对较长（一般数年）、数据存储粒度既有明细数据也有汇总数据、查询数据量相对较大但频率较低。

数据库与数据仓库并非替代关系，而是各有侧重点，其核心特点对比如表 3-1 所示。

表 3-1 数据仓库与数据库对比

特性方面	数据仓库	数据库
数据来源	多数据源方式收集	单数据源方式收集（例如事务系统等）
数据标准化	非标准化Schema（例如星形、雪花形等）	标准化静态Schema
数据范围	历史完整的数据	当前状态数据
数据建模	范式建模、维度建模	ER建模（实体关系）
数据应用	面向主题设计	面向事务设计
应用方向	大数据分析、建模	事务处理

2. 数据集市

数据仓库之父 Bill Inmon 讲过一句话："IT 经理面对的最重要的问题就是到底先建立数据仓库还是先建立数据集市。"由此可见，数据仓库与数据集市关系密切。

数据集市可以理解为面向主题的小型数据仓库，其内容根据业务划分成各类主题，相比数据仓库，会更聚焦某个领域，而非全局。其目的是满足特定部门人员的数据需求，并将制订数据抽取出来，生成面向决策者的数据 Cube。

数据集市根据数据源类型，可划分为独立数据集市和非独立数据集市。

- **独立数据集市**：该类数据集市自身拥有源数据库及数据采集框架。
- **非独立数据集市**：该类数据集市没有自身的源数据库，依赖数据仓库。为了预防数据风险，将数据仓库下游表按照主题分散到各集市中，供特定部门人员使用。

数据集市与数据仓库的对比如表 3-2 所示。

表 3-2　数据集市与数据仓库对比

特性方面	数据仓库	数据集市
数据范围	企业整体数据	主题范围数据
数据模型	星形模型、雪花形模型	偏向星形模型
数据粒度	详细粒度与聚合粒度数据	偏向聚合粒度数据
数据存储周期	数据生命周期较长	数据生命周期较短

3. 数据湖

Pentaho 首席技术官 James Dixon 提出了"数据湖"的概念，数据湖用于存储企业内各种类型数据，可用于存取、加工、传输及分析，并通过下游数据的交互集成，实现数据的企业级应用。

数据湖可支持多种类型的数据存储，其中主要涵盖结构化数据、半结构化数据、非结构化数据。

- **结构化数据**：传统关系型数据库行列结构数据。
- **半结构化数据**：日志文件、XML、JSON、HTML、CSV 等。
- **非结构化数据**：文档、图像、音频、视频等。

数据湖相对数据仓库，其特点主要体现在表 3-3 所示的几个方面。

表 3-3　数据仓库与数据湖对比

特性方面	数据仓库	数据湖
数据类型	主要处理历史性结构化数据	处理任何类型数据（例如：结构化、半结构化，非结构化）
数据访问	存储较长周期数据，按需访问	涵盖相关的广泛信息，高概率被访问，用于分析发掘
应用类型	将结构化数据转化为多维数据等形式	能够处理任何类型的数据类型，可将分析数据存储起来

4. 数据中台

随着企业数据量级的激增，数据的分析能力及综合管理能力，成了传统数据仓库技术的短板。在如今竞争激烈的外部环境下，企业在做分析决策之前，除了自身生产的数据外，还需要获取更为宏观的外部市场信息。在这样的背景下，分析的侧重点也发生了一些转变，主要体现在以下几个方面。

其一，从描述分析向预测分析的转变。

其二，从单主题分析向跨主题分析的转变。

其三，从离线分析向实时分析的转变。

其四，从被动分析向主动分析的转变。

其五，从结构化分析向多类型分析的转变。

在此基础上，"数据中台"的概念被提上了历史的舞台。数据中台不是一套软件，而是将一系列数据组件有机地融合到一起，通过企业自身的数据基础、业务形态，对中台的能力方向进行定义。一般而言，企业的中台模式大同小异，但会随着业务的特点进行调整。数据中台涵盖了一整套数据处理流程，核心模块包括数据采集、数据存储、数据计算、数据服务、分析应用、数据治理等。

数据中台相对数据仓库，其特点主要体现在表 3-4 所示的几个方面。

表 3-4　数据仓库与数据中台对比

特性方面	数据仓库	数据中台
建设思想	数据驱动导向，自下而上设计	业务驱动导向，自上而下设计
输出方式	提供数据集或报表内容	主要提供数据服务API
业务导向	与业务有一定距离	更加贴近业务

3.1.5　小结

通过本节的学习，希望你可以对数据仓库的基础概念有一个初步的认知，了解其在企业中的定位。

3.2　数据仓库分层设计

老姜：小白，通过 3.1 节的学习，对数据仓库是否有了一个初步的认知呢？

小白：嗯嗯，比之前清晰多了。

老姜：那就好，本节带你了解一下数据仓库的内部结构，分哪些层级进行存储。作为数据分析师，这方面是需要了解的。

小白：好的，不过，数据仓库为什么还要分层呢？

老姜：前面我们提到过，数据仓库就像是一个商品加工厂，从原材料的引入，到商品完成包装出货，其中会有很多环节。原材料需要经过加工、组装、打磨等一系列操作，每一步完成后，都要将半成品存储在对应的区域当中。数据仓库也具有同样的特性，将不同加工程度的数据，存储于指定层级当中，便于整体仓库的管理。

小白：嗯嗯，明白了，那需要您给我讲一讲数据仓库分层的设计方案。

老姜：没问题，那我们就开始吧。

3.2.1　数据仓库分层的意义

在构建数据仓库的过程中，需要根据数据的流转阶段以及数据颗粒度进行层级划分，虽然不同企业在分层技术手段上会有所差异，但整体思路基本一致。

分层的目的，一方面便于数据的管理，另一方面是对整体架构的把控。如同加工工厂，对处于流程中的过程产物，需要分门别类进行存储，便于管理及应用。细化下来，分层的意义主要体现在以下几项上。

意义 1：**明确数据结构。** 各层级数据内容均有其应用方向及侧重点，便于理解。

意义 2：**简化数据问题。** 将复杂任务解耦，每一层只处理特定方向内容，在数据出现偏差时，更容易定位问题。同时，修复的成本也更低。

意义 3：**减少重复开发。** 通过规范设计，开发通用的中间层数据，减少数据冗余及重复计算等问题。

意义 4：**统一数据口径。** 通过数据分层，可以保障数据出口的统一，维持对外数据的一致性。

意义 5：**追踪数据血缘。** 数据表的上下游，我们称作血缘关系。通过数据分层，可以将数据关系规范化，当数据出现问题时，可以通过血缘追溯，快速定位问题。

由此可见，数据仓库分层处理是至关重要的，那么，我们又要如何分层呢？

3.2.2　数据仓库各层定义

数据仓库由下至上大体可划分为三层，分别为数据接入层、数据仓库层、数据应用层。在此基础之上，会涵盖更为细分的层级，以满足不同类型的业务需求，如图 3-6 所示。

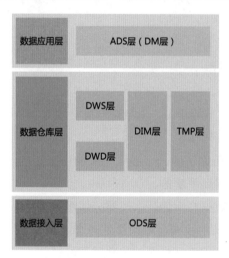

图 3-6　数据仓库层级

1. ODS 层

ODS（Operate Data Store，数据准备）作为数据仓库的首个环节，将系统采集的源头数据原封不动地存储一份，作为下游数据处理的"原材料"。原始数据的来源，一般涵盖业务数据库、产品埋点数据、第三方数据及其他数据等。

ODS 层设计原则主要包括：

- 数据不做清理及转化，与原始数据格式保持一致。
- 数据存储表多为增量表。
- 数据存储时间由业务需求决定，存储生命周期一般在 6 个月以内。

2. DWD 层

DWD（Data Warehouse Detail，数据明细）是为了方便对原始字段进行扩充，往往会将扩展信息汇总成一个 JSON 格式字段。而 DWD 层数据表可以根据下游需要，将原始数据进行解析，例如将 JSON 字段中的部分 Key 解析出来，作为新的字段。虽然 DWD 层数据表仍然为明细数据，但整体的清晰度及可用度远远高于 ODS 层。同时，针对明细数据多表合并、数据清洗、离线反作弊打标等操作，也常常在该层实施。

DWD 层设计原则主要包括：

- 数据粒度同 ODS 层一样，仍然为明细数据。
- 为满足数据的查阅与回溯，往往会在表中增加日期、时等分区字段。
- 核心表的数据存储时间往往同业务年龄一致，用于记录业务完整的成长轨迹，存储生命周期一般较长。

3. DWS 层

DWS（Data Warehouse Service，数据汇总）可以根据业务主题域，基于 DWD 层数据汇总生成聚合粒度表，例如用户粒度、"用户 + 行为粒度"等。

DWS 层设计原则主要包括：

- 根据业务设计聚合维度，输出聚合粒度数据。
- 数据仅做汇总操作，一般不做数据的删除操作。
- 数据存储时间由业务需求决定，存储生命周期一般相对较长。

4. DIM 层

DIM（Dimension，维度）指基于维度建模思想产出的数据表，一般只涵盖某个方面的维度信息。例如，用户信息表（用户画像表）、商品信息表等。

DIM 层设计原则主要包括：

- 基于某方面属性而创建的表。
- 一般采用宽表形式进行存储。
- 各分区一般存放该方向的全量维度数据，而非增量表。
- 鉴于量级原因，存储生命周期一般相对较短。

5. TMP 层

TMP（Temporary，即时查询）用于存放临时产出的数据，一般用完即处理。

TMP 层设计原则主要包括：

- 因为是临时数据，所以数据存储周期很短，一般为 7 日内，以避免浪费资源。

6. ADS 层

ADS（Application Data，数据应用）指基于数据仓库层数据，根据业务查询需求，生成的面向主题域的服务数据。该层的数据表，主要供数据产品及数据分析应用使用，另外，该层的数据内容，很多情况下也是由数据分析师自行创建的。

ADS 层设计原则主要包括：

- 由于数据面向应用层，因此倾向于聚合数据。
- 维度、指标，根据业务诉求而设定，满足少量够用原则。
- 数据存储时间由业务需求决定，存储生命周期一般在 3 个月以内，不宜过长。

3.2.3 小结

希望本节的学习，可以帮助你更为深入地了解数据仓库的层次结构，并在日常工作中，规范数据仓库建设，设计更为合理的数据仓库体系。

3.3 数据仓库建设规范

小白：老姜，在搭建数据仓库的过程中，除了需要指定层次结构外，是否还需要遵循一些规范呢？

老姜：当然，正所谓"没有规矩不成方圆"。图书馆内的图书，只有分门别类存放于指定区域，才能方便读者查找；家中的家具、用品，只有摆放到合理的位置，才能显得整齐有序；日常 SQL 代码，只有按照一定规范书写，才能提高整体的可读性。同理，数据仓库也有很多规范需要遵循，以便于仓库的标准化、统一化，方便管理及维护。

小白：明白，那都有哪些需要注意的实战规范呢？

老姜：数据仓库的规范通常体现在四个方面，分别为设计规范、开发规范、命名规范、流程规范。下面我们逐一介绍。

3.3.1 设计规范

设计规范指数据仓库的整体的架构设计，其内容主要体现在三个方面，即技术架构规范、分层设计规范、主题设计规范，这三者具有一定的递进关系。

1. 技术架构规范

3.1 节介绍过数据仓库技术架构的演进之路。那么对于企业而言，在数据仓库建设之初，需要对整体架构进行选型，并在搭建过程中严格执行，作为整体技术架构规范，如图 3-7 所示。

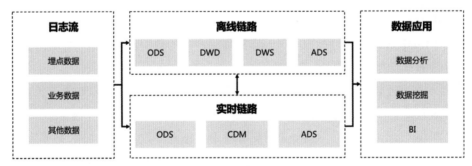

图 3-7 技术架构规范

2. 分层设计规范

在技术架构选型确定后，就需要对数据仓库主体分层进行划分，如 3.2 节所讲。将原始明细数据存储于数据接入层，通过各分层的加工处理，最终输出到贴近业务的数据应用层，如图 3-8 所示。

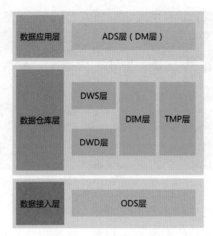

图 3-8　分层设计规范

3. 主题设计规范

如果说分层设计规范是对数据纵向的划分，那么主题设计则是对数据横向的划分。根据业务主题进行切割，不同类型主题数据分门别类进行管理。例如，对于短视频类产品，数据可划分为用户域、消费域、平台域、推荐域、发布器域、直播域、商业化域、竞品域等。

3.3.2　开发规范

在明确了整体框架设计规范之后，便进入了开发实施阶段。在该阶段，往往会涉及多部门、多成员之间的合作，如果没有一套明确的开发标准，那么代码样式及输出会千差万别，相信这一点是任何一个数据仓库研发人员都不想看到的。

在此背景下，制订一套开发规范是至关重要的。根据侧重点，可将开发规范划分为编码规范、字段类型规范、生命周期规范。

1. 编码规范

在数据仓库开发的过程中，常会用到多种编辑语言，包括但不限于 SQL、Python、Java 等，鉴于其中会有很多共性的规范，这里选取数据分析师常用的 SQL 进行说明，谈谈其中需要注意的规范内容。

1）代码文件规范

代码文件是数据处理的载体，涵盖了数据操作的核心代码。对于代码文件而言，需要遵守一定的约定，保障代码规范且顺利地运行。

- 一个 SQL 文件尽量仅生成一个目标表，保障一一对应，内容解耦。
- 代码文件名尽量与生成表名一致，便于查找及维护。
- 代码编码格式与执行环境保持一致，以防出现报错。

2）代码头部规范

代码文件头部常用作代码说明，方便不了解内容的研发人员查看，其中涵盖代码的基础信息及日常修改记录。下面分享一种相对通用的代码头部样式以供参考，如图 3-9 所示。

```
# ********************************************************************************
# 创建人:    小火龙说数据
# 创建时间:   2023年5月20日 17:22:25
# 内容描述:   用户活动行为主题表 (用户粒度dws)
# 生命周期:   180日
# 目标表:
            search.dws_search_active_user_di
# 上游表:
            search.dwd_search_active_user_di

# 修改历史:
#           2023-06-20  新增字段 (用户年龄、用户性别、用户城市)  回溯至2023-01-01  张三
#           2023-12-10  新增字段 (领取礼包次数、领取福利券次数)  回溯至2023-01-01  李四
# ********************************************************************************
```

图 3-9　通用的代码头部样式

- **基础信息：**主要包括代码文件的创建人、创建日期、内容描述、表的生命周期、生成目标表名以及依赖的上游表。其中，内容描述需要说明该表的核心作用，所属层级及颗粒度。
- **修改记录：**主要包括该表日常修改的内容，包括增、删、改等操作。其中，需要注意的是，每次更改回溯的周期需要写明。因为在应用的过程中，有时你会发现，虽然表的生命周期很长，但某些字段从某天往前就没有数据了，附上记录有助于日常应用及工作交接。

3）**创建表规范**

表在不更改的情况下，一般仅创建一次，虽然低频，但仍需遵循一定的代码撰写规则，如图 3-10 所示。

```
create table if not exists search.dws_search_active_user_di
(

    col1    string  comment '列注释1'
    ,col2   string  comment '列注释2'
    ,col3   string  comment '列注释3'
    ,col4   string  comment '列注释4'
    ,col5   string  comment '列注释5'

)
comment '表注释'
partitioned by (day string comment '分区注释')
```

图 3-10　代码撰写规则

其中有几点规范需要注意。

- Create 子句、表注释、表分区语句顶头，表内字段及说明语句缩进 4 个字符。
- 表内字段名、字段类型、字段说明，需分别对齐。
- 表内每个字段间隔逗号，建议放在字段前方，方便问题排查。
- 列注释、表注释、分区注释需要填写，并且内容需与真实内容一致。

4）**核心代码规范**

表创建完成后，需要对核心代码进行撰写，鉴于核心代码是表的灵魂，且运行频次较高，因此对代码规范性的要求更为严格。

在撰写核心代码时，建议遵循以下几点原则，如图 3-11 所示。

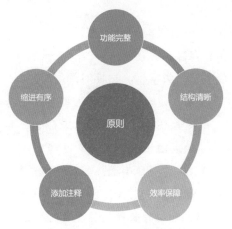

图 3-11　撰写核心代码的原则

- **功能完整**：保障代码的完整、健壮，这是代码生成的最基本要求。
- **结构清晰**：代码层次清晰，功能解耦，能够快速支持后续内容的增删。
- **效率保障**：充分考虑代码的执行效率，针对大数据量任务，要不断调优。
- **添加注释**：可在代码中增加必要的注释，以增强代码可读性。
- **缩进有序**：按照四个半角字符空格为一个缩进单位，所有缩进都是缩进单位的整数倍。

下面提供一个核心代码规范实例以供参考，如图 3-12 所示。

```sql
SELECT
    userid
    ,city_level_cn
    ,gender
FROM
(
    SELECT
        uid             AS userid
        ,(CASE WHEN city_level = 1 THEN '一线城市'
               WHEN city_level = 2 THEN '二线城市'
               WHEN city_level = 3 THEN '三线城市'
               ELSE '其他城市'
        END)            AS city_level_cn
        ,gender         AS gender
    FROM
        search.dws_search_active_user_di
    WHERE
        day = '%yyyyMMdd%'
)TMP
WHERE
    tmp.gender = '男'
;
```

图 3-12　核心代码规范实例

其中以下几点规范需要注意：

- SQL 代码中涉及的关键字、保留字一律大写，其余内容一律小写。
- SELECT 中的每个字段正常对应一行，遇到 CASE WHEN 函数时对应多行。
- 字段分隔逗号放在字段前方。
- 遇到 FROM、WHERE、GROUP BY、ORDER BY、HAVING 等关键字时，重起一行。

- 嵌套子语句，相对父语句缩进四个空格位。

2. 字段类型规范

在开发的过程中，需要对每个字段附上类型，一旦附上了，一般是不准许更改的，因此需要充分考虑可行性和兼容性。

字段类型主要涵盖字符串型、数字型、日期时间型等。

- 字符串型：字符串类型格式是比较通用的，当字段既有数字也有字符时，需要选择字符串型。同时，固定长度字符串类型选择 Char，非固定长度字符串类型选择 Varchar，以防出现内容长度溢出的情况。
- 数字型：整数一般选择 Int 类型，小数点数字一般选择 Float 类型，需要注意其精度情况。例如，针对大盘流量 PV、UV 指标，用户不会出现小数，因此可以设置成 Int 类型；而人均 PV、人均时长等均值类指标，设置成 Float 格式更为合理。
- 日期时间型：一般从外部导入的日期，通常是 Varchar 类型；而数据库自行生成的日期，通常采用 Date 类型进行存储。

这里有一点需要注意，同样的字段在不同表中的字段类型需要一致，若出现不同情况，可能会影响下游的关联应用。

> **案例讲解**
>
> A 表中的 main_pv 为 Int 类型，B 表中的 main_pv 为 String 类型，在某些环境下，当两张表的 main_pv 字段发生 Join、Union 等操作时，会出现类型不一致报错的情况。虽然可以通过 CAST 等函数进行转化，但这在应用侧是一个成本，建议在设计表的过程中加以解决。

3. 生命周期规范

数据表的生命周期，指截至当前表内分区所存储的天数，例如 $T+1$ 产出的天级分区表，生命周期为 7 天，当日仅能看到从昨日往前 7 日的数据（含昨日）。对于应用者而言，表的生命周期越长越好，然而对于数据仓库设计者，过长的无用周期会导致存储资源的浪费。

一般来说，不同层级的数据表，均有一个参考周期。

- ODS 层：6 个月以内。
- DWD 层：1～3 年。
- DWS 层：1～3 年。
- ADS 层：3 个月以内。

当然，不同业务场景之间会存在一定差异。

针对 ADS 层数据的存储周期，可以通过近期访问次数及访问时间跨度的方式进行判断，如果近期访问频次很高且跨度很大，则可以考虑适当延长存储周期。

> **案例讲解**
>
> 近 3 个月该表最早访问时间为 3 个月前，且访问频次天均 10 次以上，则可以考虑将生命周期设置在 3～6 个月，满足用户日常应用。

3.3.3　命名规范

数据仓库建设的目的仍是为了下游应用，因此，降低下游用户的应用成本是至关重要的。下面这些问题，你可以看看是否遇到过。

● 很多表名非常类似，涉及各个层级的数据，也不知道粒度如何，用起来非常混乱！

● 表内的字段名特别乱，甚至不同表中相同含义字段的命名不一致！

● 任务名与表名差异很大，很难找到表对应的调度任务是哪一个！

以上这些问题，都是由于命名不规范所导致的。那规范的命名又包括哪些方面呢？下面，我们一起来看一下。

1. 表命名规范

表命名，核心原则是"见名知意"，通过规范的标准，降低用户的识别成本。

表命名的通用方式为 [数据分层]_[业务域]_[内容描述]_[刷新周期][存储策略]，以"搜索业务用户活动行为主题表"为例，如图 3-13 所示。

图 3-13　表命名的通用方式示例

其中，各个部分的命名规范如下。

1）数据分层

数据分层在 3.2 节中有所讲解，对应的命名如图 3-14 所示。

图 3-14　数据分层命名规范

2）业务域

根据业务类型命名，列举几个供参考，如图 3-15 所示。

图 3-15　业务域命名规范

3）内容描述

对表的核心内容进行描述，帮助应用者快速识别出表的作用，同样列举几个供参考，如图 3-16 所示。

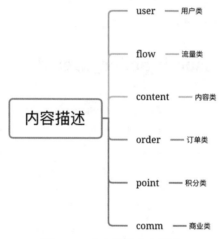

图 3-16　内容描述命名规范

4）刷新周期

刷新周期指表的例行更新周期，即刷新频率，如图 3-17 所示。

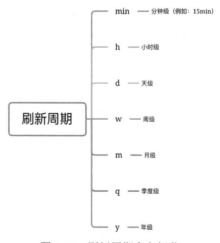

图 3-17　刷新周期命名规范

5）存储策略

存储策略指的是表内每个分区记录的数据范围，例如每个分区记录用户当日的行为数据为增量表，每个分区记录全部用户的画像数据为全量表，如图 3-18 所示。

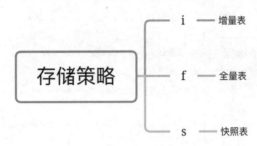

图 3-18 存储策略命名规范

2. 字段命名规范

字段命名作用同表命名作用一致，同样是为了减少应用上的歧义。字段命名需要遵循以下几项原则。

- 字段名需含义清晰，唯一解释，不可出现同名不同义的情况。
- 字段名建议用英文简写，不建议用拼音，更不建议用拼音简写。
- 字段名一律小写，避免出现混乱的情况。
- 字段名各单词间用下画线进行分割。
- 字段名长度不宜过长，建议控制在 20 个字符以内。

字段命名的通用方式为 [修饰词]_ 原子指标 _[时间修饰]，以"过去 30 日内搜索点击次数指标"为例，如图 3-19 所示。

图 3-19 字段命名的通用方式示例

下面，附上各部分的命名规范。

1）修饰词

修饰词是对指标场景的描述，例如 PV 是一个原子指标，那么主页 PV、列表页 PV、详情页 PV 就是在 PV 基础上增加的修饰词，将原子指标包装成一个用于描述特定场景的数据。

2）原子指标

原子指标可以理解为指标的内核、业务指标的最小颗粒度，例如 PV、UV、人均PV、人均时长等。根据指标的类型，原子指标的命名规范如图 3-20 所示。

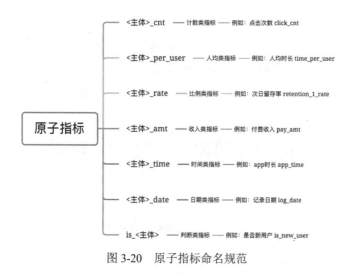

图 3-20　原子指标命名规范

3）时间修饰

大多数情况下，指标描述的是当日的数据表现，但仍有些应用场景，需要记录过去或者未来一段时间的表现情况。例如，过去 7 日搜索 PV、过去第 7 日搜索 PV、未来 7日搜索 PV、未来第 7 日搜索 PV 等。对于这种需要跨度的时间修饰，命名需要遵循一定原则，用以区分过去 / 未来、N 日内 / 第 N 日，如图 3-21 所示。

图 3-21　时间修饰命名规范

3. 自定义函数命名规范

在表的生成过程中，一般会用到 SQL 的内置函数，然而在面对一些复杂逻辑，内置函数无法满足需求时，往往需要自己创建函数，以满足对应的应用场景。为了便于应用及管理，自定义函数命名需要遵循一定规范。

自定义函数命名的通用方式为 [业务域]_udf/udaf/udtf_[内容描述]，以"城市等级划分函数"为例，如图 3-22 所示。

图 3-22　自定义函数命名的通用方式示例

扫盲

简单介绍一下 udf/udaf/udtf 的含义。

- udf 函数：普通函数，表现为单行输入、单行输出。
- udaf 函数：聚合类函数，类似 sum()、avg() 函数，表现为多行输入、单行输出。
- udtf 函数：拆解类函数，类似 explode() 函数，表现为单行输入、多行输出。

4. 任务命名规范

表的生成代码往往需要配置一个调度任务加以完成，这里需要注意，调度任务命名需与表命名一致，建议采用相同的名称，如果已被占用，建议使用表命名作为基准，增加后缀作为任务命名，方便后续查找应用。

3.3.4　流程规范

上面所介绍的设计规范、开发规范、命名规范，主要针对的是数据仓库建设内容的规范。而流程规范则是在此基础上针对人员之间如何配合制订的规范，主要涵盖需求流程规范、设计流程规范、开发流程规范、测试流程规范、发布流程规范、运维流程规范等。

鉴于不同企业在流程规范上会存在较大差异，这里不再赘述，大家可在工作中不断摸索，探索出一条高效率、低成本、分工明确的配合流程。

3.3.5　小结

本节介绍了数据仓库建设过程中需要遵守的规范内容，虽然不同企业、部门之间存在一定差异，但整体思路是通用的。作为数据分析师，只有了解了其中的规则，才能更好地和数据仓库人员配合，搭建一个有序的数据仓库，为下游数据应用打下坚实的基础。

3.4　数据分析师需要掌握数据仓库的程度

小白：老姜，听了以上的分享，使我对数据仓库有了更深入的认识。那么，作为数据分析师，我们的日常工作中会有哪些涉及数据仓库的内容，以及需要掌握多少数据仓库的知识？

老姜：这个问题问得很好，直接涉及我们的日常工作。下面，回答一下这两个问题。

3.4.1　数据分析师涉及数据仓库的相关工作

数据分析师日常工作中，有一部分内容会涉及数据仓库方面，也常常需要与数据工程师打交道。下面，谈谈涉及数据仓库的几个主要工作方向。

1. 数据分析应用

数据分析师在日常工作中，无论是做分析还是做挖掘，都需要对数据的定义及逻辑有一个清晰的认知。很多时候，下游指标的计算逻辑是我们为数据研发人员配置的，这就要求我们对数据底表的字段含义、计算逻辑、数据血缘非常清晰，不能出现模棱两可的情况。

因此，这里建议将核心数据的链路绘制成数据地图，主要涵盖表命名、表含义、流转关系、核心处理内容等，便于在日常工作中应用查看。

2. 新数据接入

日常工作中，往往会有一些新数据的引入，比如前端增加了某些模块、公参，需要在现有日志字段基础上扩充；再比如，业务开展了某些活动，增加了活动数据，需引入数据仓库进行下游分析。此类情况下，数据分析师需作为数据研发与产品经理的中间人，从数据应用的角度出发，设计新数据的引入格式及需求字段，推动数据建设。

在这样的背景下，需要数据分析师充分了解数据逻辑，从源头开始设计所需内容。成为相比产品人员更懂数据、相比研发人员更懂业务的角色。

3. 应用层数据仓库建设

3.2 节介绍过，数据仓库主要分为三个层级：数据接入层、数据仓库层、数据应用层。数据分析师的日常工作中，会涉及很多业务需求，对于偏应用层的数据表，如果给数据研发提需求处理，往往还需要等待排期。因此，很多数据分析人员承接了 ADS 层的数据建设并维护日常的任务调度。

4. 日常数据问题排查

日常数据指标发生波动时，数据分析师需要负责排查问题产生的原因。指标波动一般主要由两大类因素所导致。

其一，业务因素。此类因素导致的指标波动无须排查数据底层。

其二，数据底层 Bug。其中包括很多种原因，例如 ETL 过程部分数据传输失败、集群出现问题导致部分数据丢失、字段出现异常格式导致解析出错等。

在遇到第二类因素导致的问题时，往往需要数据分析师主导，推动数据研发人员一同排查问题本质，这就要求数据分析师对于底层的数据逻辑非常清晰。这里建议在问题排查完成后，对问题进行系统记录，并搭建监控看板，以提升未来同类问题的排查效率。

3.4.2 数据分析师对于数据仓库的掌握程度

在这样的工作背景下，就需要数据分析师对数据仓库有一个全面的认识，虽然无须像数据研发人员一样精专，但对于整体的架构及数据流转仍需要掌握。具体有以下要求。

1. 了解数据仓库整体架构

首先，需要对当前企业的数据仓库架构有一个宽泛了解，采用的是哪种技术选型、离线内容和实时内容如何做到融合、开发技术用的是什么。对于数据分析师，具体的技术细节无须精通，但至少需要了解数据仓库整体是如何搭建的。

在日常工作中，有时我们需要站在业务侧给数据研发人员提需求，为了保障提出的需求合情合理，就必须对上面的内容有所了解。

2. 掌握数据流转方式

上面提及过，数据分析师的工作需要涉及数据应用及问题排查，因此这就需要对核心数据的流转过程烂熟于心，而不是浅尝辄止。需要花一些时间，梳理核心流程每个环节的代码，掌握各个字段的生成逻辑。

这一点，需要在入职初期抽出一部分时间来完成，这样可以大大缩减后续在数据应用上的成本，将更多时间花在更有价值的分析上。

3. 熟悉数据仓库建设规范

要做好一个事情，先要深入了解该内容的规范，数据仓库也是一样，因为工作中会涉及很多这方面的事情，掌握数据仓库的搭建规范可以降低后续的应用及沟通成本。

4. 应用层数据仓库内容建设

数据分析师日常会处理诸多数据分析需求，涉及 ADS 层表及临时数据表的建设，因此，需要对表的增、删、查、改应用自如，并且，对于调度平台配置以及数据异常报警配置要"充分了解 + 熟练应用"。在入职初期，数据分析师往往需要和数据研发人员多沟通请教。

3.4.3　小结

数据分析师的工作涉及很多方面，对于上下游内容均有渗透，因此需要努力提升自身能力。

3.5　短视频业务数据仓库建设案例

小白：老姜，我觉得涉及数据仓库的工作内容，还需在工作中实操一下才行。

老姜：是的，在工作中多思考、多与数据研发人员沟通，用不了多久就能应用自如了。

小白：好的，我记下了。另外，对于数据仓库，可否分享一个实战案例，希望具象化地了解一下，对于后续的工作也会有一些帮助。

老姜：没问题，那我们以短视频业务为例，介绍一下该类 App 数据仓库建设的过程。

小白：嗯嗯，好的。

3.5.1　短视频业务简介

短视频产品相信大家都不陌生，市面上头部的短视频产品，如抖音、快手，以短视频信息流的方式进行产品呈现，并从短视频的基准上延伸出周边应用场景。此类产品在数据上表现出以下特点。

- **数据量大**：用户量级较大，且端内的交互行为较多，用户的每一次预览、滑动、点赞、切换等操作，均会记录其中。
- **场景面广**：短视频 App 中涉及的内容场景日渐丰富，涵盖短视频、直播、游戏、电商等领域。

在这样的背景下，数据仓库的建设就需要符合业务特性，同时，按照建设前、建设中、建设后的流程逐步完成。

3.5.2　建设前：数据仓库准备过程

在开始数据仓库建设前，需要对现有短视频业务有一个完整的认知，同时要对现有数据源情况做一个摸底。其中，主要划分为业务调研、数据调研。

1. 业务调研

业务调研需要与业务人员沟通，梳理评估方向及所需指标，作为数据仓库主题设计的基础。通过与短视频业务交流，该产品一级主题方向可划分为消费域及生产域。

- **消费域**：C 端用户在短视频 App 中消费的相关数据，根据消费方向，又可划分为二级主题方向，涵盖视频播放域、平台交互域、直播消费域、电商消费域、游戏消费域等。
- **生产域**：内容创作者所产生的数据，主要涵盖视频发布域、直播房主域、电商 B 端域、游戏分发域等。

2. 数据调研

在了解了业务后，需要对现有数据源及过往数据需求进行复盘，了解数据血缘流程。

首先，梳理当前各方向数据的含义及目的，评估哪些数据源合理、哪些需要优化、哪些冗余可去掉，并将整理后的内容沉淀文档，作为数据仓库搭建依据。

其次，整理历史数据需求，剥离共性内容，作为指引数据仓库建设的依据。对于当前产品，很多需求需要关注历史 30 日的用户数据，则可以将多日数据设计成一张表，满足下游数据应用。

3.5.3　建设中：数据仓库建设过程

在数据仓库建设过程中，首先选择混合架构来设计数据仓库，其次根据主题及通用层级，横纵向划分数据仓库结构。

1. 数据横向划分——主题

此业务横向按照主题进行划分，其方式有多种，可以根据业务过程，如消费域、用户域等；也可根据产品功能，如信息流域、聊天功能域等。此处，我们采用后者，如图 3-23 所示。

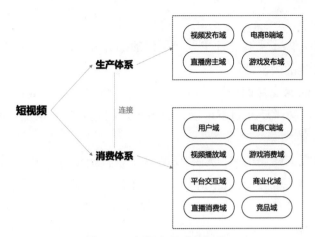

图 3-23　根据产品功能划分

首先，根据产品特性，将一级域划分为生产与消费，涵盖端内的两方面角色。

其次，根据端内的功能主题进行细化，拆解为功能域。

最后，在设计表的过程中，明确各类表的主键，后续应用环节，通过主键进行关联。

2. 数据纵向划分——层级

纵向根据数据层级进行划分，结合上方横向主题域，形成网状的数据仓库结构，如图 3-24 所示。

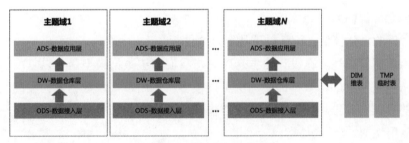

图 3-24　网状的数据仓库结构

- **数据接入层**：在数据源整合的基础上，将原始数据接入，保持数据的原始格式，不做清洗、聚合等操作。对于实时数据，以 15min 为时间单位进行存储；对于离线数据，以 $T+1$ 为时间单位进行存储。

- **数据仓库层**：对接入层数据加工处理，以明细及轻度聚合粒度存储。同时，相同主题域下的数据，通过用户 ID、视频 ID、订单 ID 等主键进行关联，形成主题域下的轻度聚合表。例如，视频播放域，涵盖了用户的视频播放信息，通过视频 ID、用户 ID 等主键，将视频信息与用户属性信息关联，生成符合下游应用的聚合表。

- **数据应用层**：根据应用需求，生成主题内或跨主题的宽表数据，也称为数据 Cube。例如，将视频发布域数据与视频播放域数据融合，整合为一张视频相关应用表，直接面向下游视频相关的分析需求。同时，根据需求，生成一些延展性指标和维度，例如，N 日内流水、N 日留存、用户类型（新增、活跃、卸载回流、沉默回流等）。

3. 核心注意事项

在建设过程中，除了需要关注主题及层级的划分外，还需要遵循一定的原则，保障该业务数据仓库搭建的规范性。

注意1：禁止数据交叉调用。 数据分层只能下游调用上游数据，DWS 层数据调用 DWD 层数据是可以的，反之则不可以。如果出现相互依赖的情况，那数据仓库便失去了其分层设计的意义。

注意2：减少数据跨层访问。 ADS 层数据可以直接依赖 DWS 层数据，但是尽量避免直接调用 ODS 层数据。跨层数据访问，说明中间层数据存在缺失，需要增加中间层数据，以防所有数据均从最源头数据获取，一方面增加成本，另一方面复用性较差。

注意3：减少指标重复计算。 相同指标，在数据仓库中建议只计算一次，其他应用场景均通过关联的方式进行获取，一方面保障指标计算方式及定义的唯一性，另一方面也可降低数据计算成本。例如，人均播放时长，可按照用户粒度统一计算，然后在下游应用时，通过用户 ID 匹配指标情况。

3.5.4 建设后：数据仓库维护过程

短视频数据仓库建设完成后，可以通过一些量化方式评估建设的优劣，以及配置后续的数据监控及报警。

1. 数据仓库评估

数据仓库的量化评估，可从以下几个方面进行。

其一，数据复用性。 在设计数据仓库时，我们希望数据模型是可以复用的，优质的数据仓库结构是网状的，数据的中间层可以被多次调用，实现数据表的较高利用率。反之，劣质的数据仓库结构往往呈现线性结构，每做一个需求就需要重新搭建一套数据流转，内容复用性差。

此处可采用复用率指标进行评估，**复用率 = 依赖调用次数 / 表数量**，该值在一定范围内越大越好。

其二，应用层数据引用率。 在设计数据仓库时，我们希望 ADS 层数据可以有更高的利用率，这样整体数据仓库的结构设计才是有意义的。

此处可采用应用层引用率指标进行评估，**应用层引用率 =ADS 层表查询次数 / 总查询次数**，该值理论上越大越好。

其三，原始层数据引用率。 同应用层引用率相对，我们希望越上游的数据，引用率越低。

此处可采用原始层引用率指标进行评估，**原始层引用率 =ODS 层表查询次数 / 总查询次数**，该值理论上越小越好。

2. 元数据管理

除了对数据仓库评估外，还需要对元数据信息进行管理。元数据，指的是描述数据的数据，涵盖字段名、字段描述、字段类型、字段安全等级、字段备注等。以短视频

"快滑率"指标为例。

- 字段名：快滑率。
- 字段描述：3s 内滑动的视频数占整体视频数的比例。
- 字段类型：Double。
- 字段安全等级：P0。
- 字段其余信息。

可将元数据信息维护到企业内部的管理平台中，通过与数据仓库打通，直接查看表的基础信息。

3. 数据监控

对业务核心指标进行监控，涵盖 DAU、VV（Video View）、人均时长、人均互动次数、直播场次、生产者人次等。例如，直播北极星指标为直播观看 UV，对该指标实时监控，当发现指标在某小时同比发生较大波动时，系统自动排查原因，并输出可能的问题报告。

4. 数据安全

数据安全是数据应用的底线，在短视频数据仓库建设中，主要体现在对于数据权限的把控。

我们会将数据表、数据指标的安全等级进行划分，对涉及敏感数据的信息设置较高的安全等级，且需要通过层层审批后才可应用。

3.5.5　小结

希望本节的学习，可以帮助你更快上手数据仓库的相关工作，并在实践中汲取经验。

3.6　本章小结

老姜：小白，到此，数据仓库的整体内容我们就学习完了。下面，我们一起来回顾一下本章所学的内容吧。

- 了解了什么是数据仓库，以及数据仓库的四大特点。
- 了解了数据仓库技术架构的演进之路，以及不同技术架构的优劣势。
- 了解了数据库、数据集市、数据湖、数据中台的概念，以及与数据仓库之间的关系。
- 熟悉了数据仓库分层设计的意义，以及通用分层方案。
- 掌握了数据仓库的建设规范，涵盖设计、开发、命名、流程等方面。
- 学习了作为数据分析师，工作中涉及数据仓库的内容，以及需掌握数据仓库的程度。

同时，在之后的工作中，可以多与数据开发人员交流，快速掌握对应业务的数据仓库建设。

小白：好的老姜，我觉得对于数据仓库的理解，比之前深刻了很多，脑海中已经有了一个整体的框架，正待后续工作中实操。

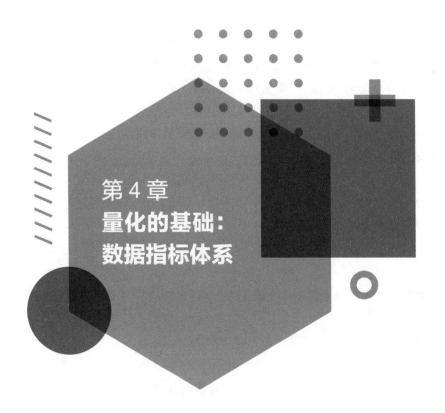

第 4 章
量化的基础：
数据指标体系

老姜：第 3 章我们一起学习了数据仓库的相关知识，了解了数据是如何进行加工及存储。从本章起，我们开始进入数据的应用环节，也是数据分析师核心价值的层面。

小白：太棒了，那我们要从哪里开始呢，用户分析？产品分析？商业化分析？

老姜：小白，你好心急。你说的这些内容，都会在后面的章节中逐一展开。本章先和你讲一讲数据指标体系。

小白：指标体系很重要吗？

老姜：当然！数据分析师在做任何分析时，都离不开数据指标，指标可以说是数据量化的基础，也是我们做分析的前提。一家新公司或者一个新业务，数据初期阶段最重要的事情，就是搭建一个系统化的指标体系，以支撑后续的分析及场景应用。

小白：嗯嗯，了解了，那本章要讲解哪些内容呢？

老姜：本章我会带你详细了解一下数据指标体系搭建的完整流程。首先，从指标体系的基础知识出发，探索什么是指标体系以及其对业务的价值；其次，分享业内搭建指标体系的核心思路，以及工作实战方式；再次，讲讲指标体系搭建完成后，需要如何进行维护，才能发挥最大的价值；最后，分享几个不同行业的案例，帮助你快速入手当前工作。

小白：好啊，那我们就开始吧！

4.1　什么是数据指标体系

老姜：本节先来讲解一下什么是数据指标体系。对于有一定经验的读者来说，可以直接跳到 4.3 节阅读。

4.1.1　数据指标

什么是数据指标？对于刚刚接触数据分析的读者来说可能有些陌生，这里列举几个日常的汇报话术。

- 新用户最近注册人数很少。
- 用户回购的情况不高。
- 用户量级一直下降，可能是流失了。

如果是闲来无事的聊天，这样沟通是没有问题的，但如果是给领导汇报现状，用于指引产品迭代，这样显然是不够专业的。这时候就需要通过数据指标量化结论，同样是上面三个场景，可以作如下描述。

- 当月新用户注册数 10 万，同比上月下降 25%。
- 当月用户 30 日内回购率为 20%，低于上月的 23%。

- 当月用户量级 1200 万，新用户量级持平，老用户下降 20%。

这样描述业务现状会更加清晰，而这也正是指标的价值所在。

数据指标主要体现出三种特性——可度量、可描述、可拆解，如图 4-1 所示。

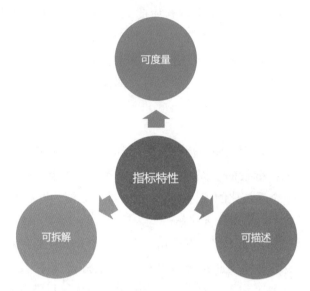

图 4-1　数据指标的三种特性

- **可度量**：指标的表现形式为数字，将定性的内容定量化。
- **可描述**：指标均有定义，描述出其业务含义。
- **可拆解**：指标可通过横向或纵向的方式拆解。横向，结合维度拆解，例如用户数 = 男性用户＋女性用户；纵向，结合计算方式拆解，例如 PV=UV×人均 PV。

同时，在工作过程中，指标往往配合维度进行应用，这里对指标同维度的差异简单做个说明。

> **扫盲**
>
> 　　指标：上面介绍过了，是可量化的数据，统计后的结果。例如，点击次数、点击人数等。
>
> 　　维度：事物的某种属性，作为细化指标的依据。例如，性别、年龄、城市、学历等。

4.1.2　数据指标体系

了解了数据指标的含义，那数据指标体系又是什么呢？

随着产品业务逐渐烦琐，用户在端内的表现也更加多元化，原有单一数据指标已经不足以满足业务评估的需求，因此，就需要一套有逻辑、有体系的指标来评估不同方面，而这也就是数据指标体系。如果说数据指标是一片树叶，那么数据指标体系就是由众多树叶聚合成的参天大树。

由此可见，数据指标体系是将一系列指标，通过一定的逻辑聚合在一起，用于满足业务历史、当下、未来的发展度量。以搜索场景为例，我们一起来看看指标体系的形式，如图 4-2 所示。

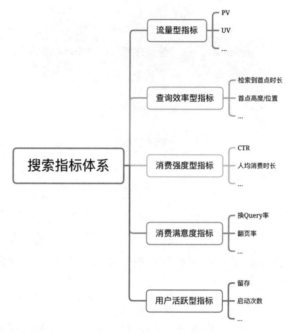

图 4-2 搜索指标体系

指标体系的整体搭建思路，会在后续章节展开，帮助你快速上手。

4.1.3 小结

通过本节的学习，希望你可以了解数据指标和数据指标体系是什么，各具备哪些特性。下面我们会逐步深入每一个细节当中。

4.2 数据指标体系的作用

小白：老姜，本节我们要学习什么呢？

老姜：我们将接着 4.1 节的内容，带你了解一下数据指标体系搭建的作用。

小白：嗯嗯，我理解，指标体系最大的作用就是衡量业务现状吧。

老姜：是的，但不仅于此，其作用是多方面的。下面，我们从业务价值和数据价值两个角度进行展开。

4.2.1 业务方面的作用

指标体系在业务方面的作用主要体现在对业务的增量价值，涵盖以下几个方面，如图 4-3 所示。

图 4-3　业务方面的作用

1. 衡量业务状况

全面衡量业务发展现状，帮助高层快速了解业务当下的优势及劣势，为产品的发展迭代打下基础。鉴于衡量的是业务的经营状况，需要一系列指标全面评估，因此，数据指标体系的价值不言而喻。

2. 定位业务问题

在日常的业务发展过程中，会遇到一些问题，例如某活动效果不好，导致导流效果较差。类似这些问题，都会反映在过程指标和结果指标上，通过对日常指标波动的关注及下钻分析，便可从数据上看到业务所遇到的瓶颈，从而快速做出反应，及时止损，防止业务往不好的方向发展。

3. 指引业务决策

当产品有 N 个策略想要去上线的时候，哪个策略对于业务有更大的正向作用？哪个策略更需要优先去迭代？这个时候，就需要数据指标体系的支撑，通过数据，反映出哪个方向的改进可以给产品带来最大的增量效果。

> **案例讲解**
>
> 当前新用户的注册率较低，想要知道如何改进产品，可以提升用户的注册情况。通过对注册流程的拆解，注册新用户 = 新用户 × 主页吊起率 × 隐私协议通过率 × 注册页面通过率，其中发现，注册页面通过率远低于同类产品，仅为 20%。通过模拟用户行为，推测可能是由于注册页面设计烦琐，大部分用户中途退出，从而导致新用户整体注册偏低。

以上这个案例，就是结合数据指标体系，指引业务发展，起到军师的角色。

4. 挖掘业务机会

主动对业务发起的探索分析，根据日常业务，开展主题分析，利用定向的指标，探索隐藏在业务中的改进点，提升用户对产品的好感度、依赖度。

4.2.2 数据方面的作用

如果说业务作用直接体现在产品本身，那么数据作用则是直接影响着数据的应用，主要涵盖以下几个方面，如图 4-4 所示。

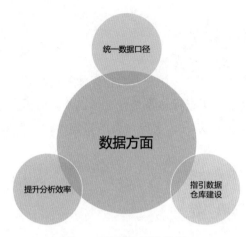

图 4-4 数据方面的作用

1. 统一数据口径

因为数据指标体系是全业务通用的内容，所以可趁此机会，将指标的定义、口径全部归一化，以防出现多场景口径不一致的情况。

> **案例讲解**
>
> 举一个反面的例子，某业务没有指标体系，对于 CTR 这个指标：
>
> A 场景的计算方式＝结果点击次数 / 结果展现次数；
>
> B 场景的计算方式＝结果点击次数 / 页面展现次数。
>
> 这样就导致同一个指标在不同场景出现多种计算口径，严重影响应用的效率及理解。

因此，数据指标体系可以统一关键指标定义及口径，可实现业务目标自上而下驱动，提升整体的数据运营效率。

2. 指引数据仓库建设

在第 3 章中提及，数据仓库的建设需要从业务诉求着手，而业务诉求需要重点关注场景及对应的数据指标体系。通过指标的类型，指引数据仓库建设，防止输出的数据与业务核心关注内容脱钩。

3. 提升分析效率

指标体系的完善，可以给分析提供更多的思路及方向，提升分析的效率。

> **案例讲解**
>
> 某业务如果只有一个 PV 指标，你可能需要思考如何进行分析拆解分析。而如果事先定义了 PV＝DAU× 主页渗透率 × 人均 PV，则在分析的时候，就可以将部分思路固定化，提升分析效率。

4.2.3 小结

通过本节，你需要了解数据指标体系可以在哪些业务方向赋能，以及其核心的价值是什么，从而更有针对性地设计指标体系。

4.3 如何搭建数据指标体系

老姜：小白，通过上面的讲解，你是否对指标体系的基础概念更加清晰一些呢？

小白：是的，我已经了解了指标体系是什么，以及其对于业务有哪些价值。

老姜：那就好，本节我们来看看指标体系的搭建流程，针对一款新产品，如何从0到1搭建指标体系。

小白：好啊，那我们就开始吧。

4.3.1 搭建指标体系的前期工作

在构建指标体系之前，还需要做一些预备工作，核心是全面了解产品，才能让设计出来的指标更加贴近业务，而非空中楼台。

前期的准备可以划分为四个阶段——理解业务、划分业务、度量方向、转化指标，如图4-5所示。

图4-5 前期准备的四个阶段

步骤一：理解业务。

指标体系的价值最终仍落到业务上，因此在搭建指标体系之前，需要对业务有充分的理解。这里建议：首先，与业务一把手线下沟通，一方面了解业务现状及未来发展，另一方面了解上层需要量化哪些方面的内容；其次，与负责业务不同方向的一线人员沟通，因为未来他们是你的主要需求方；最后，阅读业务近期文档，将整体内容过一遍，归总问题，多次沟通。

步骤二：划分业务。

在理解业务的前提下，建议将业务划分到不同的域上面，在域的基础上，梳理评估方向及度量指标。例如，电商型产品，可以将业务划分为用户域、流量域、搜索域、商品域、订单域、流水域等。域的划分方式不局限于这一种，可根据不同业务特性而制订。

步骤三：度量方向。

在业务划分的基础上，了解其中需要度量的核心内容，制订各模块核心评估方向。例如，用户域需要重点度量用户量级；商品域需要重点度量商品数量；流水域需要重点度量GMV、收入、净利等。

步骤四：转化指标。

思考可以通过哪些指标，完整地量化度量方向。一方面，需要围绕业务进行制订，不能凭空决断；另一方面，指标的计算口径需要明确，不能出现模棱两可的情况。

总体来看，前期的核心工作内容是梳理业务，并将业务衡量的方向摸索清晰。

4.3.2　搭建指标体系的几种思路

在对业务有充分的了解后，就可以开始搭建业务指标体系了。指标体系的建设，一般会按照一定的思路模型去梳理，业界比较常见的模型主要有 GSM 模型、HEART 模型、PULSE 模型等。

模型一：GSM 模型。

GSM（Goals、Signals、Metrics）模型是 Google 提出的一种自上而下度量用户行为的方式，用于衡量业务目标的完成情况，如图 4-6 所示。

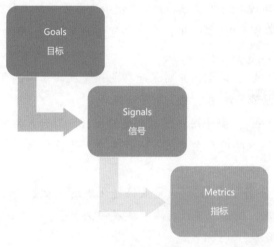

图 4-6　GSM 模型

- Goals（目标）：明确指标设计的核心目的是什么，用于度量哪方面的内容。日常工作中，在思考评估指标的时候，往往会陷入天马行空的脑暴状态，散点的输出往往会淡化度量的目的。因此，要以目标为出发点，逐层深化，以防跑题。

- Signals（信号）：通过哪些用户行为信号可以拆解目标？度量目标是否已经完成？目标与信号之间往往是一对多的关系。例如，搜索类产品的目标是提升用户在端内的体验，信号则是"提升用户访问量＋提升用户搜索效率＋提升搜索内容质量＋提升用户黏性"等。

- Metrics（指标）：将信号拆解为可以量化度量的数据指标，明确通过哪些指标可以指导业务下一步的优化迭代。

模型二：HEART 模型。

HEART（Happiness、Engagement、Adoption、Retention、Task Success）模型同样是 Google 提出的，是用于梳理用户体验质量的一种思考方式，如图 4-7 所示。

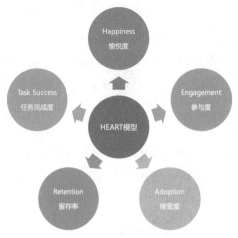

图4-7　HEART 模型

- Happiness（**愉悦度**）：衡量用户在产品中的体验，例如满意度、上手难易程度、流畅度等。可通过 NPS（净推荐值）、分享次数等指标进行衡量。

- Engagement（**参与度**）：衡量用户在产品中的应用深度，例如页面访问次数、页面访问时长等。

- Adoption（**接受度**）：衡量用户对某一功能接受度的强弱，可包含新功能以及现有功能。例如，功能的渗透情况、消费情况等。

- Retention（**留存率**）：衡量用户留下意愿的强弱，例如产品通过某活动的渠道拉来了 100 个用户，这些用户在未来一段时间中，是否会再次应用此产品？留存有多少？流失又有多少？

- Task Success（**任务完成度**）：衡量最终转化或达成业务目标的用户有多少，度量目标的达成情况，例如下单成功率、完成评论率等。

模型三：PULSE 模型。

PULSE（Page view、Uptime、Latency、Seven days active user、Earning）模型是传统网站衡量网页质量的模型，后被很多企业用于跟踪产品的整体表现，如图 4-8 所示。

图4-8　PULSE 模型

- Page view（页面浏览）：衡量产品页面访问情况，通过各页面访问量级，评估用户的转化、跳转情况。
- Uptime（正常运行时间）：衡量产品非故障稳定运行的时间周期，对于产品而言，稳定的运行是至关重要的，故障会导致产品的舆论及用户的流失。
- Latency（延迟）：衡量用户应用产品时的延迟程度，对于用户而言，过长的延迟等待会令用户不耐烦，甚至是流失，因此产品功能的延迟程度，常常会作为护栏指标。
- Seven days active user（七日活跃用户）：衡量用户的黏性情况，一般情况下，会关注两类留存指标，一类是 N 日留存，另一类是 N 日内留存。
- Earning（收益）：衡量用户在产品中的消费情况，这也往往是一些平台最为关心的事情。例如，针对电商平台，GMV、订单量、收入、净利等指标，往往是最终的目标导向。

以上三种思路模型是业界比较通用的。在日常搭建指标体系时，我们一般会借鉴这些思路，但除此之外，仍会根据自身业务特点进行调整，设计出更加贴近业务的指标体系。

4.3.3　案例详解

说了这么多理论化知识，下面分享一个案例，借鉴 GSM 思路模型搭建指标体系。

首先介绍一下背景，该产品为搜索引擎类 App，根据功能可划分为搜索、信息流、小游戏等内容。这里，主要针对搜索，以用户在端内的应用流转链路为启示，找到整体的核心度量目标（即 Goals），然后根据流转环节拆解到各个细分目标当中（即 Signals），最后思考哪些指标可以量化细分目标（即 Metrics），最终形成一套可以完整度量目标的指标体系。

搜索场景下，核心度量的目标是全面衡量用户应用该产品的体验表现，根据用户在端内的行为轨迹，将流程信号拆解为发起检索、查找结果、消费结果、深度查询 / 其他诉求、退出 App，如图 4-9 所示。

图 4-9　流程信号

步骤一：发起检索。

用户行为：用户进入搜索引擎 App，在首页搜索框中查询所需内容，例如搜索周杰伦。

设计思路：此类指标用于衡量用户使用量级情况，度量该产品用户池的健康度。

涵盖指标：PV、UV、人均 PV、人均 Query 等。

步骤二：查找结果。

用户行为：用户发起检索后，搜索引擎展现出首页 10 条左右内容，用户根据所需诉求查找结果。例如，搜索"周杰伦"后展现了 10 条结果，用户在预览后对第一条产生了兴趣。

设计思路：用户搜索一个 Query 后，必然希望尽快找到想要的内容，因此，此类指标用于衡量用户检索后查找效率的快慢，度量用户体验。

涵盖指标：检索到首点时长、检索时长占比、首点位置、首点高度等。

步骤三：消费结果。

用户行为：用户对于检索后的结果产生兴趣后，会点击进行消费，而消费的内容也正是用户使用搜索引擎的初衷。

设计思路：对于搜索引擎而言，希望用户有更为充分的消费行为，因此，此类指标用于衡量用户的消费强度及消费沉浸度。

涵盖指标：CTR、平均消费时长、首点消费时长等。

步骤四：深度查询 / 其他诉求。

用户行为：用户在首次消费之后，有两种可能性。其一：消费的内容没有满足用户诉求，用户需要再次寻找所要结果；其二：消费的结果满足了本次的查询诉求，但仍有其他内容需要检索。通过循环步骤二、三、四，完成本次检索的所有目的。

设计思路：对于搜索引擎而言，希望能够快速满足用户当下诉求，并能够激发对于其他内容的兴趣。此类指标用于衡量用户消费后的满意度。

涵盖指标：主动换 Query 率、翻页率、PV 尾点占比、Session 尾点占比（Session 指同一用户连续时间段内，相同搜索意向的标识）等。

步骤五：退出 App。

用户行为：用户在满足本次需求后，会退出 App，至于是否还会回来，要看用户对于 App 的黏性程度。

设计思路：此类指标用于衡量用户的黏性。

涵盖指标：人均启动次数、N 日留存、N 日内留存等。

以上就是搜索类业务指标体系的搭建思路，你可以参考应用。

4.3.4 小结

通过本节的学习，希望你可以掌握指标体系的核心搭建思路，如果你已经掌握了精髓，那么快在实际工作当中应用吧。

4.4 如何维护数据指标体系

小白： 老姜，听了您的讲解，我感觉已经可以自己上手搭建指标体系了。

老姜： 很棒哦！同时，当你的指标体系建设完成后，还需要将这些内容进行维护，便于后续的解读及应用。

小白： 那要维护哪些内容？以及以何种方式进行维护呢？

老姜： 下面详细为你介绍一下。

4.4.1 指标体系维护的意义

指标体系为什么需要维护？这里先列举几个场景，看看你是否也遇到过同样的困惑。

场景一：不同需求场景中，有些时候同一指标的命名不同；有些时候不同含义指标的命名相同，造成应用方十分困惑，理解成本极高。

场景二：该业务已经接手一段时间了，但对于指标体系的了解仍然不够全面，主要由于文档中的指标体系是最原始的版本，后续更新的内容也不知道记录到哪里了，数据人员也已经更换了好几轮，内容无从查证。

场景三：日常搭建 BI 看板时，不同看板中会有很多相同的指标，但每次配置时仍需要逐一配置，内容完全不复用。

如果你遇到过以上任何一个场景问题，说明在指标体系维护层面仍有待提升。

通过这些场景，你是否大体感受到指标体系维护的意义呢？其中，主要涵盖以下几点，如图 4-10 所示。

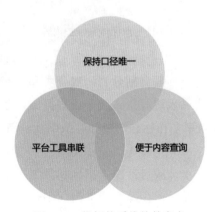

图 4-10　指标体系维护的意义

意义一：保持口径唯一。

在日常分析应用中，最头疼的问题就是指标口径的不唯一，不同分析场景、不同 BI 报表只要出现了这个问题，往往需要花费很多时间进行查询。而指标体系的维护可以解决这一问题，指标都有其自身唯一 ID，保证在任何应用场景中均不会发生变化。

意义二：便于内容查询。

将指标统一维护到指定位置，任何新增、修改、删除等操作均有日志记录，便于后续任何人员查询应用。

意义三：平台工具串联。

由平台统一维护指标体系，将其与上下游环节串联。上游数据处理后，可直接生成对应指标；下游指标生成后，可直接对接平台。BI 平台配置看板的过程中，相同指标无须重复配置，直接调用所需要的指标，大大降低使用和理解成本。

4.4.2 指标体系维护的内容

了解了指标体系维护的意义后，那需要维护哪些内容呢？如图 4-11 所示。

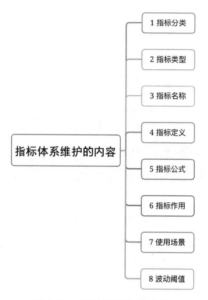

图 4-11　指标体系维护内容

1. 指标分类

描述指标所属的业务类别，一般会划分为一级分类和二级分类。一级分类根据产品域进行划分，例如搜索域、信息流域等；二级分类根据域内度量场景进行划分，例如搜索域中的流量型指标、查找效率型指标、消费强度型指标、满意度型指标等。

2. 指标类型

描述指标所属的层级类别，一般包括原子指标和派生指标。原子指标指的是基于业务过程的度量值，例如 PV、UV、留存等；派生指标则是在原子指标的基础上，增加了信息描述，即派生指标 = 原子指标 + 时间周期 + 修饰词，例如首页 PV、新用户 7 日内留存等。

3. 指标名称

指标的中英文命名。中文命名通俗易懂、不宜过长；英文命名需符合一定的逻辑规范。

4. 指标定义

描述指标所表述的含义，对于命名的补充，需要描述清晰。例如结果页 PV 定义为，进入搜索结果页面的次数。

5. 指标公式

描述指标的计算过程，通过公式的形式表述出来，如若是除法型指标，需要将分子分母的内容表述清晰。例如，结果页 CTR= 结果页点击次数 ÷ 结果页 PV。

6. 指标作用

描述指标衡量的方向，并且需要明确，指标值大与小分别代表什么。例如，结果页 CTR 用于衡量用户在搜索结果页的消费频次，越大代表消费越充足，理论上表现更为正向。

7. 使用场景

描述哪些场景需要该指标进行衡量。例如，评判消费强度时，建议应用该指标。

8. 波动阈值

描述指标在日常中的波动阈值，主要作为异动分析的先验知识。例如，大盘 CTR 正常波动区间在 0.9 ~ 1.3，如果某日 CTR=2.5，则可能是异动，需要人工介入排查。

以上，就是指标体系需要维护的核心内容，虽然不同业务类型会存在差异，但总体思路基本是一致的。

4.4.3　指标体系维护的方式

最后，指标体系需要维护到哪里，是线下文档、线上文档还是平台？

以上几种方式都可以，不过在条件准许的情况下，建议将指标体系维护到元数据平台中，这样做有以下几方面好处。

其一，内容线上化，保证唯一性，方便后续查询。

其二，内容的修改、新增、删除均有日志记录，方便问题的查询与回溯。

其三，能够与上下游对接，方便下游 BI 平台建设。

4.4.4　小结

通过本节的学习，希望你可以提高指标维护的意识，以更为规范化的手段管理现有的指标体系。

4.5　搜索引擎行业数据指标体系

老姜：小白，指标体系的建设及维护基本就介绍完了，你是否已经掌握其中的原理了？

小白：嗯，我觉得上手一个新业务应该没有问题了。

老姜：那就好，下面，我们一起来看一下不同行业的指标体系搭建思路及内容，如果你恰巧在这些行业中，则可以直接拿来应用。即便不在，也可以参考一下搭建思路，便于日后在工作中实操。

小白：好啊，那本节先介绍哪个行业呢？

老姜：本节我们先来看看搜索引擎行业。

4.5.1　行业背景

在 4.3 节，以搜索引擎行业为例介绍了指标体系的搭建思路，对于背景，这里不再赘述，直接附上用户行为流程图，如图 4-12 所示。

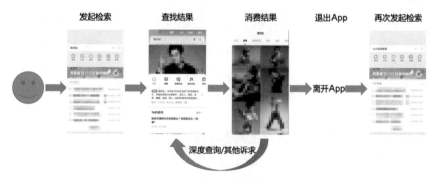

图 4-12　指标体系的搭建思路

4.5.2　数据指标体系大图

此类 App 指标体系围绕搜索的核心步骤展开，重点涵盖五个方面内容：流量型指标、查找效率型指标、消费强度型指标、消费满意度型指标、用户活跃型指标，如图 4-13 所示。

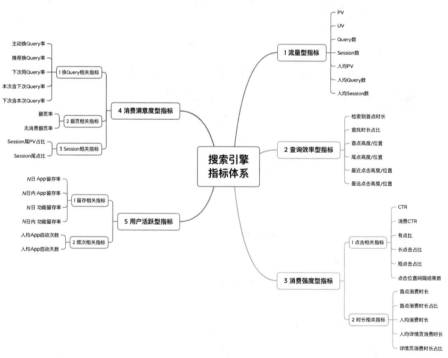

图 4-13　搜索引擎指标体系

4.5.3　数据指标体系详解

下面会详细解读上述指标体系大图，便于你在工作中实战应用。

1. 流量型指标

流量型指标用于描述用户及流量规模方面的情况，如图 4-14 所示。

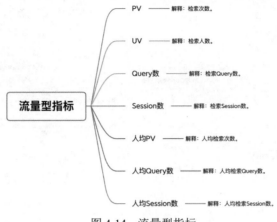

图 4-14　流量型指标

2. 查询效率型指标

查询效率型指标用于描述用户检索到寻找结果之间效率方面的情况，如图 4-15 所示。

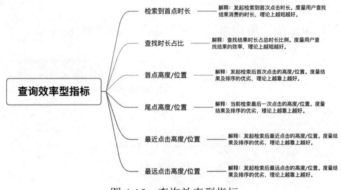

图 4-15　查询效率型指标

3. 消费强度型指标

消费强度型指标用于描述用户对于内容消费深度方面的情况，如图 4-16 所示。

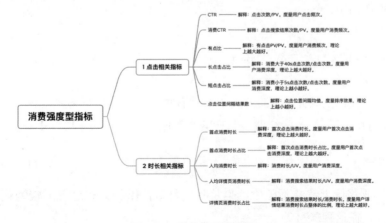

图 4-16　消费强度型指标

4. 消费满意度型指标

消费满意度型指标用于描述用户消费后满意程度方面的情况，如图 4-17 所示。

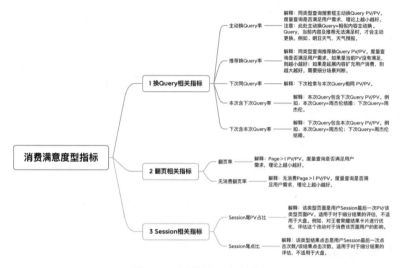

图 4-17　消费满意度型指标

5. 用户活跃型指标

用户活跃型指标用于描述用户黏性方面的情况，如图 4-18 所示。

图 4-18　用户活跃型指标

4.5.4　小结

通过本节的学习，希望你可以对搜索引擎行业指标体系有一个清晰的认知，可直接将其应用于工作当中。

4.6　短视频行业数据指标体系

老姜：本节我们延续 4.5 节的方式，来看看短视频行业指标体系的内容。

小白：好的，多了解一些行业，掌握其中精髓，为后面的工作打下基础。

4.6.1　行业背景

短视频行业相信大家并不陌生，也是我们日常休闲的方式之一，较为代表性的产品有抖音、快手、微信视频号等。

该类产品的核心功能是短视频信息流，视频长度一般在 5～60s，最长也不会超过 3min。产品根据用户的兴趣推送相关内容，实现千人千面。用户通过上下滑动，实现视频之间的切换，带来沉浸式连续消费体验，如图 4-19 所示。

图 4-19　短视频

除此之外，随着短视频产品在大众群体中的渗透及发展，为了更好满足用户的常规需求，以及实现更广的商业变现，该类产品又在视频的基础上延伸出了搜索、直播、电商等一系列功能。

4.6.2　数据指标体系大图

该类产品涉及内容较广，因此在指标体系设计上，会根据"域"的方式进行大类划分，然后针对不同域设计相应指标。其中主要涵盖七个方向：用户域指标、平台域指标、发布器域指标、直播域指标、电商域指标、商业化域指标、竞品域指标，如图 4-20 所示。

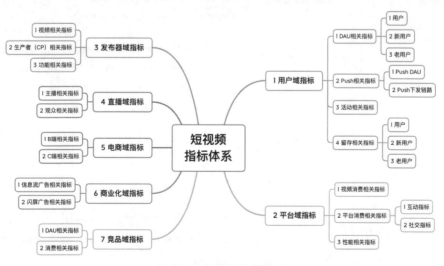

图 4-20　短视频指标体系

4.6.3 数据指标体系详解

下面会详细解读上述指标体系大图，便于你在工作中实战应用。

1. 用户域指标

用户域指标用于描述用户规模方面的情况，如图 4-21 所示。

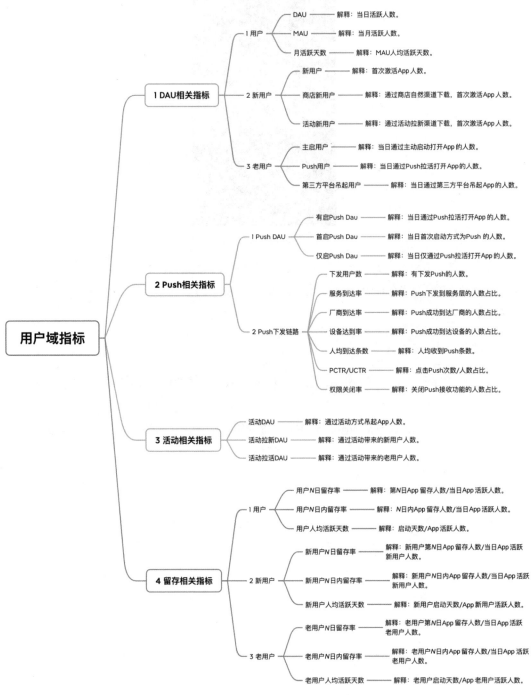

图 4-21 用户域指标

2. 平台域指标

平台域指标用于描述用户在视频信息流中的消费情况，如图 4-22 所示。

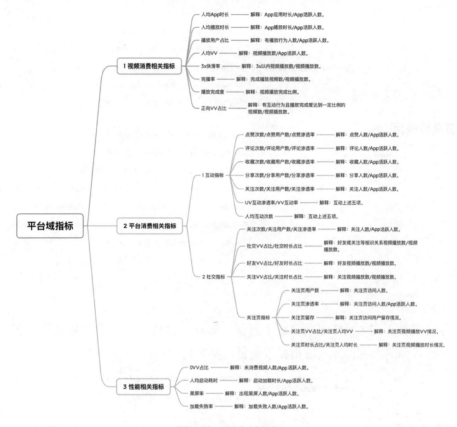

图 4-22 平台域指标

3. 发布器域指标

发布器域指标用于描述用户在发布内容端的相关情况，如图 4-23 所示。

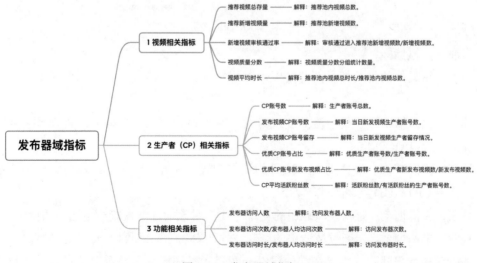

图 4-23 发布器域指标

4. 直播域指标

短视频平台往往会嵌入直播功能，因此需要一系列指标来度量直播功能的现状，如图 4-24 所示。

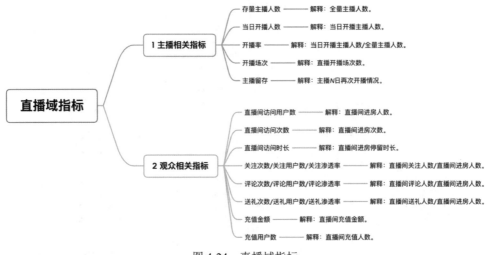

图 4-24 直播域指标

5. 电商域指标

随着短视频电商 GMV 规模突破 1 万亿，短视频结合电商的商业模式也已经被业界所认可，该方面的内容仍需通过指标来衡量，具体内容如图 4-25 所示。

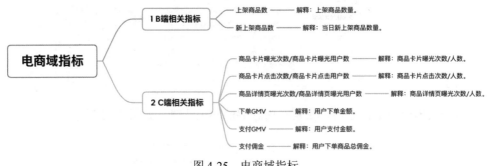

图 4-25 电商域指标

6. 商业化域指标

任何产品最终的目的都是商业变现，对于短视频产品而言，主要的变现手段有以下几种。

其一，**信息流广告**。最主流的变现方式，在短视频信息流中插入广告视频，从而实现变现，一般以 OCPM 的方式进行计费。

其二，**闪屏广告**。信息类 App 常见的变现方式，在开屏环节插入广告，一般为品牌广告，其中 CPT、GD 结算方式较为常见。

其三，**直播佣金**。直播领域通用的变现方式，对直播打赏收取一定比例的佣金。

其四，**电商佣金**。电商领域通用的变现方式，对售出商品收取一定比例的佣金。

其中直播和电商收入指标在前面已经介绍过了，因此这里着重对信息流广告以及闪屏广告情况进行度量，如图 4-26 所示。

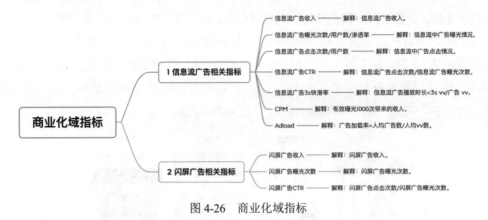

图 4-26　商业化域指标

7. 竞品域指标

正所谓"知己知彼，百战不殆"，对于竞品及外界环境的了解同样是不可或缺的。但由于信息壁垒，能获取到的数据比较有限，因此主要对 DAU 相关指标及消费相关指标进行度量，如图 4-27 所示。

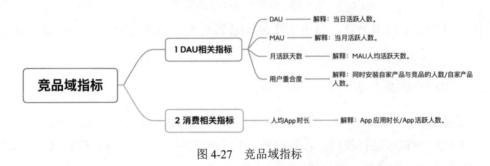

图 4-27　竞品域指标

4.6.4　小结

希望通过本节的学习，你可以掌握短视频类 App 指标体系建设的思路，并在工作中进行实操。

4.7　电商行业数据指标体系

小白：老姜，我身边有很多同学都在电商行业工作，除了搜索和短视频外，可否分享一下电商行业的指标体系呢？

老姜：当然可以，下面我们一起来看下。

4.7.1　行业背景

电商类 App 已经成为大家日常生活购物不可或缺的软件，提供了线上购物的体验，较为代表性的产品有淘宝、京东、拼多多等。

此类产品的核心功能为购物，并且通过各种玩法触达用户，较为常见的方式包括千人千面的猜你喜欢、短视频夹带商品链接、直播带货等，满足用户在不同场景的消费需求。

对于用户而言，电商类 App 主流链路一般为：首先，打开 App 进入产品首页；其次，通过搜索检索想要购买的商品名；再次，进入列表页，在琳琅满目的商品中，选择合适的商品；然后，预览商品详情页内容，评估商品内容及用户评价；最后，加入购物车，提交支付订单，完成一次商品购买过程，如图 4-28 所示。

图 4-28　电商类 App 主流链路

随着用户需求的多元化，当前电商类 App 的页面和功能也变得更为丰富，例如直播、社区等功能。

4.7.2　数据指标体系大图

同短视频产品一样，电商行业指标体系仍然采取域的方式进行大类划分，同时结合用户的主流行为轨迹进行梳理，将指标划分为七个方向，即流量域、搜索域、购买域、售后域、用户域、商品域、竞品域，如图 4-29 所示。

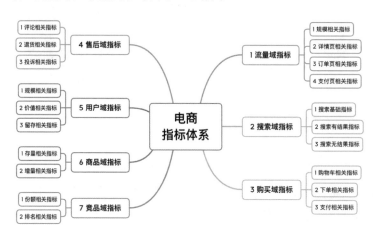

图 4-29　电商指标体系

4.7.3　数据指标体系详解

下面会详细解读上述指标体系大图，便于你在工作中实战应用。

1. 流量域指标

用户的访问行为会产生流量，可从用户链路的角度来看在端内产生的流量型指标。首先，进入 App，度量整体规模情况；其次，通过检索或者推荐等途径，进入商品详情页，度量详情页情况；再次，将商品加入购物车，确认订单，度量订单页情况；最后，进入支付页，发起付款，度量支付页情况，如图 4-30 所示。

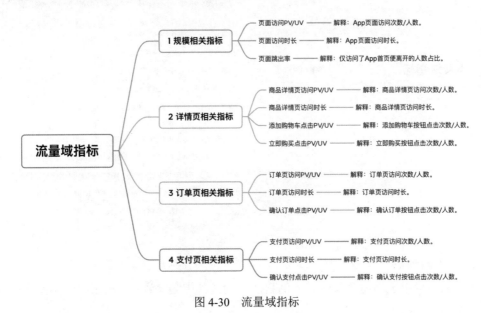

图 4-30　流量域指标

2. 搜索域指标

搜索域指标用于描述用户搜索商品的表现情况，由于查询结果存在有结果和无结果两种情况，因此需要将这两种类型分开度量，如图 4-31 所示。

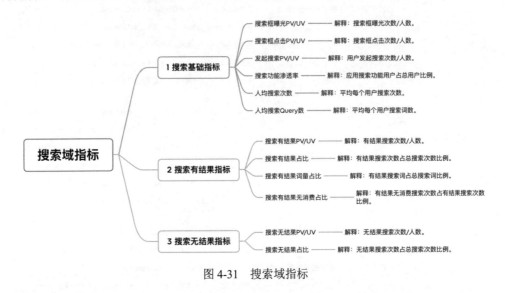

图 4-31　搜索域指标

3. 购买域指标

购买域指标用于描述用户购买商品相关情况，根据用户的行为顺序，可划分为加入购物车、下单、支付等内容，如图 4-32 所示。

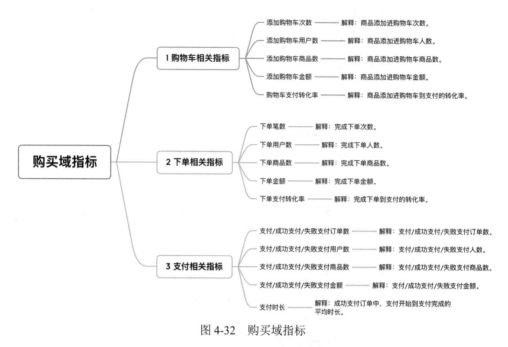

图 4-32　购买域指标

4. 售后域指标

售后域指标用于描述商品购买后的售后行为，其中涵盖评论、退换货、投诉等内容，如图 4-33 所示。

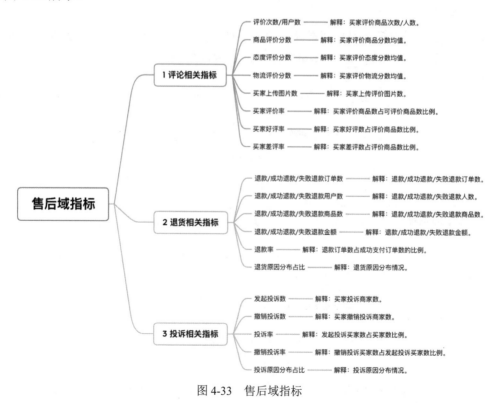

图 4-33　售后域指标

5. 用户域指标

用户域指标用于描述用户规模及价值相关情况，其中涵盖总体规模指标、价值相关指标、留存相关指标等，如图 4-34 所示。

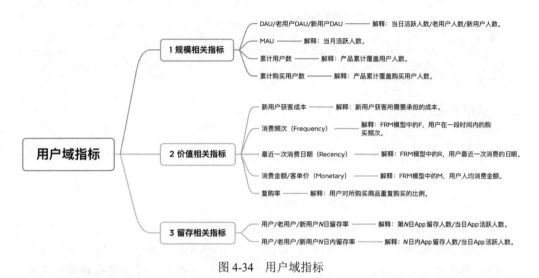

图 4-34　用户域指标

6. 商品域指标

商品域指标用于描述商品信息情况，根据商品的类型，划分为存量商品指标和增量商品指标，如图 4-35 所示。

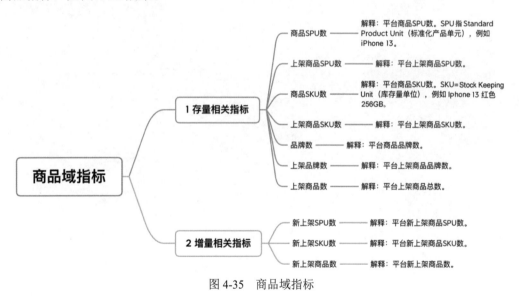

图 4-35　商品域指标

7. 竞品域指标

竞品域指标用于描述产品在市场中的定位，度量与竞品之间的优劣势，主要涵盖份额类指标及排名类指标，如图 4-36 所示。

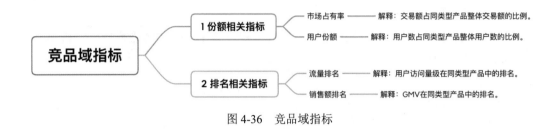

图 4-36　竞品域指标

4.8　本章小结

老姜：到此，数据指标体系的内容就和大家分享完了。下面我们一起来回顾一下本章所学的内容。

- 了解了数据指标及数据指标体系的基础概念。
- 学习了数据指标体系在业务方面及数据方面的价值。
- 学习了搭建指标体系前期需要做的预备工作，以及业内较为普遍应用的方法论。
- 熟悉了在搭建完指标体系后，要如何对其内容进行维护，并需要维护哪些内容。
- 分享了搜索行业、短视频行业、电商行业的指标体系实战案例。

小白：听了您的讲解，思路清晰了很多，我要再自己吸收一下。

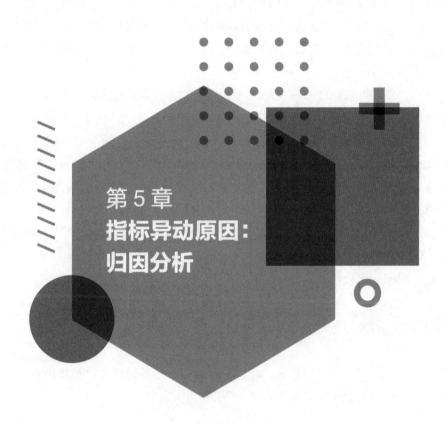

第 5 章
**指标异动原因：
归因分析**

小白：老姜，听完您讲解数据指标体系的内容，我觉得有很大收获。同时，也在工作中搭建了自身产品的指标体系，并根据业务诉求筛选了北极星指标。但在后续工作中，遇到了一些问题，想请教一下您。

老姜：具体是什么问题，说出来，看看我是否可以帮你解决。

小白：业务希望我来帮助他们监控日常的北极星指标异动，并且排查出指标异动的原因。当前，我是通过搭建一些看板，来拆解不同的维度，但由于维度太多了，每次的排查效率都特别低，业务对我有些不满。老姜，指标异动排查是否有更加快捷的方式呢？

老姜：当然，可以通过一些规范化、工具化的方式来进行排查。

小白：那太好了，赶紧教教我吧。

老姜：好的。那本章我们来一起了解一下指标异动归因的核心步骤及技巧。首先，仍然从基础知识出发，介绍一下归因分析的概念及价值；然后，聊一聊异动问题排查的核心步骤，以及其中的注意事项；其次，通过统计学及算法方法，快速定位可能的异常维度；再次，聊聊如何量化各维度值变化对大盘的影响程度，找到异动的核心问题；最后，分享一些实战中总结出来的异动原因，结合一个实际案例进行说明，帮助你轻松入手相关工作。

小白：嗯嗯，那我们开始吧！

5.1 归因分析基础概念

老姜：小白，首先，我们先来一起看看归因分析的基础概念，对知识点进行扫盲。

小白：好的，我会做好笔记的。

5.1.1 什么是归因分析

归因理论最早由社会心理学家海德于 1958 年提出，最初是指人们对自身及他人的行为进行分析，推论出产生这些行为背后的原因。

回到当下，大数据时代，用户每日都会产生大量的行为链路及消费数据，为了能够更加精准地描述问题的本质，常常就需要归因到事物背后的真实原因。下面分享两个工作中的场景，看看你是否遇到过。

场景 1：某产品北极星指标 DAU，当日出现大幅下跌，产品侧没有做任何改版，业务需要你协助排查原因。

场景 2：某产品在外部多渠道投放了广告，带来了大量新用户，业务需要你帮忙评估这些外部渠道对于新用户的贡献程度，综合考量渠道拉量效果及 ROI 情况。

你可能会有这样的疑问：这两个场景好像不是一种类型吧？

确实，归因分析也可划分成不同类型，下面我们一起来看下。

5.1.2　归因分析的类型

归因分析根据应用场景，可以划分为拆解式归因分析和追溯式归因分析，两者应用方向大相径庭。

1. 拆解式归因分析

拆解式归因分析常见的应用场景为指标异动分析，对应前面场景 1 的内容，是数据分析师日常工作的核心内容之一。其核心原理为对宏观的业务问题进行横向的拆解及纵向的内容细化，最终找到问题的本质，如图 5-1 所示。

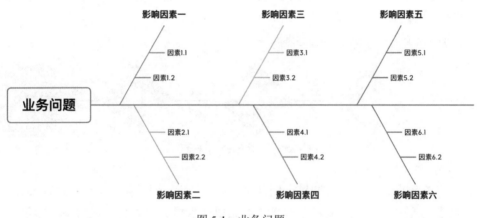

图 5-1　业务问题

> **案例讲解**
>
> 　　某娱乐类 App，在 11 月 20 日 DAU 出现大规模下降，同比上周下降 5%，业务需要你帮助排查是何原因。
>
> 　　你将 DAU 指标，根据日常经验维度进行拆解，探索发现，城市维度中，南方城市的指标变化，基本贡献了大盘指标降幅的 100%。同时，网络维度中，4G、5G 维度值降幅同样可观，通过以上两者，推测由于南方城市的一些原因导致用户在户外应用变少。
>
> 　　根据经验，结合当日南方情况，发现绝大多数城市当天降温并有雨雪，而这很可能是用户量级下降的核心原因。该问题虽然对指标产生了负向影响，但天气原因并非异常情况，因此无须做产品上的改动。
>
> 　　以上就是拆解式归因分析在日常工作中的一个应用场景。

2. 追溯式归因分析

追溯式归因分析，常见的应用场景为渠道归因，对应前面场景 2 的内容，在用户增长方面会经常遇到。其核心原理为**分析用户完成的某一结果导向行为是由哪个关键影响点所带来的**。

案例讲解

某游戏类 App 在各大平台分发了广告，目的是通过多渠道的广告分发，拉来更多的新用户。

以用户小白的视角，来看广告对其的影响程度。

第一日：小白打开了淘宝，第一次看到了该 App 的广告，但由于着急抢购商品，直接忽略了。

第二日：小白打开了今日头条，例行刷近期新闻，在首页又看到了此广告，想到昨天也看到了同样内容，出于好奇点进去看了一下，觉得内容有点意思，准备下载玩玩。但由于手机内存有限，需要删除一些软件才能下载，于是暂时放弃了。

第三日：小白又在京东上看到了这个 App 广告，想到昨天已经清理过手机内存，于是下载了此软件，成为了一个新用户。

小白的用户行为链路，如图 5-2 所示。

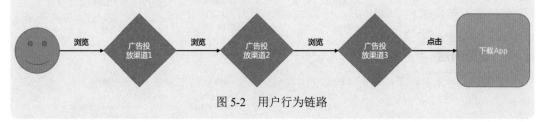

图 5-2 用户行为链路

从用户的角度来看，就是通过一则外部广告，下载一个新的 App。而从产品的角度来看，则需要度量不同渠道的拉新效果。而想要度量效果，首先需要将渠道对用户的贡献量化出来，而这正是一个典型的渠道归因分析场景。

本章我们着重聚焦于"拆解式归因"。至于"追溯式归因"，会在本书第 9 章用户增长环节进行讲解。

5.1.3 指标异动分析的价值

这里你可能会问，指标异动归因分析有什么作用，对于业务又有何价值呢？

归总来看，其核心价值主要体现在以下三个方面，如图 5-3 所示。

图 5-3 异动分析价值

1. 发现业务问题

影响指标异动的因素有很多，其中一个方向的原因，是由于产品侧的某些改动，影响了对应的核心指标。而通过异动分析，可以实时发现其中的问题，并进行弥补改进。就像日常体检，随时关注产品健康度，并对异常情况进行解读，哪些是没有太大影响的因素，哪些又是亟待解决的问题。

2. 排查数据问题

影响指标异动另一个方面原因，是数据本身所导致的，例如数据上报问题、数据收集问题、数据链路处理问题等。这些问题会污染下游数据，可通过异动分析，找到问题并解决。

3. 探索业务机遇

除了发现业务问题外，还可探索业务机遇，通过对异动原因进行挖掘，判断其是否对业务有推动作用。

> **案例讲解**
>
> 某搜索引擎类产品，在新冠疫情初期 DAU 出现了较大浮动的上涨，归结原因后发现，是由于网课类需求增加所导致。推导其原因，是由于学生群体都在家上课，对此类内容有较大诉求。
>
> 对于产品而言，得到这样的结论后，则可以加大该品类的运营精力，输出更优质的内容，通过品类优化，提升用户的访问及留存。

5.1.4　小结

本节为初探归因分析，希望可以加深你的认知，理解价值所在，为下面的学习打下基础。

5.2　指标异动分析排查步骤

老姜：小白，5.1 节中，带你了解了指标异动归因的概念及价值。本节，我们下钻到异动排查本身，来看看实战中的排查步骤。

小白：太好了，了解了排查步骤，有助于定型日常的问题排查思路，提升探索效率。

老姜：完全正确！那么小白，问你个问题，你认为其中涵盖哪些环节呢？

小白：我认为，分为两个环节吧，一个是如何发现问题，另一个是如何排查问题。

老姜：回答正确！在排查过程中，需要先判断当日指标是否有异常的可能性，如若存在异常情况，再展开问题的探索。因此，下面我们从发现问题和排查问题两个角度，来聊聊其中的方法及步骤，希望可以帮助你构建思路体系。

5.2.1　发现指标异动的方法

先问你一个问题，如果你发现某日的北极星指标 DAU 出现了同比上周 3% 左右的涨幅，且上周指标均属正常情况，那你认为当日的指标变化是否属于正常自然波动呢？

可能你的回答会是："根据历史经验，DAU 同比波动在 2% 以内，认为是正常情况；

2%～5%，则可能存在轻微问题，需要介入排查；5%以上，则可能存在较大问题，优先级 P0，需要紧急介入排查。"

由此可见，根据历史经验来判断指标是否存在异动，是很多时候常见的思路，然而其仍然存在一定的弊端。

其一，经验的传递往往需要口口相传，而随着人员的更替，经验的传递可能会出现失真的情况。

其二，随着业务的不断丰富，过往的经验可能不再符合当前的场景，需要定时迭代，成本较高。

要解决以上问题，可以接入更为科学的统计学方式，通过"量化度量 + 经验度量"结合的方式进行判断，提升问题发现的准确性。其方法如图 5-4 所示。

图 5-4　发现问题的两种方法

1. 3Sigma 方法

3Sigma 是业界比较通用的用于识别正态分布噪声点的方法。

> **扫盲**
>
> 3Sigma 原则：一组检测数据，在正态分布或者近似正态分布的情况下，x 值落在 $(\mu-3\sigma, \mu+3\sigma)$ 的概率为 $P(\mu-3\sigma < x < \mu+3\sigma)$=99.7%。
>
> 其中，μ 为均值，σ 为标准差。

3Sigma 在发现指标异动中的应用方式，如图 5-5 所示。

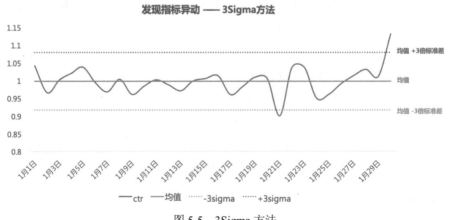

图 5-5　3Sigma 方法

图 5-5 为某 App 信息流页面 CTR 指标近期情况，该指标近期均值为 1，需要度量最新一日的指标变化是否可能存在异常，具体思路如下。

步骤一：选取过去 N 日指标作为近期趋势，N 不宜过大，主要度量指标近期的情况，一般为 30 日左右。

步骤二：计算 N 日指标的均值及标准差，采用 3Sigma 方法划定指标正常波动区间，其中 99.7% 的数据会落于此，如若超出该上下限，则判定为异常，如图 5-5 中红色和绿色的两条虚线。

步骤三：发现最新一日指标值大于均值 +3 倍标准差上限，判定指标存在问题，需要人工介入排查。

这里你可能有两个问题：是否指标值超出上下限就一定有问题？是否指标值未超出上下限就一定没有问题？

答案是否定的，这里主要解决的是一个概率问题，如果未达到阈值且经验判定问题不大，则可以降低排查优先级，反之则需要优先进行排查。

2. Prophet 方法

另外一种发现异动的方法为 Prophet 预测法，Prophet 是一种时间序列预测模型，其综合考虑了数据的趋势项、周期波动项、节假日项等因素，其模型的精准度及可解释度均表现优异。

通过 Prophet 预测，可以识别出具有周期性波动的指标是否存在异常点，如图 5-6 所示。

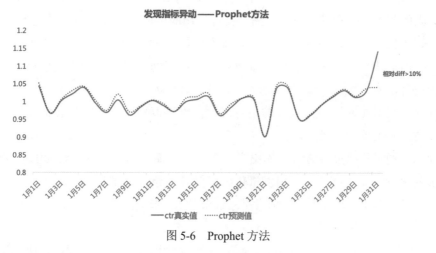

图 5-6　Prophet 方法

场景仍然以 CTR 指标近期状况为例，思路如下。

步骤一：采用 Prophet 模型，根据过往 N 日数据预测当日指标值，如图 5-6 中红色虚线部分。

步骤二：度量当日预测值与真实值之间的差异情况，其中图 5-6 中蓝线为指标真实值，可以发现，当日指标真实值与预测值之间相对 DIFF 相差 10% 以上。根据过往经验，指标差异在 2% 以上，则认为可能存在问题，需要介入排查。

通过以上两种"数学方法 + 日常经验"，快速定位当日指标是否出现异动，在发现指标可能出现问题的前提下，再对指标问题进行详细排查。

5.2.2 排查异动原因的步骤

在发现指标波动超出我们的经验阈值后，便需要对可能的问题进行详尽排查，具体思路如图 5-7 所示，可以在工作中参考应用。

图 5-7 排查异动原因

步骤一：多维钻取（宏观）

当某日指标发生异常波动时，会优先从宏观层面判断问题原因，常规的处理方式是将大盘指标根据各维度进行下钻，例如电商类 App 订单量出现较大跌幅，可以根据用户维度、商品维度、渠道维度、场景维度等方面进行下钻。

其实维度拆解本身并无难度，但其问题在于如何全面、高效地将所有核心维度进行钻取，并且精准定位到问题。要达到全面和高效这两点，就需要做以下两件事情。

其一，**维度累积**。累积对于问题排查有价值的维度，这就需要在日常工作中，加强对业务的理解，将可能影响指标的维度提炼出来，并根据需要进行交叉组合，作为多维分析的输入项。例如，对于电商类 App 产品，针对 DAU 指标，可根据人货场三方面进行拆解：人的年龄、性别等；货的商品类目等；场的渠道、小时、网络类型等。

其二，**工具搭建**。为完成诸多维度的高效钻取，仅仅通过 SQL 逐一查询，效率是非常低的，这时就需要一整套例行化多维分析工具，帮助实现日常的常规性钻取，其中涵盖两方面内容。

方面一：通过相对熵等方式，输出各维度内维度值变化程度的汇总情况，用以判断哪个维度对于异动的影响最大。

方面二：通过贡献度等方式，输出当日指标、同期指标、指标绝对 DIFF，指标相对 DIFF，指标变化贡献度等信息，用以量化维度值对于异动的贡献程度。

以上涉及的多维分析工具，会在本章 5.3 节和 5.4 节大家分享。

步骤二：异常聚焦（宏观）

基于步骤一输出的多维钻取结果，重点观察变化程度较大的维度值，通过量化贡献度，探索问题本质。

案例讲解

某搜索类 App，昨日 PV 指标同比上周增长 100 万，根据多维钻取工具输出的数据，发现性别维度中男性群体贡献了指标涨幅的 80%；类目维度中游戏类目贡献了指标涨幅的 90%；其他维度并未出现明显变化。

通过将数据进行规整，在与业务方进行沟通后了解到，昨日某游戏公司举办了游戏竞赛，吸引了众多男性玩家，推测由于该原因，导致指标发生了较大变化。

在日常分析中，如果维度累积足够充分，一般到此步骤，基本能够解决 80% 左右的异动问题。然而随着业务复杂化，仍然有 20% 左右的问题隐藏较深，数据层面表现为指标有较大幅度变化，但各维度呈现普涨或普跌状态，无法定位可能的问题。

如果出现以上这种情况，则可以考虑下钻到微观 Case 层面进行探索。

步骤三：Case 分析（微观）

微观 Case 层面，主要通过下钻到用户的详细行为轨迹，或者轻度汇总数据进行挖掘，寻找宏观层面没有的信息。这一步需要注意，由于用户的行为轨迹多种多样，会存在诸多干扰信息，分散排查精力。因此需要逐步归总、快速试错。

> **案例讲解**
>
> 某搜索类 App，昨日 PV 指标同比上周下跌 100 万，但通过日常累积的维度下钻，并未发现实质性问题。于是，随机抽取了 100 个用户的核心行为数据，拉取其底层所有维度进行探索。发现最新版本的用户少于预期，猜测可能由于改版导致，将版本列入可能的问题维度，上卷到宏观数据进行验证。

在日常工作中，到此步骤，基本可以解决 90% 以上的指标异动问题。

步骤四：假设问题场景（微观）

如果到步骤三仍然未发现异常情况，则说明该问题点隐藏得较深，日常的维度累积并未涉及。这个时候，就需要根据业务的变化，假设问题可能出现的原因，并尝试通过其他方式加以验证。

在日常的工作中，到此步骤，基本可以解决 95% 以上的指标异动问题。

步骤五：维度上升（宏观）

在完成步骤三、步骤四的情况下，往往会在原有基础上增加一些排查维度，并将其加入到步骤一中，利用多维钻取工具，判断是否由于此原因所导致。如若仍然不是，则需要重复步骤三、步骤四，直到找到问题原因。

步骤六：输出结论（宏观）

在完成了整体的排查后，一般我们会拿到这样的数据结论：xx 维度值贡献跌幅的 50%，yy 维度值贡献跌幅的 40%。如果仅仅是将这些数据结论提供给业务方，会显得不够专业，因为一个业务分析如果没有业务结论，是不够完整的。

因此，异动分析需要涵盖"**数据发现问题 + 业务解释问题**"。下面，分享一个优质结论和一个劣势结论。

> **案例讲解**
>
> 劣质结论：某搜索类 App，昨日 PV 指标同比上周增长 100 万，50% 是由于游戏类目所影响。
>
> 优质结论：某搜索类 App，昨日 PV 指标同比上周增长 100 万，50% 是由于游戏类目所影响，原因是游戏频道上线了竞技活动，带动指标上涨，预计下周活动下线后，指标将恢复到往期水位。

这里有一点需要注意：北极星指标变动往往受到诸多因素交叉影响，在排查过程中，无法 100% 精准解读，排查结论当中，或多或少夹带预估成分，只要将最为关键的问题挖掘出来即可。

5.2.3　小结

以上就是指标异动归因的完整流程，希望通过本节的讲解，可以帮助你对整体的排查思路有一个完整认知，将日常的排查步骤固定化。

另外，本节遗留了两个问题：一个是异常维度的定位；另一个是维度值贡献度的计算。在下面的两节中，会带你了解一下这两个问题如何解决。

5.3　快速定位异常维度的方法

小白：老姜，听了您 5.2 节的讲解，我觉得对于指标异动排查思路更加清晰了。本节，我们要解决上面遗留的两个问题吗？

老姜：是的，异常维度定位是在贡献度计算之前，因此本节先来和你讲讲定位异常维度的方法，下一节再解决后面的问题。

小白：好啊，那我们开始吧！

5.3.1　定位异常维度的意义

在讲解方法前，先来看看定位异常维度的意义。你是否有这样的疑问：定位异常维度与指标异动排查有什么关系呢？下面通过案例进行说明。

案例讲解

案例背景：某电商类 App，昨日 DAU 同比上涨 100 万，探索其中可能的问题。

排查方法：根据性别、城市等级两个维度进行下钻。其中性别维度，男性和女性各上涨 50 万，分别贡献涨幅 50%；城市等级维度，一线城市上涨 100 万，贡献涨幅 100%，如图 5-8 所示。

图 5-8　对两个维度进行下钻

如果仅从维度值变化贡献度的角度来看，其原因出现在男性、女性、一线城市这三个维度值下。然而，真实原因是一线城市线下的某些活动带动线上的用户消费，从而提升 DAU，而性别维度值的变化，仅是由于其他维度变化所带动的。

由此可见，仅从维度值贡献度的角度来看，很难解释上述问题。这就需要在此之前，先定位可能的问题维度，再结合贡献度进行量化。

定位异常维度的核心思路，是将各维度中维度值的分布进行度量，如果分布发生较大的差异，则该维度内的维度值可能存在一定问题。仍以上方案例为例，如图 5-9 所示。

无问题概率大　　　　　　　　　　　　　　有问题概率大

性别维度	同期分布	当期分布	分布变化
男性	50%	50%	0%
女性	50%	50%	0%

性别维度	同期分布	当期分布	分布变化
男性	50%	30%	-20%
女性	50%	70%	20%

图 5-9　无问题与有问题的概率

先看图 5-9 中左半部分，针对性别维度，当期指标对比同期指标，男性和女性群体人数均发生同比例上涨，分布没发生变化，则该维度无异常的可能性较大。

再看图 5-9 中右半部分，反之，当女性群体人数大幅增长，而男性群体人数基本没有发生变化时，分布存在较大变动，则该维度有异常的可能性较大。

这里有一点需要注意，通过此方式挖掘出来的异常维度是一个概率问题，仍然存在分布差异较大但无问题的情况，需要逐一分析。

下面分享三种常见的快速定位异常维度的方式，供你参考应用。

5.3.2　基于卡方检验的定位方式

首先，介绍一种基于卡方检验的异常维度定位方式。

> **扫盲**
>
> 卡方检验是一种基于 x^2 分布的假设检验方式，其应用方向十分广泛，属于非参数检验范畴，通过该种方式，可以评估观察频次分布与理论频次分布之间，是否存在显著差异。

1. 方法介绍

卡方检验的核心环节，主要分为以下四个步骤。

步骤一：设定卡方检验的原假设 H_0 及备择假设 H_1，并假设 H_0 成立，H_0 及 H_1 含义如下。

H_0：观察频次与理论频次之间不存在差异。

H_1：观察频次与理论频次之间存在差异。

步骤二：计算观察频次与理论频次之间的差异情况，即卡方值（x^2 值）。计算方式如下，其中 A_i 为第 i 项的观察频次，E_i 为第 i 项的理论频次。

$$x^2 = \sum \frac{(A-E)^2}{E} = \sum_{i=1}^{k} \frac{(A_i - E_i)^2}{E_i}(i = 1, 2, 3, \cdots, k)$$

步骤三：基于步骤二计算的 x^2 值以及自由度，获取在原假设 H_0 成立的情况下，当前统计量及出现极端值的概率 P 值。

步骤四：基于 P 值，判断原假设 H_0 是否成立。如果 P 值小于显著性水平（显著性水平 α 通常设定为 0.05 或 0.01），则拒绝原假设，认为观察频次与理论频次之间存在差异；如果 P 值大于显著性水平，则没有办法拒绝观察频次与理论频次之间存在差异，从而接受原假设。

2. 案例讲解

理论内容可能会有些晦涩难懂，这里我们回到业务上，举个电商场景的案例。

背景：对电商核心指标 UV 进行监控，发现当期 UV 对比同期 UV 有一定的降幅，以城市等级维度为例，通过卡方检验方式，验证前后时间点，该维度内的维度值分布是否存在显著差异，如表 5-1 所示。

表 5-1　维度值

	A	B	C
1	城市等级	同期UV	当期UV
2	一线城市	1000	1100
3	新一线城市	500	510
4	二线城市	1200	1100
5	三线城市	950	1000
6	四线城市	800	700
7	五线城市	1300	1200
8	总计	5750	5610

步骤一：设置 H_0 假设，同期 UV 与当期 UV 分布频次不存在明显差异。

步骤二：分别计算每一个维度值的卡方检验值，并将其求和，得出整体 x^2 值为 41.4，如表 5-2 所示，卡方检验值计算方式如下：

$$D2 = \frac{(C2 - B2)^2}{B2}$$

$$D8 = SUM(D2:D7)$$

表 5-2　每个维度的卡方检验值

	A	B	C	D
1	城市等级	同期UV	当期UV	卡方检验值
2	一线城市	1000	1100	10.0
3	新一线城市	500	510	0.2
4	二线城市	1200	1100	8.3
5	三线城市	950	1000	2.6
6	四线城市	800	700	12.5
7	五线城市	1300	1200	7.7
8	总计	5750	5610	41.4

步骤三：计算自由度 df 值为 5，根据自由度及显著性水平 0.05，查阅对应卡方检验

临界值为 11.070。自由度计算方式如下：

$$自由度 df = (行数 - 1) \times (列数 - 1) = (6 - 1) \times (2 - 1) = 5$$

步骤四：根据真实卡方检验值与临界值之间的比对，发现 $41.4 > 11.070$，即统计量大于临界值，认为当期 UV 与同期 UV 差异显著。其他维度均采用同样方式进行计算。

3. 优势及劣势

卡方检验方式在定位异常维度的场景下，存在一定的优势及劣势。

优势：

● 相对其他方式，对于分布差异的验证，更为敏感。

劣势：

● 卡方检验的频数只能以整数形式出现，相对指标不可用。

● 鉴于维度变化存在波浪效应（相互之间会影响），不同维度中维度值的前后指标，很难源于同一分布。

● 不宜做分布差异程度的量化。

4. 方法总结

总体来看，该种方式仅可用作绝对型指标及前后分布是否存在差异的判断。然而，对于异常维度的诊断，需要量化维度内差异程度的大小，卡方检验在此场景下比较受限。（推荐指数：☆☆。）

5.3.3　基于决策树的定位方式

卡方检验无法横向比较不同维度之间的变化程度，因此提出第二种基于决策树的定位方式，同样，简要介绍一下决策树。

扫盲

决策树是一种处理分类及回归问题有监督的机器学习模型。在分类问题中，根据各个维度特征，将一条样本数据，通过 if-then 的方式，从树的根节点逐级判定到叶节点，依据概率分布的方式，输出叶子节点的分类值，如图 5-10 所示。

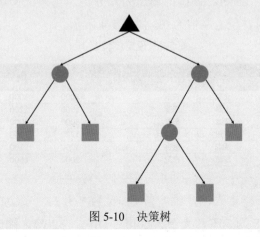

图 5-10　决策树

其中，决策树由根节点、非叶子节点、叶子节点、有向分支四个部分组成。其中根节点为初始节点（图 5-10 中黑色部分）；非叶子节点为决策点，用于对数据特征的判别（图 5-10 中蓝色部分）；叶子节点为类别点，用于输出判别样本所属类别的节点（图 5-10 中橘色部分）；有向分支为决策树判断的方向（图 5-10 中连接部分）。

下面详细介绍一下该种方式在此场景下的核心思路。

1. 方法介绍

决策树的核心理论在于，利用熵来度量事物内部的不确定性，不确定性越大，熵越大；不确定性越小，熵越小。而决策树从根节点开始分裂，目的在于通过不断地分类，减少整棵树熵的大小。根据决策树分裂的理论，越靠近根节点的分类维度，对于熵减少的贡献程度越大。

因此，通过维度分裂的先后顺序，可以推断出不同维度内的混乱程度。越靠近根节点，其维度内维度值越存在分歧，指标的异动越有可能由于该维度内的维度值所导致。同样以一个案例进行说明。

2. 案例讲解

背景：对搜索核心指标 PV 进行监控，发现当期 PV 对比同期 PV 有一定的降幅，以年龄、城市、品类维度为例，通过决策树方式，判断可能由于哪些维度导致的指标异动。

步骤一：筛选维度作为模型特征 Feature。这里以性别、年龄、城市、品类四个维度为例，生成一份所有维度内维度值 Cross 的数据，如表 5-3 所示。

表 5-3　所有维度内维度值 Cross 的数据

	A	B	C	D	E	F	G
1	性别	年龄	城市	品类	...	同期PV	当期PV
2	男	29	北京	饮食	...	2000	3000
3	女	30	上海	母婴	...	1500	1200
4	男	15	天津	母婴	...	3000	3000
5	女	33	广州	3C	...	1700	1900
6	女	41	深圳	服饰	...	5000	5100
7	男	39	成都	汽配	...	1000	1500
8	...	...	...	...	...	...	...

步骤二：设定模型 Label。该模型输出为二分类，当某交叉维度值相对 DIFF> 大盘相对 DIFF，则赋值为 1，反之赋值为 0，如表 5-4 所示。

表 5-4　设定模型 Label

	A	B	C	D	E	F	G	H	I
1	性别	年龄	城市	品类	...	同期PV	当期PV	相对DIFF	label
2	男	29	北京	饮食	...	2000	3000	50%	1
3	女	30	上海	母婴	...	1500	1200	-20%	0
4	男	15	天津	母婴	...	3000	3000	0%	0
5	女	33	广州	3C	...	1700	1900	12%	0
6	女	41	深圳	服饰	...	5000	5100	2%	0
7	男	39	成都	汽配	...	1000	1500	50%	1
8	...	...	...	...	...	...	...	...	...

以表 5-4 中第一条样本为例，维度值 Cross 为 "男 +29+ 北京 + 饮食"，当期 PV 对比同期 PV 的相对 DIFF 为 50%，大于大盘相对 DIFF 的 20%，因此判断为正样本，赋值

1。其余样本同理。

步骤三：设置样本权重。为每个交叉维度值样本设置权重，主要考虑到，指标从 10 涨到 50 及 1000 涨到 5000，其相对 DIFF 虽然一样，但其对大盘的影响却不相同。因此，对于流量较高的样本，需要给予更高的权重值，用于模型计算损失函数的时候，赋予更高的"话语权"。

步骤四：搭建决策树模型，并输出树的结构。这里要注意一点，由于决策树有大量的节点，如果我们将模型的所有节点均输出，量级会非常大，以 4 个维度 + 每个维度中 10 个维度值为例，其理论上最大的叶子节点数为 10^4。因此，这里我们需要对树进行剪枝，将 TopN 的树节点输出出来，并结合贡献度进行问题维度值的排查，贡献度会在下一节中进行讲解，如图 5-11 所示。

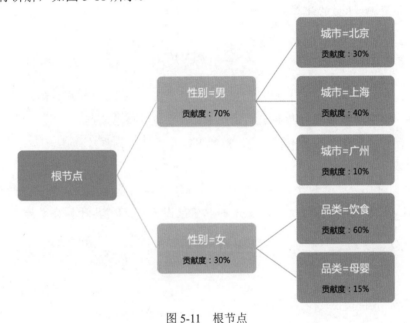

图 5-11　根节点

3. 优势及劣势

决策树方式在定位异常维度的场景下，存在一定的优势及劣势。

优势：

● 树模型可解释能力较强。

● 展现形式友好，可以绘制出树形维度拆解图。

劣势：

● 样本权重需要手动干预，设置是否合理，对结果影响较大。

● 无法量化给出维度的变化程度。

4. 方法总结

总体来看，该种方式可以较好地挖掘出异常维度，并通过可视化方式进行展示，在日常例行化监控体系中应用较广，是一种不错的度量方式。（推荐指数：★★★★☆。）

5.3.4　基于相对熵的定位方式

相对熵（Kullback-Leibler Divergence，又称 KL 散度）是一种基于统计学的度量，能够衡量两概率分布之间的差异程度。其变种形式为 JS 散度（Jensen-Shannon Divergence，又称 JSD），常常作为探索异常维度的方法。这里对 KL 散度和 JS 散度做一个简要介绍。

> **扫盲**
>
> KL 散度：
>
> 对于同一随机变量 x，有两个独立的概率分布 $P(x)$ 和 $Q(x)$，一般情况下，$P(x)$ 用于表示真实的概率分布，$Q(x)$ 用于表示预测的概率分布，KL 散度用于计算这两种分布的差异情况。KL 的计算公式为：
>
> $$D_{KL}(p \| q) = \sum_{i=1}^{n} p(x_i) log\left(\frac{p(x_i)}{q(x_i)}\right)$$
>
> 其中，$P(x)$ 分布与 $Q(x)$ 分布越接近，KL 散度值越小。KL 散度具备以下两点特性。
>
> 其一，由于对数函数为凸函数，因此 KL 散度值具备非负性。
>
> 其二，由于取值范围为 $[0,+\infty]$，因此 KL 散度值具备非对称性。
>
> JS 散度：
>
> JS 散度同样是度量两个概率分布的差异情况，其为基于 KL 散度计算的变种，能够解决 KL 散度非对称性问题。JS 散度的取值范围为 $[0,1]$，其计算公式为：
>
> $$JSD(p \| q) = \frac{1}{2}KL(p(x) \| \frac{p(x)+q(x)}{2}) + \frac{1}{2}KL(q(x) \| \frac{p(x)+q(x)}{2})$$

下面详细介绍一下该种方式的核心思路。

1. 方法介绍

异常维度的定位方式，一般会选择 JS 散度，因为其值被控制在 $[0,1]$，便于比较及度量。

通过对各个维度计算 JSD 值，将不同维度的 JSD 值进行降序排列，排在前面的维度说明内部的维度值变化程度越大，越有可能是指标出现异动的问题所在。同时，结合经验阈值进行判断，JSD 大于一定量级的维度，可作为例行工具的输出，优先进行排查。

2. 案例讲解

背景：对搜索核心指标 PV 进行监控，发现当期 PV 对比同期 PV 有一定的降幅，以城市等级、性别维度为例，通过相对熵方式，判断哪个维度更有可能是造成指标异动的原因所在。

步骤一：生成指标各维度值的聚合数据表，同时计算各维度值在当前维度下的分布情况，如表 5-5 所示。

表 5-5　各维度值的聚合数据

	A	B	C	D	E
1	城市等级	同期PV	当期PV	同期PV分布	当期PV分布
2	一线城市	1000	1200	17%	21%
3	新一线城市	500	510	9%	9%
4	二线城市	1200	1100	21%	19%
5	三线城市	950	1000	17%	18%
6	四线城市	800	700	14%	12%
7	五线城市	1300	1200	23%	21%
8	总计	5750	5710	-	-
9					
10	性别	同期PV	当期PV	同期PV分布	当期PV分布
11	男	3000	3500	52%	61%
12	女	2750	2210	48%	39%
13	总计	5750	5710	-	-

步骤二：根据 JSD 公式，分别计算各维度下维度值的 JSD 分数，并按照各维度进行相加，如表 5-6 所示，城市等级 JSD=0.00065，性别 JSD=0.00184。

表 5-6　各维度下维度值的 JSD 分数

	A	B	C	D	E	F	G
1	城市等级	同期PV	当期PV	同期PV分布	当期PV分布	(P(x)+Q(x))/2	JSD
2	一线城市	1000	1200	17%	21%	19%	0.00037
3	新一线城市	500	510	9%	9%	9%	0.00000
4	二线城市	1200	1100	21%	19%	20%	0.00007
5	三线城市	950	1000	17%	18%	17%	0.00003
6	四线城市	800	700	14%	12%	13%	0.00011
7	五线城市	1300	1200	23%	21%	22%	0.00006
8	总计	5750	5710	-	-	-	0.00065
9							
10	性别	同期PV	当期PV	同期PV分布	当期PV分布	(P(x)+Q(x))/2	JSD
11	男	3000	3500	52%	61%	57%	0.00080
12	女	2750	2210	48%	39%	43%	0.00105
13	总计	5750	5710	-	-	-	0.00184

步骤三：因为城市等级 JSD ＞性别 JSD，所以在问题排查过程中，性别维度的排查优先级要高于城市等级维度。

步骤四：在现实工作中，往往会根据业务的理解，设置 JSD 的阈值，大于该阈值的维度，通过例行工具输出出来，优先进行排查。当然，这里需要注意一点，日常的波动阈值与节假日波动阈值是存在差异的，日常波动会更加平稳一些，设定的阈值也相对较小。例如，日常问题排查时，将 JSD 阈值设置为 0.0001；而针对节假日、"双十一"等特殊时间节点，将 JSD 阈值设置为 0.001。

3. 优势及劣势

相对熵方式在定位异常维度的场景下，优势相对比较明显。

优势：

- 数值控制在 0 到 1 之间，便于量化。
- 无须人工干预权重，置信度相对更高。
- 搭建流程链路较短，效率较高。

4. 方法总结

总体来看，该种方式无论是在挖掘精准度上，还是在量化程度上，表现均较好。在日常工作当中，可以优先尝试此种方式。（推荐指数：⭐⭐⭐⭐☆。）

5.3.5 小结

通过本节的学习，希望你可以掌握快速找到异动维度的方法，并在工作中加以实操。在找到可能的问题后，5.4 节我们一起来看看如何量化问题的影响程度。

5.4 如何量化维度值变化的贡献度

老姜：本节，我们一起来看看 5.2 节中遗留的另外一个问题，如何量化维度值变化对于大盘指标的贡献程度，并结合 5.3 节的异常维度，如何最终给出业务结论。

小白：嗯嗯，不过我有三个疑问：什么是贡献度？为什么要量化贡献度？不同类型指标贡献度的计算方式一样吗？

老姜：下面会对你提的问题进行解答。本节我们拆为两部分，首先对贡献度的知识进行扫盲，其次讲解不同类型指标贡献度的计算方式。

小白：好啊，那我们开始吧！

5.4.1 计算维度值贡献度的必要性

首先，我们进入扫盲环节，带大家了解一下贡献度的意义，对此已经了解的读者可以直接跳到第二部分。

1. 贡献度是什么

此处的贡献度，指各维度内维度值指标变化，影响大盘变化的百分比。

> **案例讲解**
>
> 大盘 UV 当期对比同期涨 1000，其中拆分各维度，城市等级维度中，一线城市 UV 涨 500，则该维度值贡献了大盘涨幅的 50%，贡献度为 50%。

2. 量化维度值贡献度的意义

作为数据分析师，最重要的就是对结论进行量化，用科学的数据指导产品迭代。因此，在异动分析中，量化问题的贡献度是至关重要的。下面有两条结论，你来评估一下哪一条更能够让人信服，如图 5-12 所示。

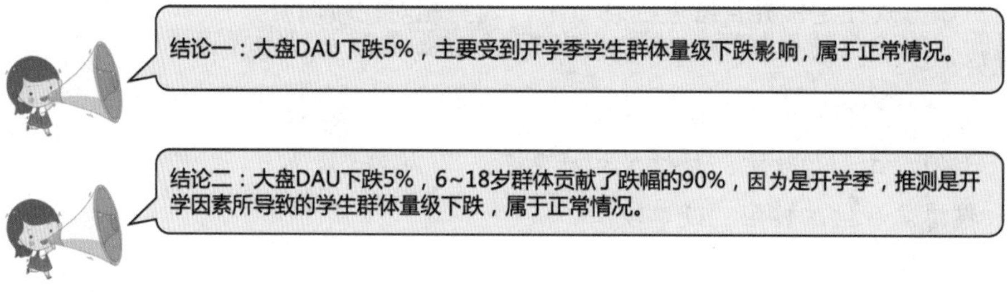

结论一：大盘DAU下跌5%，主要受到开学季学生群体量级下跌影响，属于正常情况。

结论二：大盘DAU下跌5%，6~18岁群体贡献了跌幅的90%，因为是开学季，推测是开学因素所导致的学生群体量级下跌，属于正常情况。

图 5-12　两种结论

相信你会选择结论二，因为其不但给出了结论，同时还将支持结论的数据表象量化出来。

3. 不同类型指标贡献度的计算方式

上面案例中 DAU 为绝对型指标，同维度下各维度值 DIFF 相加为大盘 DIFF，此类拆解方式称为加法型指标贡献度拆解。除此之外，还有除法型指标贡献度拆解，以及乘法型指标贡献度拆解，如图 5-13 所示。

类型一：加法型指标。例如：PV、UV。

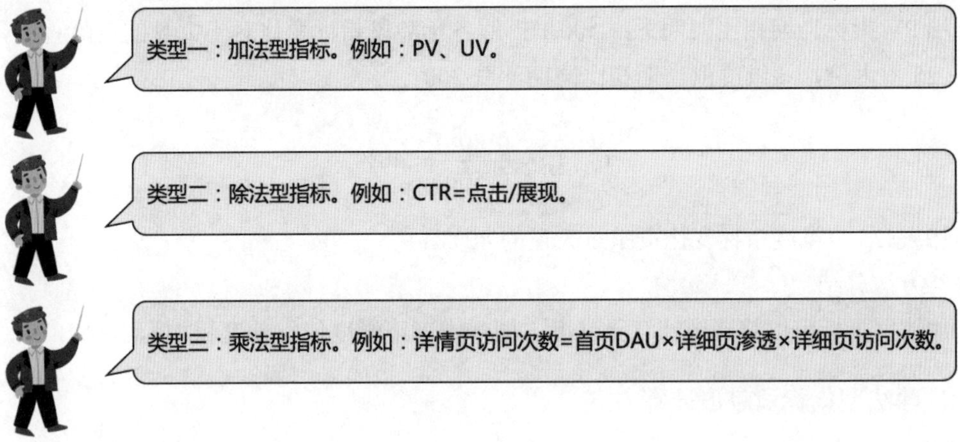

类型二：除法型指标。例如：CTR=点击/展现。

类型三：乘法型指标。例如：详情页访问次数=首页DAU×详细页渗透×详细页访问次数。

图 5-13 三种类型指标

上述三种类型指标，拆解后的贡献度计算方式存在差异。这里你是否有这样的疑问：详情页访问次数属于绝对值指标，是否既是加法型指标也是乘法型指标？

答案：是的。在贡献度计算场景下，属于何种指标，一方面取决于指标的类型，另一方面取决于以何种角度进行拆解。对于详情页访问次数指标，如果以维度进行横向拆解，则采用加法型指标量化方式；如果以链路进行纵向拆解，则采用乘法型指标量化方式。

下面一起来看看这三种类型指标如何量化拆解。

5.4.2 加法型指标贡献度计算方式

加法型指标，指同一维度下不同维度值之间可直接相加的指标，例如 PV、UV 等，公式如下：

$$Y = y_1 + y_2 + \cdots + y_n$$

加法型指标贡献度计算方式相对简单，可通过"直接拆解法"进行计算。

1. 方法介绍

计算方式为，维度值变化占大盘整体变化的比例，公式如下：

$$C_i = \frac{y_i^t - y_i^{t-1}}{Y^t - Y^{t-1}}$$

其中：

C_i 为第 i 个维度值对大盘的贡献程度；

Y^t 为当期大盘指标；

Y^{t-1} 为同期大盘指标；

y_i^t 为当期第 i 个维度值指标；

y_i^{t-1} 为同期第 i 个维度值指标。

2. 案例讲解

端 PV 指标当期相比同期下跌 500，拆解各年龄段指标变化对于大盘的贡献程度，以 19～25 岁为例，该维度值当期相比同期下跌 200。

$$C_{[19-25]} = \frac{(-200)}{(-500)} = 40\%$$

19～25 岁维度指标变化贡献了大盘的 40%。

3. 方法总结

加法型指标可以精确地计算贡献度，同一维度下维度值贡献度相加为 100%。

5.4.3 除法型指标贡献度计算方式

除法型指标指比值类型指标，例如 CTR= 点击次数 /PV。除法型指标贡献度的计算，相比加法型指标要稍微复杂一些，因为在计算的过程中，需要同时考虑指标变化及流量变化。例如，以性别维度中男性群体为例，该维度值下指标及流量的变动，对于大盘指标的影响程度，如图 5-14 所示。

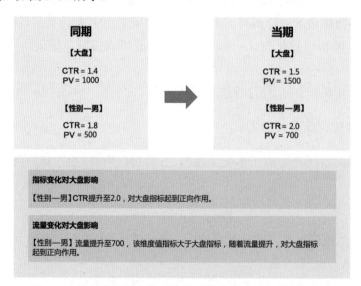

图 5-14　男性群体维度值下指标及流量变动对大盘指标影响

由此可见，在计算除法型指标的时候，指标变化及流量变化因素均需要考虑其中。可通过"控制变量法"和"拆解因素法"两种方式进行量化。

1. 除法型—控制变量法

1）方法介绍

控制变量法的核心思路为，将指标分子分母进行控制，仅对需要度量的维度值进行改变，公式如下：

$$C_i = \frac{Y^t - Y^t_{new}}{Y^t - Y^{t-1}} = \frac{Y^t - \dfrac{n_1^t + n_2^t + \cdots + n_i^{t-1} + \cdots + n_n^t}{u_1^t + u_2^t + \cdots + u_i^{t-1} + \cdots + u_n^t}}{Y^t - Y^{t-1}}$$

其中：

C_i 为第 i 个维度值对大盘的贡献程度；

Y^t 为当期大盘指标；

Y^t_{new} 为仅第 i 个维度值为同期数据，其余维度为当期数据的大盘指标；

Y^{t-1} 为同期大盘指标；

n_i^t 为当期第 i 个维度值的指标分子；

n_i^{t-1} 为同期第 i 个维度值的指标分子；

u_i^t 为当期第 i 个维度值的指标分母；

u_i^{t-1} 为同期第 i 个维度值的指标分母。

下面来看一个案例。

2）案例讲解

端 CTR 指标（CTR= 点击次数 /PV），从同期的 1.055 下降到了当期的 1.012，拆解各年龄段指标变化对于大盘的贡献程度。具体数据及拆解流程，如表 5-7 所示。

表 5-7　具体数据及拆解流程

年龄段维度	同期指标			当期指标			CTR_new	贡献度
	点击次数	PV	CTR	点击次数	PV	CTR		
[1-18]	1321	1200	1.101	2000	1900	1.053	1.015	7.0%
[19-25]	1510	1500	1.007	1400	1300	1.077	1.001	-25.6%
[26-35]	2900	2650	1.094	1300	1200	1.083	1.025	30.2%
[36-50]	2100	1900	1.105	2210	2200	1.005	1.035	53.5%
[51-60]	1180	1230	0.959	1050	1120	0.938	1.014	4.7%
[60+]	570	600	0.950	700	840	0.833	1.025	30.2%
总计	9581	9080	1.055	8660	8560	1.012	-	-

步骤一：分别计算大盘及各维度值，同期及当期 CTR 指标。

步骤二：分别计算各维度值控制变量之后的 Y^t_{new}，即 CTR_new，以 1 ～ 18 岁为例。

$$CTR^t_{new[1-18]} = \frac{1321 + 1400 + 1300 + 2210 + 1050 + 700}{1200 + 1300 + 1200 + 2200 + 1120 + 840} = 1.015$$

步骤三：分别计算各维度值对于大盘指标的贡献程度，其中单维度下所有维度值贡献度加和 =100%。以 1 ～ 18 岁为例，其指标值变化的贡献度为 7%，具体计算方式如下：

$$C_{[1-18]} = \left(\frac{1.012 - 1.015}{1.012 - 1.055} \right) \times 100\% = 7\%$$

3）方法总结

该种方式可以精准拆解各维度值的贡献程度，同时由于计算过程对分子分母均进行改变，因此既考虑了指标变化也考虑了流量变化。

2. 除法型—拆解因素法

1）方法介绍

拆解因素法，同样可以作为除法型指标贡献度的计算，**相较于控制变量法而言，能够将指标变化的影响程度和流量变化的影响程度分别量化出来。**核心思路为，当计算指标变化时，假设流量不发生变化；当计算流量变化时，假设指标不发生变化。由于存在假设，因此该种方式单维度下所有维度值贡献度加和≈ 100%。

先介绍一下各种字母的含义：

C_i 为第 i 个维度值对大盘的贡献程度；

Y^t 为当期大盘指标；

Y^{t-1} 为同期大盘指标；

U^t 为当期大盘流量；

U^{t-1} 为同期大盘流量；

y_i^t 为当期第 i 个维度值指标；

y_i^{t-1} 为同期第 i 个维度值指标；

u_i^t 为当期第 i 个维度值流量；

u_i^{t-1} 为同期第 i 个维度值流量。

步骤一：计算第 i 个维度值指标变化，折合大盘的绝对变化（假设流量不变）。

$$A_i = \left(y_i^t - y_i^{t-1}\right) \times \frac{u_i^t}{U^t}$$

步骤二：计算第 i 个维度值流量变化折合大盘的绝对变化（假设指标不变）。核心思路为，利用同期数据，先计算该维度值指标与大盘指标的差异，然后根据该维度值的流量变化，折合差异对于大盘指标的绝对变化。

$$B_i = \left(y_i^{t-1} - Y^{t-1}\right) \times \frac{u_i^t - u_i^{t-1}}{U^t}$$

步骤三：汇总该维度值对于大盘指标的绝对变化。

$$S_i = A_i + B_i$$

步骤四：计算该维度值对于大盘的贡献度。

$$C_i = \frac{S_i}{Y^t - Y^{t-1}}$$

2）案例讲解

同上一个案例，端 CTR 指标（CTR= 点击次数 /PV），从同期的 1.055 下降到了当期的 1.012，拆解各年龄段指标变化对于大盘的贡献程度。具体数据及拆解流程如下，如

表 5-8 所示。

表 5-8　具体数据及拆解流程

	A	B	C	D	E	F	G	H	I	J	K	L	M	N
1	年龄段维度	同期指标			当期指标			指标变化折合大盘		流量变化折合大盘			汇总	
2		点击次数	PV	CTR	点击次数	PV	CTR	CTR绝对DIFF	折合大盘	同期CTR对比大盘绝对DIFF	PV变化占比	折合大盘	折合大盘	贡献度
3	[1-18]	1321	1200	1.101	2000	1900	1.053	-0.048	-0.011	0.046	8%	0.004	-0.007	16%
4	[19-25]	1510	1500	1.007	1400	1300	1.077	0.070	0.011	-0.048	-2%	0.001	0.012	-27%
5	[26-35]	2900	2650	1.094	1300	1200	1.083	-0.011	-0.002	0.039	-17%	-0.007	-0.008	19%
6	[36-50]	2100	1900	1.105	2210	2200	1.005	-0.100	-0.026	0.050	4%	0.002	-0.024	56%
7	[51-60]	1180	1230	0.959	1050	1120	0.938	-0.021	-0.002	-0.096	-1%	0.001	-0.002	4%
8	[60+]	570	600	0.950	700	840	0.833	-0.117	-0.011	-0.105	3%	-0.003	-0.014	34%
9	总计	9581	9080	1.055	8660	8560	1.012	-0.043	-	-	-	-	-	-

步骤一：分别计算各维度值"指标变化"折合大盘，以 1 ～ 18 岁为例。

$$A_{[1-18]} = (1.053 - 1.101) \times \frac{1900}{8560} = -0.011$$

步骤二：分别计算各维度值"流量变化"折合大盘，以 1 ～ 18 岁为例。

$$B_{[1-18]} = (1.101 - 10.55) \times \frac{1900 - 1200}{8560} = 0.004$$

步骤三：分别计算各维度值"流量变化 + 指标变化"折合大盘，以 1 ～ 18 岁为例。

$$S_{[1-18]} = A_{[1-18]} + B_{[1-18]} = -0.011 + 0.004 = -0.007$$

步骤四：分别计算各维度值对于大盘的贡献度，以 1 ～ 18 岁为例。

$$C_{[1-18]} = \frac{-0.007}{1.012 - 1.055} = 16\%$$

3）方法总结

该种方式相较控制变量法的优势在于，可以将各维度值指标变化和流量变化对大盘的贡献度分别拆解出来。同时，根据实践经验，有两个注意事项需要关注一下。

其一，对于成熟型产品而言，维度值流量变化一般不大，可以把重心放在指标变化上。

其二，维度值的指标 DIFF 建议采用指标绝对 DIFF，由于各维度值流量存在差异，如果用指标相对 DIFF，结论可能会出现较大偏差。

5.4.4　乘法型指标贡献度计算方式

加法型指标和除法型指标，拆解场景大多是维度拆解，即横向拆解。而乘法型指标则不同，一般为链路拆解，即纵向拆解。例如，详情页 PV= 首页 UV× 详情页渗透率 × 详情页人均 PV。用于衡量首页 UV、详情页渗透率、详情页人均 PV 变化，以及对于详情页 PV 变化的贡献程度。

常用于计算乘法型指标贡献度的方式有两种，即"DIFF 转化法"和"Log 转化法"。

1. 乘法型—相对 DIFF 转化法

1）方法介绍

相对 DIFF 转化法，是将"绝对指标相乘"转化为"相对 DIFF 相加"，转变为加法型计算方式，其中△为相对 DIFF，如图 5-15 所示。

$$S = A \times B \quad \Longrightarrow \quad \triangle S \approx \triangle A + \triangle B$$

图 5-15　相对 DIFF 转化法

其推导过程如下：

$$\triangle A = \frac{A^t}{A^{t-1}} - 1 \quad \triangle B = \frac{B^t}{B^{t-1}} - 1$$

$$\triangle S = \triangle AB = \frac{A^t B^t}{A^{t-1} B^{t-1}} - 1$$

$$= \frac{\left(\triangle A + 1\right) A^{t-1} \left(\triangle B + 1\right) B^{t-1}}{A^{t-1} B^{t-1}} - 1$$

$$= \left(\triangle A + 1\right)\left(\triangle B + 1\right) - 1$$

$$= 1 + \triangle A + \triangle B + \triangle A \triangle B - 1$$

$$= \triangle A + \triangle B + \triangle A \triangle B$$

其中，$\triangle A \triangle B$ 在其相对 DIFF 较小时，值趋近于 0。这里有一点要注意，如果 $\triangle A \triangle B$ 较大时，此种方式计算的贡献度会存在部分偏差。

2）案例讲解

举一个案例，指标的计算方式为：详情页 PV= 首页 UV× 详情页渗透率 × 详情页人均 PV，如表 5-9 所示。

表 5-9　相对 DIFF 转化法

	A	B	C	D	E
1	相对DIFF转化法	详情页PV	首页UV	详情页渗透率	详情页人均PV
2	同期指标	43400	10000	70%	6.2
3	当期指标	45760	11000	65%	6.4
4					
5	相对DIFF	5.4%	10.0%	-7.1%	3.2%
6					
7	贡献度	-	184%	-131%	59%

步骤一：计算大盘指标及拆解后各因子项的相对 DIFF，表 5-9 中蓝色背景为大盘指标、黄色背景为拆解因子指标。

$$详情页PV相对DIFF = \frac{45760 - 43400}{43400} \times 100\% = 5.4\%$$

步骤二：计算各因子指标变化的贡献程度。

$$首页UV贡献度 = \frac{10\%}{5.4\%} \times 100\% = 184\%$$

3）方法总结

相对 DIFF 转化法，方式相对简单，唯一需要注意的是，由于忽略了多因子项相对 DIFF 相乘的部分，因此单维度下所有维度值贡献度加和≈100%。

2. 乘法型—Log 转化法

1）方法介绍

Log 转化法，是将"乘法型指标"转化为"加法型指标"，然后通过加法型指标计算贡献度的方式加以完成，如图 5-16 所示。

$$S = A \times B \Longrightarrow LogS = LogA + LogB$$

图 5-16　Log 转化法

2）案例讲解

同上一个案例，指标的计算方式为：详情页 PV= 首页 UV× 详情页渗透率 × 详情页人均 PV，如表 5-10 所示。这里 Log 以 10 为底，同样可以以其他数为底。

表 5-10　Log 转化法的指标

	A	B	C	D	E
1	Log转化法	详情页PV	首页UV	详情页渗透率	详情页人均PV
2	同期指标	43400	10000	70%	6.2
3	当期指标	45760	11000	65%	6.4
4			⬇		
5	同期指标取Log10	4.64	4.00	-0.15	0.79
6	当期指标取Log10	4.66	4.04	-0.19	0.81
7			⬇		
8	取Log后绝对DIFF	0.02	0.04	-0.03	0.01
9			⬇		
10	贡献度	—	180%	-140%	60%

步骤一：计算大盘指标及拆解后各因子项取 Log 后的结果。

$$当期详情页PV取Log = Log_{10}^{45760} = 4.66$$

步骤二：利用加法型—直接拆解法方式，计算各因子的绝对 DIFF，然后量化贡献度。

$$首页UV贡献度 = \frac{4.04 - 4}{4.66 - 4.64} \times 100\% = 180\%$$

3）方法总结

相较 DIFF 转化法，可以精准地量化贡献度，单维度下所有维度值贡献度加和 =100%。

5.4.5　小结

通过本节，希望你可以掌握不同类型指标计算贡献度的方式，并在定位问题维度值之后，结合业务场景量化输出问题点。

5.5　指标异动常见因素汇总

小白：老姜，听了这两节的分享，我觉得已经可以独自开展异动分析的工作了。

老姜：很棒哦！本节将汇总一些工作中常遇到的异动原因，帮你搭建一个“问题全景图”，提升你的排查效率。

小白：太好了，那这些原因我要记下来，便于扩充我的思路体系。

老姜：指标异动的常见因素可以划分为内部因素和外部因素，下面我们一起来看下这两类的具体内容。

5.5.1 内部因素

内部因素，指围绕产品本身的一些迭代或者推广对核心指标产生的影响，如图 5-17 所示。

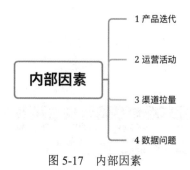

图 5-17　内部因素

1. 产品迭代

原因：由于产品改版、功能新增等因素，导致对用户体验产生影响，从而影响指标。

建议排查方向：版本、品类、功能模块等。

2. 运营活动

原因：由于产品日常活动、福利推广等因素，提升产品的短期热度，从而影响指标。

建议排查方向：渠道、页面、用户画像（活动只针对某些用户群体时）等。

3. 渠道拉量

原因：由于产品外渠活动、外渠推广等因素，促进用户吊起端，从而影响指标。

建议排查方向：内、外渠道等。

4. 数据问题

原因：数据问题主要体现在两个方面：一方面，由于产品漏洞、异常策略对用户造成的影响；另一方面，由于埋点上报、加工问题，对数据造成的影响。

建议排查方向：小时 / 分钟（异常往往是从某个业务上线时点开始）、机器集群维度、上报维度等。

5.5.2 外部因素

外部因素，指市场环境变化对用户应用产生的影响，如图 5-18 所示。

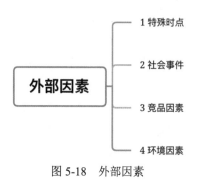

图 5-18　外部因素

1. 特殊时点

原因：由于节假日、特殊日期（"双十一""双十二"）等因素，导致短时间内产品热度发生变化，从而影响指标。

建议排查方向：日期、品类等。

2. 社会事件

原因：由于热点事件（某某明星出轨、某某老总离职）等因素，导致短时间内产品热度发生变化，从而影响指标。

建议排查方向：品类、涨降幅内容等。

3. 竞品因素

原因：由于竞品上线新功能、竞品出现宕机、竞品增加推广等因素，影响自身产品用户量级，从而影响指标。

建议排查方向：竞品监控等。

4. 环境因素

原因：由于天气变化等因素，影响用户在户外的消费时长，从而影响指标。

建议排查方向：城市分布（环境影响较大的城市）、网络类型（对于户外用户，5G/4G 影响较大、Wi-Fi 影响较小）。

5.5.3　小结

通过本节学习，希望你可以掌握常见的影响指标异动的原因，同时也可以思考一下自身产品，梳理一套符合当前场景的排查思路，提升日常的排查效率。

5.6　搜索引擎行业异动分析实战案例

老姜：截至上一节，我们已经基本学习完了指标异动问题排查的思路及方法，小白，目前你觉得是否可以独自完成此类工作呢？

小白：我觉得应该没有问题，但如果您能够再分享一个案例，我觉得理解会更加深刻一些。

老姜：没问题，那下面就来分享一个日常工作中的实战案例吧。

5.6.1　案例背景

以搜索引擎产品为例，对核心指标"人均访问次数"进行日常监控。该指标近 3 个月的均值为 10 左右，在 11 月 5 日这天，发现该指标值为 8.7，对比上周同期的 9.8 下跌了 11%。

5.6.2 异动分析思路

1. 发现问题

步骤一：数据例行监控。

根据历史经验及对数据的观察，采用 3Sigma 方式来判断指标当日的波动程度。近一个月指标均值维持在 10 左右，标准差为 0.2，初步认为指标在 [9.4, 10.6] 波动时，不会出现太大问题。

步骤二：数据结合业务进行判断。

11 月 5 日，人均访问次数为 8.7，不在 3Sigma 波动范围内，同比上周同期跌幅 11%，跌幅较大。同时根据产品过往的经验，指标在 9 以下大概率是存在问题的，因此需要对人均访问次数指标进行排查。

2. 排查问题

步骤一：根据多维分析工具输出数据表象。

针对人均访问次数进行多维钻取。首先，通过 JSD 散度输出各个维度值的变化程度，根据 JSD 值降序排序，城市维度、类目维度排在最前面；其次，通过计算不同维度中维度值对大盘指标的贡献度，发现城市维度中广州、深圳等南方城市贡献度相对大一些，其他维度的维度值基本呈现普降的情况。

在这样的数据表象上，根据对产品的理解，提出以下可能的问题点：

● 其一，产品发布改版，对用户有一定的消费影响。
● 其二，临近"双十一"，用户更多的时间精力放在了购物消费上。
● 其三，南方城市跌幅更大，由于某些原因影响了用户的消费。

当下数据不足以支撑输出结论，因此以推测因素为出发点，结合其他内容进行佐证。

步骤二：对可能的问题点进行验证。

首先，与产品侧交流，当日并无产品侧改动，仅新上线了一个小流量实验，且该实验 AB 组并无显著性差异。排除由于产品改版，导致的指标变化。

其次，根据过往经验，类似"双十一""双十二"这种购物节，往往在前后 1 ～ 2 天，会影响端内的指标，但是当天距离双十一还有一周，猜测影响度不大。同时一般这些特殊时点前，早、晚的指标波动会大于白天，但通过小时维度进行拆解，并无明显趋势，排除此影响因素。

最后，探索为什么南方部分城市指标跌幅相对较大，将视角下钻到微观层面，通过抽取 100 个用户的行为信息，结合所有能获取到的维度属性。发现网络类型维度中，4G、5G 网络的人均相对较低，而 Wi-Fi 相对较高。这有两种可能性：一种是这几种网络类型上的人群在消费上，本身存在差异，属于正常现象；另一种是 4G、5G 网络用户人均确实在当日出现下降，导致大盘问题的出现。将网络类型维度作为启示点，加入维度下钻中。

步骤三：增加维度进行校验。

通过对网络类型维度贡献度计算，发现该维度的 JSD 散度值均高于其他维度，同时 4G、5G 维度值贡献度加和，占到大盘变化的 80%，远高于之前排查的其他维度，推断问题会表现在网络类型上。

步骤四：输出业务化数据结论。

根据"数据发现问题 + 业务解释问题"的思路方式，将当前问题点进行归总，南方城市 +4G、5G 对指标有较大的贡献，猜测与户外因素有关，通过参考当日天气，发现当日南方出现较大浮动的降温，基本锁定是由于该原因导致的指标下跌。

同时，输出最终结论：11 月 5 日，人均访问次数指标同比上周下跌 11%，主要由于南方天气降温所导致，贡献总降幅的 80%；同时，"双十一"的影响相对较小，预计在 10% ～ 15%。指标波动属于正常情况，预计下周同期恢复正常水位。

5.7　本章小结

老姜： 到此，指标归因分析的内容就和大家分享完了，下面，我们一起来回顾一下本章所学的内容。

● 了解了归因分析划分为拆解式归因及追溯式归因，以及两种归因方式的应用场景。

● 熟悉了异动分析完整排查步骤，涵盖发现问题及排查问题两大方面。

● 熟悉了异动分析发现问题的方式，较为常见的 3Sigma 法及 Prophet 预测法。

● 熟悉了异动分析排查问题的思路，核心思路为宏观→微观→宏观，并且在工作中，要尝试将整套排查工具例行化。

● 学习了快速定位异常维度的方法，其中卡方检验、决策树、相对熵是相对常见的。

● 学习了维度值贡献度的计算方式，针对加法型指标、除法型指标、乘法型指标，分别采取不同的计算方式。

小白： 我会将学习到的内容应用到工作中，提升整体问题的排查效率。

第 6 章
前瞻未来表现：
预测分析

老姜：第 5 章讲解了指标归因分析的核心流程及方法。如果说归因分析是对产品历史及现状表现的度量，那么预测分析就是对产品未来发展的前瞻见解。

小白：那预测分析会在日常工作中的哪些场景下应用？以及对于业务又有何意义呢？

老姜：小白，这个问题问得非常好。本章，首先我们会从预测分析的基础概念出发，带你了解一下预测的价值及核心应用场景；其次，站在业务角度，来看一下不同场景下，分别采取哪种预测方式；最后，对不同预测方式进行总结，帮助你快速应用到工作当中。

小白：太好了，这正是我目前想要了解的！

6.1　预测分析基础概念

老姜：小白，我们先从基础概念出发，提升你对预测的理解。

小白：嗯嗯，那我们开始吧。

6.1.1　什么是预测分析

预测分析指利用业务过往已知的数据，通过统计学、算法、机器学习等技术，预估业务未来结果的可能性。通过预测结果帮助业务人员提前了解产品未来趋势，提供充裕的时间去设计应对未来的策略。这里列举几个工作及生活中常遇到的场景。

场景一：对于电商类型产品而言，类似"双十一""双十二"这种购物节前夕，均需要预估当日各个小时的用户访问量及订单量情况。对于线上而言，需要保障当天的访问及订单峰值时，服务器可以顶住压力；对于线下而言，物流运力是否足够支持运输及配送，以及具体的运输周期为多久。这一整条链路，都需要数据分析人员在"双十一"之前进行预测，并将可能遇到的情况预演出来。

场景二：在日常生活中，我们会收到很多邮件，如何评估哪些邮件是正常邮件，哪些邮件是垃圾邮件。这就需要一套鉴别模型，通过对历史先验数据的学习，预估未来邮件的风险性，更好地保护我们的个人权益。

通过以上两个场景可以发现，预测分析的应用范畴非常广泛，那么其对产品业务又有哪些价值呢？

6.1.2　预测分析的价值

归总来看，预测分析对于业务的价值主要体现在以下两个方面。

- 前瞻性。通过产品当下表现，预估未来的发展方向及可能状态，给予业务足够的准备时间。

● **预警性**。在前瞻性的基础上，能够对业务可能遇到的问题进行预警，并提前制订应对策略。

6.1.3 预测分析核心应用场景

预测分析的应用场景非常广泛，这里根据预测的类型，可以划分为"时间序列预测"及"非时间序列预测"。下面介绍一些有代表性的应用场景供参考，如图6-1所示。

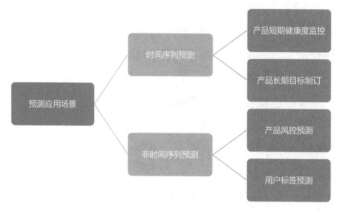

图 6-1　预测应用场景

1. 时间序列预测应用场景

时间序列预测，指在时间维度线上，通过历史数据，对未来数据进行预测，工作中常应用以下两个场景。

● **产品短期健康度监控**：通过时间序列模型，预测业务北极星指标未来表现，常用于短期数据的前瞻及预警。例如，在第5章异动分析中，通过 Prophet 模型预测北极星指标预估量级，同真实值进行比对，从而发现指标问题。

● **产品长期目标制订**：通过拆解式方式，对业务长期目标进行预估。例如，需要你对明年每个月份的 DAU 指标进行预估，从而制订业务 KPI。

2. 非时间序列预测应用场景

非时间序列预测场景，不存在时间趋势，而是在某个时间切面或者不同时间切面进行预测。常通过分类模型或聚类模型来完成，通过样本 Feature 信息，预测样本 Label。工作中常应用于以下两个场景。

● **产品风控预测**：在风控场景下，需要对影响产品风险的用户进行预测，评估用户存在作弊、刷量、欺诈的可能性。并在产品侧对这部分用户群体进行特殊策略，例如反作弊策略等。

● **用户标签预测**：在用户增长场景下，很多策略对用户是千人千面的，而千人千面的前提条件在于对用户的充分了解，这就需要用户画像标签体系的建设。其中，一部分标签是用户直接提供的，例如通过调研问卷方式获取到；而另一部分标签，往往是通过用户的行为信息，结合预测模型得到的，例如对于视频类产品，通过用户经常观看的内容，判断用户的兴趣爱好。

6.1.4 小结

通过本节的学习，希望你可以对预测分析的概念及应用场景有一个初步认知。下面，着重对时间序列的这两个应用场景进行讲解，分享一些常用到的预测方式。另外，对于非时间序列预测，会融合到下面用户增长及产品分析的篇章中，聚焦方法对于业务的价值。

6.2 产品短期健康度监控

老姜：在 6.1 节中，我们一起了解了预测分析的基础概念，并提出了时间序列预测在工作中常见的两种应用场景：一种为偏短期的产品健康度监控；另一种为偏长期的指标 KPI 制订。本节我们先来一起看看短期产品健康度监控的应用场景。

小白：好啊，那我们开始吧。

6.2.1 产品健康度监控作用

产品健康度监控，主要指通过时间序列的方式预估指标未来表现，并与真实值进行对比，衡量是否符合预期。在第 5 章中，用于异动分析的 Prophet 模型则是其中一种方式。

6.2.2 产品健康度监控方式

在产品健康度监控中，常见的方式主要有以下几种，如图 6-2 所示。

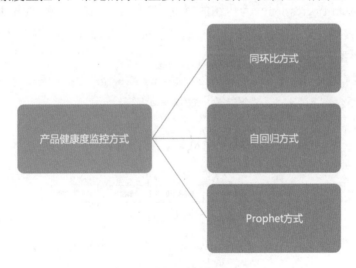

图 6-2　产品健康度监控方式

下面，对每种方式的原理及优劣势进行讲解，并附上实战应用。

1. 同环比方式

同环比方式，相信大家都不陌生，在数据分析的日常工作中会经常用到。严格来讲，其应用场景不限于时间序列预测，但在短期时序预测中，该种方式是最简单、最直接的，并且无须利用代码便可实现的。

1）方式介绍

同环比方式通过同期值及近期权重进行拟合，适用于日常周期的短期预测及节假日周期预测，两种时间周期的计算方式存在些许差异，如图 6-3 所示。

图 6-3　同环比方式两种时间同期的计算方式

日常周期指标预测 = 上周同期指标值 × 近期权重。

节假日周期指标预测 = 节假日前 N 周指标均值 × 节假日权重。

2）优势及劣势

同环比方式相对后面介绍的几种方式，具有以下优缺点。

优势：

● 方式简单，无须代码实现。

● 可解释程度强。

劣势：

● 预测的精准度相对较差。

● 仅适用于短期预测，中长期预测表现不佳。

2. 自回归方式

自回归（Auto Regression）为传统的时间序列，比较有代表性的方式涵盖 ARMA、ARIMA、ARCH 等。此种方式的统计学原理比较简单，因此在预测场景中会经常用到。

1）方式介绍

以 ARIMA（Auto-Regressive Integrated Moving Average ，移动平均自回归）模型为例，该方式主要含有 p、d、q 三个参数，如图 6-4 所示。

图 6-4　自回归方式的三个参数

● 自回归项 p：又称 Auto-Regressive 项，代表时间序列预测模型中，采用数据本身的滞后数。

● 阶数 d：又称 Integrated 项，代表时序需要进行几阶折分，才可趋于稳定。

● 移动平均项 q：又称 Moving Average 项，代表时间序列预测模型中，采用预测误差的滞后项。

2）优势及劣势

优势：

● 模型原理简单易懂。

- 无须借助其他外生变量。

劣势：

- 不支持非平稳时间序列，要求时序或者拆分后的时序，是平稳时间序列。
- 模型的解耦能力较差，无法分析出影响准确率的潜在因素。
- 无法处理由于节假日、特殊时点（例如"双十一"）等带来的变点问题。
- 仅适用于短期预测，中长期预测表现不佳。

3. Prophet 方式

Prophet 是 Meta 数据科学团队于 2017 年发布的开源预测软件包，其内容发表在 *Forecasting at Scale* 论文中。目前可以通过 Python 和 R 语言进行实现，该模型可以通过简单的参数配置，实现高精准的时间序列预测，如图 6-5 所示为 Prophet 预测效果展示图。

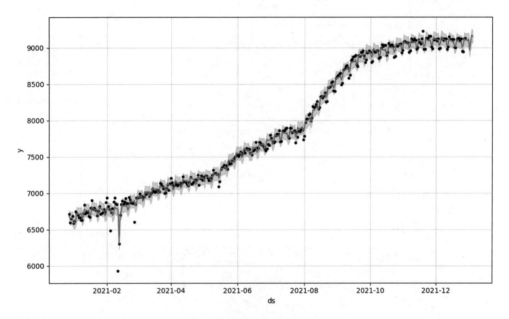

图 6-5　Prophet 预测效果展示图

1）方式介绍

Prophet 预测模型可以将时间序列进行解耦，拆解为趋势项、周期项、节假日项、噪声项，通过四项的融合，预测指标未来趋势，如图 6-6 所示。

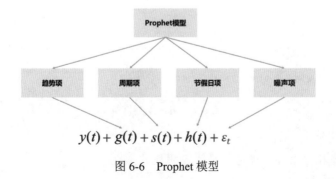

图 6-6　Prophet 模型

- **g(t)**：趋势项。用于拟合时间序列非周期性的趋势变化。例如，上升、下降趋势。
- **s(t)**：周期项。用于拟合周、月、季的周期性变化趋势。
- **h(t)**：节假日项。用于拟合潜在跳变点对预测的影响。例如，节假日、突发事件等。
- **ε(t)**：噪声项。用于表示未预测到的随机扰动。

将整体预测拆解到不同模块，拆解效果如图 6-7 所示。

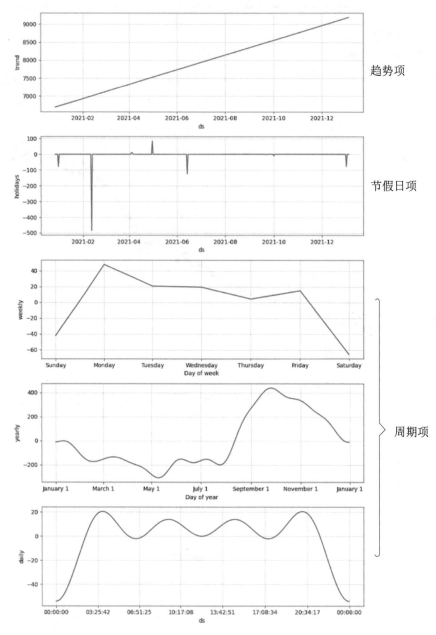

图 6-7　整体预测拆解

2）优势及劣势

Prophet 模型相对来说，优势还是比较明显的。

优势：

- **精准度更高**：在实际应用过程中，精准度高于上述两种方式。
- **运行效率高**：采用基于 L-BFGS 算法，类似梯度下降来拟合函数，模型收敛速度更快。
- **解释能力强**：将整体趋势、年趋势、周趋势、节假日效应解耦，通过可视化方式展现给应用方。
- **功能丰富**：支持年、月、日、小时多粒度的分析与预测；支持周期效应、节假日效应等；对于缺失数据的处理较友好；支持输出置信区间，方便做异常点挖掘；支持根据正则化因子来调节欠拟合与过拟合；支持加性及乘性的趋势拟合等。
- **应用简单**：Python 提供了类似 Sklearn 包的功能，通过几行代码，完成训练、评估、验证、预测、存储。模型 Input 只需提供两列字段，一列为 ds，另一列为指标值 y。

6.2.3　小结

通过对本节的学习，希望你可以对时间序列预测方式有一个详细的了解。同时建议大家在开展下一节学习之前自己实践一下。

6.3　产品长期目标制订

老姜：除了短期的指标健康度监控外，预测在长期目标制订场景中同样发挥着至关重要的作用。小白，我先来问问你，工作中是否做过 KPI 预估呢？

小白：想想好像确实有，我们产品比较注重 MAU，前段时间业务让帮忙预测一下明年每月 MAU 的量级，作为产品的目标指引，这个算吗？

老姜：当然算，那当时你们用的是什么方法呢？

小白：我们直接将过去每月 MAU 量级曲线进行拟合，绘出明年每月的 MAU 量级，不过预测值的可解释性稍微差了一些。

老姜：那下面我们一起来看看针对这种场景，是否还有其他更为合适的方法。

6.3.1　目标制订应用场景

首先，汇总日常工作中常遇到的相关场景。

- 预估一下明年全年的订单量有多少。
- 预估一下明年每个月的 MAU 有多少。

类似场景还有很多，均是对未来中长期指标的预测。一方面，制订业务的 KPI 目标，指引产品发展；另一方面，管理业务预期，保持产品在可控的区间范围内。

6.3.2 目标制订思路方法

要实现以上目的，通常采用以下两种方式。

方式一：6.2 节中介绍过的时间序列模型，通过对当前指标未来时间的推演，预估一段时间的指标值。由于该种方式预测出来的结果可解释性不强，会被业务方挑战，在中长期预测过程中，效果表现一般。

方式二：采用拆解式方式，将指标进行解耦，通过对各个拆解项的预估，最终汇总为整体指标。该种方式的优势在于，业务的可解释程度较强，在制订 KPI 的过程中，可以对不同的细分项进行人工调节，从而控制 KPI 的目标值。下面通过一个案例，对此种方式进行应用层的讲解。

6.3.3 目标制订案例详解

背景：某电商类 App，MAU 为核心关注的指标之一。假设当前为 2023 年年底，业务希望你帮忙预估一下 2024 年前三个月各月的 MAU 量级，作为 Q1 的 KPI 目标。

此处采用拆解式预估法，将待预估内容拆解为三个部分，如图 6-8 所示。

图 6-8　待预估内容拆解为三部分

部分一：2023 年前用户留存。2023 年之前用户，认为是老用户，计算这部分用户在未来 N 月的留存，通过留存曲线的拟合，预估用户在 2024 年各月的量级情况。

部分二：2023 年新用户留存。2023 年各月新增用户，认为是相对新的用户，同样计算这部分用户在未来 N 月的留存，通过留存曲线的拟合，预估用户在 2024 年各月的量级情况。

部分三：2024 年新用户及留存。之所以称作新用户及留存，是因为对于 2024 年各月新增用户，一方面影响当月的用户量级，另一方面其留存影响未来月份的用户量级。例如，2024 年 1 月新增 10 万用户，这部分用户会计算在当月的 MAU 中，同样留下来的用户会计入 2024 年 2 月及后续的 MAU 中。

下面，详细说明每个模块的计算方式。

1. 2023 年前用户留存

已知 2023 年之前用户量级为 2 亿，同时获取到 2023 年这部分用户群体各月的留存量级，如表 6-1 所示。

表 6-1　用户群体各月的留存量级

用户类型	用户量级	2023-01	2023-02	2023-03	2023-04	2023-05	2023-06	2023-07	2023-08	2023-09	2023-10	2023-11	2023-12
		1	2	3	4	5	6	7	8	9	10	11	12
2023年之前用户	200000000	12758515	12386840	11641654	10877282	10749151	10228851	10106876	9493544	8882240	8428364	7816016	7592607
真实留存		6.4%	6.2%	5.8%	5.4%	5.4%	5.1%	5.1%	4.7%	4.4%	4.2%	3.9%	3.8%

步骤一：计算该用户群体各月的 MAU 量级及留存情况，如表 6-1 真实留存。

步骤二：将真实留存进行拟合，输出拟合函数。此处采用线性拟合方式，计算出拟合度 R^2 =0.9899，拟合效果较好，如图 6-9 所示。

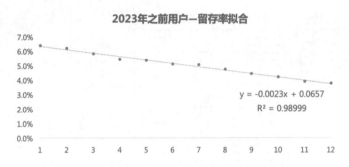

2023年之前用户—留存率拟合

y = -0.0023x + 0.0657
R² = 0.98999

用户类型	拟合参数		
	a	b	R^2
2023年之前用户	-0.0023	0.0657	0.98999

图 6-9　拟合效果

步骤三：根据留存的拟合函数，推演出 2024 年 1—3 月的用户留存情况，并通过留存计算出这部分用户当月的用户量级，如表 6-2 所示，表中红色字体部分为留存预测值，橘色背景部分为用户预测值。到此，计算出 2023 年之前老用户在 2024 年各月的留存量级情况。

表 6-2　用户当月的用户量级

用户类型	用户量级	2023-01	2023-02	2023-03	2023-04	2023-05	2023-06	2023-07	2023-08	2023-09	2023-10	2023-11	2023-12	2024-01	2024-02	2024-03
		1	2	3	4	5	6	7	8	9	10	11	12	13	14	15
2023年之前用户	200000000	12758515	12386840	11641654	10877282	10749151	10228851	10106876	9493544	8882240	8428364	7816016	7592607	7160000	6700000	6240000
	真实留存	6.4%	6.2%	5.8%	5.4%	5.4%	5.1%	5.1%	4.7%	4.4%	4.2%	3.9%	3.8%	-	-	-
	真实留存+预估留存	6.4%	6.2%	5.8%	5.4%	5.4%	5.1%	5.1%	4.7%	4.4%	4.2%	3.9%	3.8%	3.6%	3.4%	3.1%

2. 2023 年新用户留存与 2024 年新用户及留存

已知 2023 年各月新增的用户量级，如表 6-3 及表 6-4 所示。

步骤一：推测 2024 年前三月各月新增用户量级，如表 6-3 橘色背景部分。

表 6-3　推测 2024 年前三月各月新增用户量级

用户类型	月份	序号	月新增用户量	2023-01	2023-02	2023-03	2023-04	2023-05	2023-06	2023-07	2023-08	2023-09	2023-10	2023-11	2023-12
				1	2	3	4	5	6	7	8	9	10	11	12
2023年新用户	2023-01	1	2103211	2103211	702930	451345	344702	301647	267314	258166	230054	211483	190273	174271	155403
	2023-02	2	2001332	-	2001332	701787	403975	330287	278154	253168	271153	215611	184396	205252	199061
	2023-03	3	2349012	-	-	2349012	826180	556384	433868	378273	305581	281595	244400	207273	185128
	2023-04	4	2267438	-	-	-	2267438	812092	491936	381873	317496	265365	251813	252831	214311
	2023-05	5	2543213	-	-	-	-	2543213	845435	529254	398591	380405	312591	247580	252941
	2023-06	6	2405948	-	-	-	-	-	2405948	851594	536235	389376	334273	306203	268489
	2023-07	7	2465735	-	-	-	-	-	-	2465735	830180	504001	387145	318080	303332
	2023-08	8	2210434	-	-	-	-	-	-	-	2210434	711110	428992	356213	300321
	2023-09	9	2039413	-	-	-	-	-	-	-	-	2039413	674494	425577	358207
	2023-10	10	2786122	-	-	-	-	-	-	-	-	-	2786122	910662	593551
	2023-11	11	3240123	-	-	-	-	-	-	-	-	-	-	3240123	1087148
	2023-12	12	2763214	-	-	-	-	-	-	-	-	-	-	-	2763214
2024年新用户	2024-01	13	2500000												
	2024-02	14	2700000												
	2024-03	15	2800000												

步骤二：计算 2023 年各月新增用户的留存情况，并取 N 月留存的均值，如表 6-4 所示。

表 6-4 2023 年各月新增用户的留存情况

用户类型	月份	序号	月新增用户量	2023-01 1	2023-02 2	2023-03 3	2023-04 4	2023-05 5	2023-06 6	2023-07 7	2023-08 8	2023-09 9	2023-10 10	2023-11 11	2023-12 12
2023年新用户	2023-01	1	2103211	2103211	702930	451345	344702	301647	267314	258166	230054	211483	190273	174271	155403
	2023-02	2	2001332	-	2001332	701787	403975	330287	278154	253168	271153	215611	184396	205252	199061
	2023-03	3	2349012	-	-	2349012	826180	556384	378273	305581	281595	244400	207273	185128	
	2023-04	4	2267438	-	-	-	2267438	812092	491936	381873	317496	265365	251813	252831	214311
	2023-05	5	2543213	-	-	-	-	2543213	845435	529254	398591	380405	312591	247580	252941
	2023-06	6	2405948	-	-	-	-	-	2405948	851594	536235	389376	334273	306203	268489
	2023-07	7	2465735	-	-	-	-	-	-	2465735	830180	504001	387145	318080	303332
	2023-08	8	2210434	-	-	-	-	-	-	-	2210434	711110	428992	356213	300321
	2023-09	9	2039413	-	-	-	-	-	-	-	-	2039413	674494	425577	358207
	2023-10	10	2786122	-	-	-	-	-	-	-	-	-	2786122	910662	593551
	2023-11	11	3240123	-	-	-	-	-	-	-	-	-	-	3240123	1087148
	2023-12	12	2763214	-	-	-	-	-	-	-	-	-	-	-	2763214
2024年新用户	2024-01	13	2500000	-	-	-	-	-	-	-	-	-	-	-	-
	2024-02	14	2700000	-	-	-	-	-	-	-	-	-	-	-	-
	2024-03	15	2800000	-	-	-	-	-	-	-	-	-	-	-	-
2023年新用户	2023-01		留存	100.0%	33.4%	21.5%	16.4%	14.3%	12.7%	12.3%	10.9%	10.1%	9.0%	8.3%	7.4%
	2023-02				100.0%	35.1%	20.2%	16.5%	13.9%	12.6%	13.5%	10.8%	9.2%	10.3%	9.9%
	2023-03					100.0%	35.2%	23.7%	18.5%	16.1%	13.0%	12.0%	10.4%	8.8%	7.9%
	2023-04						100.0%	35.8%	21.7%	16.8%	14.0%	11.7%	11.1%	11.2%	9.5%
	2023-05							100.0%	33.2%	20.8%	15.7%	15.0%	12.3%	9.7%	9.9%
	2023-06								100.0%	35.4%	22.3%	16.2%	13.9%	12.7%	11.2%
	2023-07									100.0%	33.7%	20.4%	15.7%	12.9%	12.3%
	2023-08										100.0%	32.2%	19.4%	16.1%	13.6%
	2023-09											100.0%	33.1%	20.9%	17.6%
	2023-10												100.0%	32.7%	21.3%
	2023-11													100.0%	33.6%
	2023-12														100.0%
2024年新用户	2024-01			-	-	-	-	-	-	-	-	-	-	-	-
	2024-02			-	-	-	-	-	-	-	-	-	-	-	-
	2024-03			-	-	-	-	-	-	-	-	-	-	-	-
真实留存（均值）				100.0%	33.9%	21.2%	16.6%	14.2%	12.5%	11.6%	10.6%	9.4%	9.1%	9.1%	7.4%

步骤三：将真实留存均值进行拟合，输出拟合函数。此处采用幂函数拟合方式，计算出拟合度 R^2 =0.99137，拟合效果较好，如图 6-10 所示。

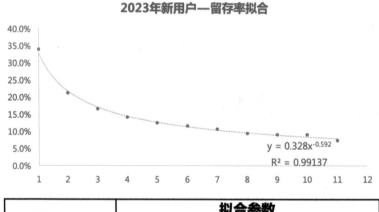

2023年新用户—留存率拟合

$$y = 0.328x^{-0.592}$$
$$R^2 = 0.99137$$

用户类型	拟合参数		
	a	b	R^2
2023年新用户	0.328	-0.592	0.99137

图 6-10 拟合效果

步骤四：根据留存的拟合函数，推演出 2024 年 1—3 月的用户留存情况，并通过留存计算出这部分用户当月的用户量级，如表 6-5 所示。表中红色字体部分为留存预测值，橘色背景部分为用户预测值。到此，计算出这两部分用户群体，在 2024 年各月的留存量级情况。

表 6-5　用户当月的用户量级

用户类型	月份	序号	月新增用户量	2023-01	2023-02	2023-03	2023-04	2023-05	2023-06	2023-07	2023-08	2023-09	2023-10	2023-11	2023-12	2024-01	2024-02	2024-03
				1	2	3	4	5	6	7	8	9	10	11	12	13	14	15
2023年新用户	2023-01	1	2103211	2103211	702930	451345	344702	301647	267314	258166	230054	211483	190273	174271	155403	158446	151113	144627
	2023-02	2	2001332	-	2001332	701787	403975	330287	278154	253168	271153	215611	184396	205252	199061	158741	150771	143793
	2023-03	3	2349012	-	-	2349012	826180	556384	433868	378273	305581	281595	244400	207273	185128	197133	186318	176964
	2023-04	4	2267438	-	-	-	2267438	812092	491936	381873	317496	265365	251813	252831	214311	202534	190287	179848
	2023-05	5	2543213	-	-	-	-	2543213	845435	529254	398591	380405	312591	247580	252941	243572	227167	213431
	2023-06	6	2405948	-	-	-	-	-	2405948	851594	536235	389376	334273	306203	268489	249380	230426	214906
	2023-07	7	2465735	-	-	-	-	-	-	2465735	830180	504001	387145	318080	303332	279998	255577	236152
	2023-08	8	2210434	-	-	-	-	-	-	-	2210434	711110	428992	356213	300321	279615	251007	229115
	2023-09	9	2039413	-	-	-	-	-	-	-	-	2039413	674494	425577	358207	294415	257982	231587
	2023-10	10	2786122	-	-	-	-	-	-	-	-	-	2786122	910662	593551	476890	402211	352439
	2023-11	11	3240123	-	-	-	-	-	-	-	-	-	-	3240123	1087148	705059	554600	467752
	2023-12	12	2763214	-	-	-	-	-	-	-	-	-	-	-	2763214	906334	601283	472969
2024年新用户	2024-01	13	2500000	-	-	-	-	-	-	-	-	-	-	-	-	2500000	820000	544007
	2024-02	14	2700000	-	-	-	-	-	-	-	-	-	-	-	-	-	2700000	885600
	2024-03	15	2800000	-	-	-	-	-	-	-	-	-	-	-	-	-	-	2800000
2023年新用户	2023-01	留存		100.0%	33.4%	21.5%	16.4%	14.3%	12.7%	12.3%	10.9%	10.1%	9.0%	8.3%	7.4%	7.5%	7.2%	6.9%
	2023-02			-	100.0%	35.1%	20.2%	16.5%	13.9%	12.6%	13.5%	10.8%	9.2%	10.3%	9.9%	7.9%	7.5%	7.2%
	2023-03			-	-	100.0%	35.2%	23.7%	18.5%	16.1%	13.0%	12.0%	10.4%	8.8%	7.9%	8.4%	7.9%	7.5%
	2023-04			-	-	-	100.0%	35.8%	21.7%	16.8%	14.0%	11.7%	11.1%	11.2%	9.5%	8.9%	8.4%	7.9%
	2023-05			-	-	-	-	100.0%	33.2%	20.8%	15.7%	15.0%	12.3%	9.7%	9.9%	9.6%	8.9%	8.4%
	2023-06			-	-	-	-	-	100.0%	35.4%	22.3%	16.2%	13.9%	12.7%	11.2%	10.4%	9.6%	8.9%
	2023-07			-	-	-	-	-	-	100.0%	33.7%	20.4%	15.7%	12.9%	12.3%	11.4%	10.4%	9.6%
	2023-08			-	-	-	-	-	-	-	100.0%	32.2%	19.4%	16.1%	13.6%	12.6%	11.4%	10.4%
	2023-09			-	-	-	-	-	-	-	-	100.0%	33.1%	20.9%	17.6%	14.4%	12.6%	11.4%
	2023-10			-	-	-	-	-	-	-	-	-	100.0%	32.7%	21.3%	17.1%	14.4%	12.6%
	2023-11			-	-	-	-	-	-	-	-	-	-	100.0%	33.6%	21.8%	17.1%	14.4%
	2023-12			-	-	-	-	-	-	-	-	-	-	-	100.0%	32.8%	21.8%	17.1%
2024年新用户	2024-01			-	-	-	-	-	-	-	-	-	-	-	-	100.0%	32.8%	21.8%
	2024-02			-	-	-	-	-	-	-	-	-	-	-	-	-	100.0%	32.8%
	2024-03			-	-	-	-	-	-	-	-	-	-	-	-	-	-	100.0%
真实留存（均值）				100.0%	33.9%	21.2%	16.6%	14.2%	12.5%	11.6%	10.6%	9.4%	9.1%	9.1%	7.4%			
真实留存+预估留存				100.0%	33.9%	21.2%	16.6%	14.2%	12.5%	11.6%	10.6%	9.4%	9.1%	9.1%	7.4%	7.5%	7.2%	6.9%

3. 汇总 2024 年前三个月预估 MAU 量级

最后，将上面计算的三部分用户量级进行加总，汇总为 2024 年前三月各月的 MAU 量级，如表 6-6 所示，表中最下方为汇总后的 MAU 量级。

表 6-6　2024 年前三月各月的 MAU 量级

用户类型	用户量级		2023-01	2023-02	2023-03	2023-04	2023-05	2023-06	2023-07	2023-08	2023-09	2023-10	2023-11	2023-12	2024-01	2024-02	2024-03
			1	2	3	4	5	6	7	8	9	10	11	12	13	14	15
2023年之前用户	200000000		12758515	12386840	11641654	10877282	10749151	10228851	10106876	9493544	8882240	8428364	7816016	7592607	7160000	6700000	6240000

用户类型	月份	序号	月新增用户量	2023-01	2023-02	2023-03	2023-04	2023-05	2023-06	2023-07	2023-08	2023-09	2023-10	2023-11	2023-12	2024-01	2024-02	2024-03
				1	2	3	4	5	6	7	8	9	10	11	12	13	14	15
2023年新用户	2023-01	1	2103211	2103211	702930	451345	344702	301647	267314	258166	230054	211483	190273	174271	155403	158446	151113	144627
	2023-02	2	2001332	-	2001332	701787	403975	330287	278154	253168	271153	215611	184396	205252	199061	158741	150771	143793
	2023-03	3	2349012	-	-	2349012	826180	556384	433868	378273	305581	281595	244400	207273	185128	197133	186318	176964
	2023-04	4	2267438	-	-	-	2267438	812092	491936	381873	317496	265365	251813	252831	214311	202534	190287	179848
	2023-05	5	2543213	-	-	-	-	2543213	845435	529254	398591	380405	312591	247580	252941	243572	227167	213431
	2023-06	6	2405948	-	-	-	-	-	2405948	851594	536235	389376	334273	306203	268489	249380	230426	214906
	2023-07	7	2465735	-	-	-	-	-	-	2465735	830180	504001	387145	318080	303332	279998	255577	236152
	2023-08	8	2210434	-	-	-	-	-	-	-	2210434	711110	428992	356213	300321	279615	251007	229115
	2023-09	9	2039413	-	-	-	-	-	-	-	-	2039413	674494	425577	358207	294415	257982	231587
	2023-10	10	2786122	-	-	-	-	-	-	-	-	-	2786122	910662	593551	476890	402211	352439
	2023-11	11	3240123	-	-	-	-	-	-	-	-	-	-	3240123	1087148	705059	554600	467752
	2023-12	12	2763214	-	-	-	-	-	-	-	-	-	-	-	2763214	906334	601283	472969
2024年新用户	2024-01	13	2500000	-	-	-	-	-	-	-	-	-	-	-	-	2500000	820000	544007
	2024-02	14	2700000	-	-	-	-	-	-	-	-	-	-	-	-	-	2700000	885600
	2024-03	15	2800000	-	-	-	-	-	-	-	-	-	-	-	-	-	-	2800000
2024年前三月预估用户量级																13812117	13678741	13533187

6.4　本章小结

老姜：通过本章的学习，希望你可以掌握预测的方式及场景应用，并在工作中加以实操。下面我们来回顾一下本章的内容。

- 了解了预测分析的意义和核心价值。
- 了解了预测的应用场景，主要涵盖时序预测及非时序预测，以及每个方面的核心内容。
- 学习了时间序列预测模型的常用方式，涵盖同环比、ARIMA、Prophet 等。
- 掌握了时间序列在产品短期健康度监控中的应用场景。
- 掌握了预测在产品长期目标制订中的作用。

小白：在当前工作中，预测的应用场景还是挺多的，我要好好梳理下本章的内容，并通过代码方式尝试实现一下。

老姜：那要加油哦！

第 7 章
因果推断方式：
AB 实验

小白： 老姜，想请教一个问题。我们产品首页最近准备上线一个比较大的页面改动，希望评估一下效果，有什么比较好的方式吗？

老姜： 页面改动后的效果评估，本质是一个因果推断问题，衡量改版的因素对于用户体验的影响。而 AB 实验，则是衡量因果的一种比较精准、比较直接的方式。

小白： AB 实验之前就经常听大家提起过，但对于其本质和执行流程还不是很了解，老姜，可否帮我完整梳理一下？

老姜： 本章的目的就是能够让你对 AB 实验有兼具广度和深度的了解，并能够快速在工作中加以实践。该部分的讲解，我们先从 AB 实验的基础概念出发，带你了解一下 AB 实验的历史及当下；其次，分享 AB 实验的最佳通用流程，帮助你熟悉 AB 实验的整条链路，以及数据分析人员在其中担任的角色；再次，聚焦到每个流程模块，介绍 AB 实验各环节的核心内容，帮助你快速从小白进阶为实验专家；最后，聊一聊因果推断的其他方式，帮助你丰富视野。

小白： 太好了，这正是我目前想要学习的，那我们快点开始吧！

7.1　什么是 AB 实验

老姜： 小白，你认为什么是 AB 实验？

小白： 我了解得比较浅显，就是将用户群体随机分成若干份，并在不同份上执行不同的策略，从而评估策略好坏。

老姜： 嗯，说对了一部分，但不够完整。本节我们一起来扫个盲，了解一下 AB 实验的基础知识。当然，如果你已经对 AB 实验有过些许了解，也可以跳过此节，直接进行下一节学习。

小白： 我觉得我需要详细了解一下，做好笔记。

7.1.1　什么是 AB 实验

AB 实验又称随机对照实验，其概念最早源于生物医学领域中的双盲测试。双盲测试的目的是检验研发出来的药品对于患者是否起作用。其处理方式，是将测试中的患者随机分为两组，在不知情的情况下，随机为其中一个分组的患者给予测试药，另一个分组的患者给予安慰剂（不存在药效，但成色与测试药一样）。经过一段时间的服用后，比较这两组患者的治愈率是否存在显著差异，从而评估测试药是否有作用。其核心原理，与后来大家普遍了解到的 AB 实验是一致的。

进入 21 世纪后，Google 工程师最先将其应用到互联网产品的迭代优化中，并且随着大数据的普及，精细化运营在互联网行业中越发重要，而 AB 实验，也在这样的土壤中被快速普及。从国外的 Apple、Amazon、Google、Microsoft、Meta 等，到国内的阿里巴巴、腾讯、百度、字节跳动等企业，这些大型互联网公司，每年能开展成千上万个 AB 实验，通过用户所产生的行为数据表现决定实验的成败，并反哺产品的迭代改进。

回到我们日常工作上来，针对某 App 的产品改动，将用户群体随机划分为 A、B 两组。A 组作为对照组，保持原有策略；B 组作为实验组，执行新策略。通过用户的行为表现数据，评判实验对产品改进是否有增益。如有增益，则用新策略 B 替代原有策略 A。

那么，当下的实验内容主要有哪些呢？这里为大家总结了四个常见方向，如图 7-1 所示。

图 7-1　实验内容的四个方向

- **产品内容**：涉及产品、功能、服务、福利等产品优化层实验。
- **推荐算法**：涉及搜索、信息流、商业化等推荐算法层实验。
- **用户体验**：涉及交互、字体、颜色等用户体验层实验。
- **产品性能**：涉及延迟、报错、黑屏等产品稳定性层实验。

7.1.2　为什么需要 AB 实验

在产品快节奏迭代的进程中，AB 实验已经成了必不可少的环节，那么为什么 AB 实验如此重要呢？如果不开展 AB 实验，是否可以呢？

我们先来看看，不采用 AB 实验，可能会采用的产品迭代评估方式。

- **场景一**：利用同一批用户前后时间段去做对比，前面时间段不施加策略，后面时间段施加策略，进行评估。大家觉得可行吗？
- **场景二**：选择两批不同用户群体，在同一时间段内施加策略，进行评估。大家觉得可行吗？

相信你心中多少已经有了答案。场景一，虽然是同一批用户，但用户群体前后行为可能本身就存在差异，会干扰策略的效果，我们称为"时间差异"；场景二，虽然是相同时间段，但不同用户群体之间可能本身就存在差异，同样会干扰策略的效果，我们称为"用户差异"。

而 AB 实验可以最大程度地规避时间差异、用户差异等影响策略的混淆因子，纯粹度量策略对于用户的影响程度。因此，AB 实验也是度量因果最精准、最直接的方式。

7.1.3　AB 实验的优势

AB 实验除了可以规避干扰项外，其优势还体现在以下几个方面。

其一，**迭代效率快**。实验可以并行进行，提高产品迭代效率。

其二，**数据导向强**。所有改动用数据说话，先推优秀的方案；至于不够理想的方案，可根据经验，不断调整，直至符合预期为止。

其三，**风险控制强**。鉴于是小流量实验，可以降低对大盘用户的影响，如果实验效果差，可以立即下线，不会过多干预线上用户。

7.1.4　AB 实验不适用的场景

虽说 AB 实验的应用场景十分广泛，但仍有其不适用的情况，如以下场景。

其一，**数据量较小**。这种情况往往发生在产品的初期，用户量级较少的阶段。由于 AB 实验对于样本量有一定的要求，需要大于最小样本量，其衡量的结果才置信，这个会在后面的章节中进行讲述。因此，如果样本量较小，则不适用于 AB 实验。

其二，**业务需全量**。业务高速发展期，某些产品改动属于战略方面明确要求的，可能在短期内表现一般，但其对于业务发展起到至关重要的作用。这类产品改动，往往需要全量直接迭代，同样不适用于执行 AB 实验。

7.1.5　小结

通过以上的讲解，你是否对 AB 实验的基础概念有了一定认知呢？下节我们将开启 AB 实验的核心知识分享。

7.2　AB 实验最佳流程

小白：老姜，通过 7.1 节的学习，我对 AB 实验的基础概念相比之前清晰了很多，但对于 AB 实验的步骤及数据分析师要做的事情，还是比较模糊的。

老姜：别着急，从本节开始，我会带着你完整学习 AB 实验的各个环节，并强调其中的核心内容，帮助你快速入手。

小白：太好了，那当下我们要学习 AB 实验的哪个环节呢？

老姜：本节，我们先从宏观层面出发，俯瞰 AB 实验的整个流程，其中各环节内容不会过多展开，先帮助你在脑海中搭建一个框架，侧重广度；从 7.3 节开始，我们再下钻到每个环节，逐一击破各部分内容，侧重深度。

小白：好啊，这样也有助于我的理解！

7.2.1 实验核心流程

AB 实验的核心流程可细分为七个环节，分别为：实验设计阶段、实验研发阶段、实验运行阶段、实验评估阶段、实验报告输出阶段、实验放量阶段、实验归档阶段，如图 7-2 所示。其中，红框环节为数据分析师主导环节，黄框环节为数据分析师协助参与环节。

图 7-2　AB 实验的核心流程

下面，我们来详细看看每个环节所涉及的核心内容。

7.2.2 实验设计阶段（负责岗位：数据分析、产品）

实验设计是实验的前置阶段，一个实验最终结论的置信程度，很大程度依赖实验设计的合理性。因此，设计阶段是实验中需要思考最多的环节，需要重视起来。

根据设计的侧重点，又可细分为六个步骤：创建实验假设、明确实验类型、筛选评估指标、设定实验周期及流量、推演实验成功标准、编写实验设计文档。同样，红框环节为数据分析师主导环节，如图 7-3 所示。

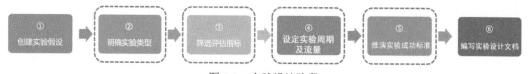

图 7-3　实验设计阶段

1. 创建实验假设（负责岗位：产品）

在业务方发起一个 AB 实验之前，首先要先问自己以下几个问题。

问题 1：为了产品目标，我们需要做哪些优化？

问题 2：这些优化是否适合通过实验方式进行验证？

问题 3：优化实验可能对哪些数据产生影响？

问题 4：如何通过数据评判实验是否成功？

这些问题的问与答，就构成了一个实验假设框架，作为实验的初始原动力。此步骤十分重要，只有将方向想清楚了，后面的实验才有价值。一般情况下，此步骤由产品经理主导完成。

2. 明确实验类型（负责岗位：数据分析）

在创建好实验假设的前提下，需要由数据分析人员判断此产品策略是否可以通过实验方式来完成。同时，不同的策略场景适合不同的实验类型，常见的实验类型如图 7-4 所示。

图 7-4　实验类型

● 单层 AB 实验：适用于单一实验，非系列性。

● 层域 AB 实验：适用于同类型实验，系列性，解决对照组策略冲突问题。

● 网络效应 AB 实验（Switchback Design）：适用于存在双边、三边市场的产品，解决人与人之间相互干扰的问题。

● 多臂老虎机实验（Multi-Armed Bandits，MAB）：适用于对时效性要求较高的实验场景，通过实时收集用户信息，动态分配实验各个分组的流量。

● Interleaving 实验：适用于推荐排序场景，可作为 AB 实验的补充，在搜索场景下，善于评估长尾 Query。

实验类型的选择，决定着后续实验的成败，因此，该环节需要数据分析人员谨慎评估。

3. 筛选评估指标（负责岗位：数据分析、产品）

在明确了实验类型后，就该选择用于后续实验的评估指标。这里可能你会问："为什么指标需要在实验设计阶段就选择呢？等后续实验上线了，再选择不就行了？"

其核心原因在于，选择何种指标及其期望提升程度，直接决定实验最小样本量的大小，以及实验周期的长短，而这两件事情，均需要在实验上线前设计好。因此，需要将指标筛选环节前置。

那需要选择哪些指标来评估实验？是否指标选择越多越好？

这部分内容，我们将在后面的章节进行分享。

4. 设定实验周期及流量（负责岗位：数据分析、产品）

筛选完适合实验的评估指标后，就该对实验所需的样本量及开展的时间周期进行预估了。对于周期及流量的设定，需要权衡利弊进行考量，一方面，我们希望有足够多的流量，保证实验的表现与大盘表现尽可能一致；另一方面，又希望可以缩短实验周期，提升实验的整体效率，尽快上线。

因此，实验周期及流量的设定，需要综合考虑实验本身的特性，并结合统计学的方式进行预估。该环节内容主要由数据分析人员主导完成。

5. 推演实验成功标准（负责岗位：数据分析、产品）

推演实验成功标准，主要是对实验成功概念的一个量化，即什么样的数据表现下，实验算作成功，反之失败。通过对上面筛选出来的指标，预估可提升上限以及可能的提升值，作为实验的参考依据。例如，推测实验主要对登录率指标有提升，通过对用户覆盖的策略，预估实验上线之后，登录率提升上限为10%，提升5%以上则认为实验成功。

该环节主要是通过对产品侧进行调研，预估指标提升空间的上限，从而管理实验预期。

6. 编写实验设计文档（负责岗位：产品）

此环节并非必选项，但如果需要将实验的流程规范化，那还是必不可少的。编写实验设计文档的作用，主要是将实验设计阶段的信息进行归总。一方面，作为周知下游业务方的文字依据；另一方面，作为实验研发及评估的"说明书"。

实验设计文档涵盖的内容包括项目背景、策略描述、实验单元、实验指标、实验周期、最小样本量、实验目标及假设、分流条件等。

此环节一般由产品经理负责。

7.2.3 实验研发阶段（负责岗位：研发）

实验设计完备后，会由产品人员将编撰好的实验设计文档同步给研发人员，开启实验的研发阶段。此环节中，研发人员主要负责两方面的开发工作。

其一，策略功能的研发。负责实验中涉及新功能或新策略的代码研发，其中涵盖产品前端及后端的内容。

其二，实验分流的研发。负责对实验命中对象分流的研发工作，其中主要涉及两方面内容：一方面，涉及分流的随机性问题，往往采用基于哈希的方式；另一方面，可能会涉及分流时机及人群圈定的研发，分流时机是指触发实验的场景，人群圈定是圈定实验的触发人群。

实验的研发阶段，数据分析人员往往不太会涉及，因此只需对其流程有一定了解即可。

7.2.4 实验运行阶段（负责岗位：数据分析、产品）

在实验研发完成的基础上，下一步便进入运行阶段，运行环节主要涵盖实验的预上线及上线。

1. 实验预上线

在实验完全上线之前，要先进行 AA 实验。AA 实验又称 AA 空跑实验，是 AB 实验的一种特殊形态，其分流策略同 AB 实验是一致的，不同之处在于，各分组内并无策略上的差异。AA 实验的目的，是需要验证实验分流的均衡性，以及各指标的差异化程度。

同时，在正式上线之前，需要对策略的生效情况进行验证，作为正式实验上线前的科学性检验。

2. 实验上线

AB 实验正式上线后，命中实验组的用户，会在使用 App 的过程中，感知到实验策略所带来的改变。作为用户，如果发现自己的体验与其他人有所不同，很幸运，你可能已经命中了产品的策略实验。

此环节主要由数据分析及产品人员共同完成，数据分析人员侧重于关注 AA 实验的科学性检验，而产品人员侧重于关注实验策略是否正常生效。

7.2.5　实验评估阶段（负责岗位：数据分析）

当实验正式上线后，实验组用户便可感知到实验所带来的改变，而用户往往是"用脚投票"的，因此实验的效果，会直接体现在用户对产品的行为表现上，通过产品上的埋点，将用户的数据记录下来。而我们正好可以利用用户的行为数据，评估实验策略是否达到预期效果。

首先，度量实验整体指标。针对筛选的核心指标，评估实验整体效果，通过点估计值、区间估计值、P 值、MDE 等数值，判断指标表现是否符合预期。

其次，当指标表现与预期存在较大差异时，先不要着急下实验失败的结论，而是通过多维钻取的方式，探索其中的原因。如果只是某些维度上的表现不及预期，拉低了大盘的数值，则可以在后续放量阶段，考虑分用户群体进行策略执行。

最后，综合考虑各个指标的情况，评估实验是否符合预期。

这里可能你会问："当指标表现不完全一致时如何评判？指标不显著是否实验会没有效果？"

类似这些问题，我们会在下面章节中详细介绍。

实验评估阶段主要由数据分析人员负责，通过统计学方式，度量实验结果的优劣。

7.2.6　实验报告输出阶段（负责岗位：产品、数据分析）

在完成实验评估环节后，往往需要将实验评估内容总结到文档上，内容可涵盖实验背景、实验设计、实验数据、实验结论等。

实验报告的作用主要体现在以下两个方面。

其一，用于实验内容的完整总结，作为后续实验放量的依据。

其二，用于经验沉淀，以及后续相似实验的参照。

该环节主要由产品人员牵头完成，数据分析人员配合提供数据结论。

7.2.7　实验放量阶段（负责岗位：产品、研发、数据分析）

在实验效果符合预期的前提下，我们会将实验从小流量阶段放到全量阶段。放量环节需要考虑哪些因素呢？是否可以一次放量到 100% 流量呢？

这些问题往往是需要在放量阶段考虑的。这里你可以先思考一下，我们会在后面的章节中进行回答。

这个环节由于涉及策略放量的实施，影响的用户量级逐步增大，因此，产品、研发、数据分析三方面人员均需要关注。

7.2.8 实验归档阶段（负责岗位：产品、数据分析）

实验归档阶段，作为线上 AB 实验的最后一个环节，其作用更多体现在复盘及沉淀上，能够对不同类型的实验进行归总，并在未来碰到相似实验时，作为先验的判断依据。一方面，提升未来实验的效率；另一方面，增加经验的传承。

该环节主要由产品人员主导完成。

7.2.9 小节

通过本节的学习，希望你可以对 AB 实验的全貌有一个了解，并且知晓数据分析人员在其中担任的角色。从 7.3 节开始，我们一起深入学习数据分析师涉及的核心环节，并通过案例帮助大家增加理解。

7.3 实验设计阶段

老姜：本节我们一起来看看实验设计阶段涉及的核心内容。在 7.2 节中，我们简单了解到，实验设计是在开展实验前针对当前产品提出的一些策略、功能上的改进点，以实验假设为基础，度量改进效果。

小白：嗯嗯，实验设计划分为以下 6 个步骤，如图 7-5 所示。

图 7-5　实验设计步骤

老姜：对的，那我们根据这个步骤，详细聊聊每一个环节吧。

7.3.1 创建实验假设

创建实验假设，作为 AB 实验的首个环节，决定着是否要开展一个实验。一个实验的展开，不是拍脑袋决定的，而是经过一系列反复的洞察及调研，保障实验的科学性、合理性。实验假设，根据其内容可划分为以下四个环节，如图 7-6 所示。

图 7-6　实验假设的四个环节

1. 明确实验原则

判断产品策略改动是否适合做实验之前，首先需要明确实验的基本原则，避免在设计阶段就出现重大误区，导致实验失败。实验原则主要涵盖以下四点。

其一，**聚焦核心策略原则**。鉴于大盘流量有限，需要聚焦核心策略，优先进行实验，避免将多种策略同时平铺执行，出现眉毛胡子一把抓的情况。

其二，**化繁为简原则**。由粗至细设计实验，避免实验过于复杂、过于下钻。

其三，**单一变量原则**。实验分组之间，至少有两个分组仅相差一个变量，避免只有两个分组时，涉及多个策略，无法归因到底是哪种策略所导致的指标差异。

其四，**宏观设计原则**。实验结论正向，并不代表每个个体都是正向，实验是验证对宏观用户有效。

这些原则在设计之初需要明确，避免由于设计不合理，导致实验失败。

2. 明确实验背景

实验原则是通用的，而实验背景是各产品特有的。实验背景需要思考以下几个问题。

其一，产品当下处于什么样的外部环境？

其二，产品的核心目标是什么？

其三，产品的核心发力点是什么？

其四，这些发力点是否能够支持产品核心目标的达成？

3. 探索改进点

在明确了大的背景下，需要聚焦到产品内，哪些功能、策略的迭代能够帮助业务达到预期目标，探索其中改进点作为实验的开启方向。

在工作实战中，业务人员探索改进点一般采用以下两种方法，如图 7-7 所示。

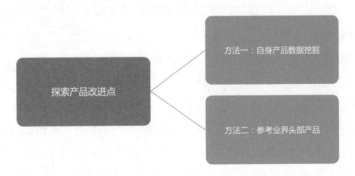

图 7-7　探索产品

方法一：自身产品数据挖掘。

通过用户在产品中留下的行为数据，分析哪些点可能对产品目标产生正向影响，这里面涉及影响及关系，因此常常采用相关性分析进行探索。

> **案例讲解**
>
> **产品目标**：未来三个月，提升用户对于产品的黏性。
>
> **产品目标转化为数据目标**：未来三个月，提升用户在产品中的留存率。

> 要完成当前数据目标可做的事情：为了提升留存率，探索用户在产品中的哪些行为与留存存在正向的关系，即相关性检验。通过 Pearson 相关系数等方式进行探索，发现登录与留存存在比较强的正相关关系。这里要注意一点，虽然相关性≠因果性，但是可以通过相关关系找到一些可能的点，然后再通过 AB 实验等方式来验证因果性。而这里，我们就可以将登录功能进行深挖，看看是否能够找出提升留存的一些方式方法。

方法二：参考业界头部产品。

该种方式，相对更加直接。通过参考业界头部产品，取其精华，去其糟粕，将好的方向直接拿过来测试，如果符合预期，则全量上线。

一般情况下，以上两种方式常常结合应用。

4. 筛选实验对象

在明确了实验方向后，仍需要确认实验在哪些对象、哪个业务上开展。根据这个方向，需要确认以下三方面内容，如图 7-8 所示。

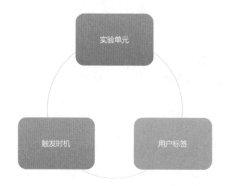

图 7-8　筛选实验对象的三个方面

1）实验单元

实验单元作为触发实验的最小单位，决定在什么粒度上触发实验策略，常见粒度一般为用户粒度、会话粒度、页面粒度三种。

- 用户粒度：最常见的实验单元，以单个用户作为触发实验的最小单位。这里需要注意，同一个用户在单一实验中，只可出现在一个分组内，不可以发生漂移。
- 会话粒度：又称 Session 粒度，以单个用户在端内一段时间的行为作为最小单元。举个例子，用户 A 在电商 App 中每 30 分钟的行为作为一个实验单元，被随机分配到分组中。
- 页面粒度：以一个用户的一次页面展现作为最小单元。一般情况下，对相同界面进行刷新操作，算作两个页面，被随机分配到分组中。

按照颗粒度的大小来排序：用户粒度＞会话粒度＞页面粒度。无论哪种实验单元，在分组过程中均采用哈希方式，随机分配到不同的实验分组中。

2）用户标签

实验生效策略既可以覆盖全量用户，又可仅选择其中一部分用户标签触发。

　　产品希望对美妆类目进行优化，但男性群体一般不会预览美妆类目，如果对全量用户实施策略会导致实验结果被稀释。在此场景下，常常只针对女性群体做实验，同时仅分析评估这部分用户群体。

　　这里不知道你是否会有一个疑问：实验标签的框定是否只能在实验设计阶段？

　　答案是否定的，不过这里建议你最好在实验设计阶段就筛选好需要触发的用户群体，以便于后续评估。如果实验设计和开发阶段均忘记增加限制，则可以在评估的时候，手动筛选需要度量的人群。

　　3）触发时机

　　实验生效策略不仅能筛选触发用户，还可对生效的触发节点进行设计。

案例讲解

　　某搜索产品中，功能 A 计划改版，需要对改版情况进行度量。但功能 A 的渗透率只有 5%，如果你负责此块业务，让你来设计实验的触发时机，会如何设定呢？是选择用户进入产品就触发，还是用户进入功能 A 之后再触发？

　　其实两者都可以，不过如果是前者，在度量全量实验效果时，由于功能的渗透率比较低，其中 95% 的用户群体根本没有感知到实验场景便进入了实验，这部分用户虽然不会影响实验开展，但会严重稀释实验效果。反之，如果选择后者，则可以精准地度量进入功能这部分用户对应的产品表现，结论更加准确。

7.3.2　明确实验类型

　　在业务方明确了产品优化方向后，便要开始着手匹配合适的实验类型，对策略进行小流量实验验证。当前，业界常应用的小流量实验方式涵盖单层 AB 实验、层域 AB 实验、网络效应 AB 实验。而在一些特定场景下，还会应用到多臂老虎机实验、Interleaving 实验等，如图 7-9 所示。下面讲解一下这几种实验的原理及差异。

图 7-9　实验类型

1. 单层 AB 实验

单层 AB 实验是最常见的小流量方式之一。之所以称作单层，是因为实验可在 100% 用户群体上开展，并且为单一实验，非系列性，如图 7-10 所示。

图 7-10　单层 AB 实验

图 7-10 中，假设实验 A 到实验 Z 均为单层 AB 实验，你会发现，实验与实验之间的用户群体是正交的，即用户在每个实验中均可能属于不同的分组，且不会相互干扰。

这里有一点需要注意，由于实验之间是正交的，因此需要避免实验与实验之间策略冲突的情况，下面举一个场景，如图 7-11 所示。

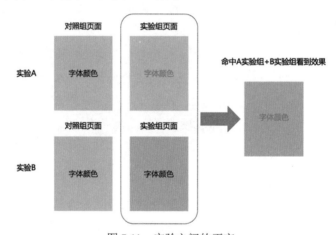

图 7-11　实验之间的正交

假设，实验 A 是对页面字体颜色进行调整，实验 B 是对页面颜色进行调整。如果实验之间不做策略冲突提示，便可能会出现字体、页面为相似颜色的情况，即便命中很小的用户群体，也是产品侧改版的一大事故，因此在日常工作中，需要在实验平台设置策略冲突提醒。

2. 层域 AB 实验

单层 AB 实验可以很好地度量非系列性产品改动，但如果遇到系列性产品改动，单层 AB 实验是否仍然奏效呢？下面看一个案例。

> **案例讲解**
>
> 某信息流产品，希望通过一系列内部福利策略，来增加用户的活跃度及黏性，假设福利策略涵盖四种，包括：每日签到得积分、阅读得积分、互动得积分、拉新得现金等。现需要度量单一福利策略带来的影响，以及所有福利策略上线后对大盘的影响。

请思考一下，如果采用单层 AB 实验来达到这个目的，你会如何设计呢？

方式一：将所有福利策略在一个 AB 实验中开展，设置多个实验组。

方式二：将每个福利策略单独一个 AB 实验来开展，每个实验仅对单一策略进行度量。

无论采取以上哪种方式，都会存在一定弊端。

方式一：鉴于是一系列策略变动，需要将每种策略单独设置一个实验组，这样最少的实验分组数是 4+1，这还没有考虑策略之间的叠加实验组。这样安排会暴露出三个问题，其一，随着福利策略的增加，可能导致流量不够用；其二，过多的实验分组，会导致假设检验出现错误的概率大大增加；其三，如若后续需要持续增加福利类型实验，解耦性不够友好。

方式二：虽然避免了方式一中的三类问题，但由于各策略实验用户是正交的，因此，随着单一福利策略全量上线，无法圈选出不触发任何福利策略的对照组，也就无法度量有福利与无福利策略的差异情况。

在这样的背景下，层域 AB 实验应运而生，此种方式是解决系列性实验最好的方式，其分层结构如图 7-12 所示。

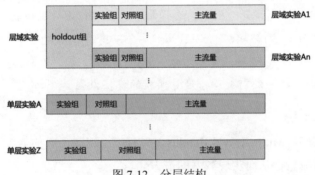

图 7-12　分层结构

图 7-12 中绿色部分就是一个层域 AB 实验，那要如何理解"域"和"层"呢？

通俗来讲，域是一系列实验的共同体；层是域中的单个实验。

从大盘流量中，抽出一部分流量作为贯穿层，该层的用户群体，不触发任何此类型的实验策略，因此又称为 holdout 组。剩余流量用于系列性实验，并且实验之间用户是正交的。图 7-12 所绘制的是一级层域，在实际的应用场景中，往往还会遇到二级或者多级的层域 AB 实验，在此基础上再下钻层级。

案例讲解

仍然以上述福利策略实验为例。

首先，筛选出 1% 流量作为 holdout 组，不施加任何该类型策略实验。

其次，设计策略 A、B、C、D 的四个正交实验。

再次，单独评估四个实验的效果，如满足预期，则可在 99% 的流量中逐级全量上线。

最后，对于整体策略实验对产品的长期影响，可以用 1% 的 holdout 组流量与 99% 的大盘流量去做对比，虽然流量差异会导致指标波动有所不同，但其仍然具有科学的指导意义。

3. 网络效应 AB 实验

用户之间相互独立是 AB 实验的前提，而对于双边甚至多边具备网络效应的产品而言，用户之间往往会受到直接或间接的干扰，导致实验结果有偏差。

这种情况下，便有了网络效应 AB 实验，其通过时间或空间的切片，实现 AB 组用户之间的相对独立，从而满足开展常规 AB 实验的前提条件。

案例讲解

某线上打车类 App，要做一个匹配策略迭代，希望通过实验方式度量其改进效果。现将用户群体随机分为对照组 A 和实验组 B。假设匹配策略优化对响应速度有显著提升，那么实验组 B 的用户相比之前会更快速地匹配到车辆。然而，此场景是用户与司机的双边市场，在车辆有限的情况下，会导致对照组 A 的用户更难匹配到车辆。对于实验，我们希望评估策略带来的差异，而不是由于相互挤对而出现的结果偏差。

为了解决这种问题，可以分别选择不同城市的用户进入 A 组或者 B 组，尽可能将用户与用户之间的影响剥离开。例如，选择北京的用户作为对照组 A，上海的用户作为实验组 B。这里可能你会问：会不会 AB 用户群体本身存在很大差异呢？

会的，为了解决这个问题，可以结合 PSM（倾向性得分）等方式将用户群体尽量拉齐，保障在剔除干扰项的前提下，度量实验的真实效果。

4. 多臂老虎机实验

多臂老虎机实验（Multi-Armed Bandits，MAB），相比一般的 AB 实验，可以在实验的过程中动态调节流量，从而实现效率的最大化。

例如，广告侧涉及收入等敏感内容时候，大量 AB 实验会导致费时费力，实验的试错成本较高，容易造成资源浪费。这个时候，就需要一种类型实验来满足试错成本高、时效性高度敏感、需持续优化的业务场景。

MAB 则可以全部解决以上问题，此方式属于强化学习范畴，核心原理为：在实验过程中，不断收集用户的信息反馈，从而动态调节各分组策略的流量配比，使得不够理想的策略流量越来越少，而将大部分流量实时分配到优胜的策略当中。

5. Interleaving 实验

最后一种常见的小流量实验称作 Interleaving 实验，其主要出现在搜索排序场景中。由于搜索场景，会出现大量长尾 Query 的情况（长尾 Query= 搜索量级很小的搜索词），在对此类 Query 进行排序优化时，如采用常规 AB 实验，会出现以下问题。

问题一：策略未触达。 长尾 Query 的 PV 量级只有 1 ～ 2 次，只能被一组用户所看到。

问题二：用户天然差异。 长尾 Query 涉及的量级较小，会导致用户群体之间存在差异。

问题三：置信度匮乏。 在度量单 Query 时，由于命中用户量级较小，结果不够置信。

问题四：指标波动大。 导致指标随机波动大，敏感性不够。

由此可见，常规 AB 实验并不适用于此类应用场景，反观 Interleaving 实验，则可以很好解决以上问题。

其原理为，通过搜索架构调整，让用户的一次请求变成对后端两种不同排序策略的请求，让用户在无感知的情况下看到两种策略混合的结果，并保证混合排序对两种策略均是公平的，如图 7-13 所示。

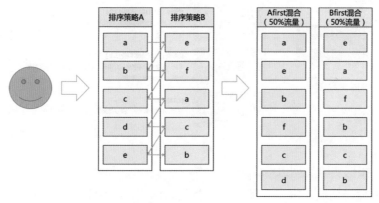

图 7-13　两种策略混合

产品排序有策略 A 和策略 B，现想通过 Interleaving 实验，来度量这两种结果哪种更好一些。

首先，将 AB 策略进行混合，以策略 A 为 first 进行融合，输出 Afirst 混合结果，同时也以策略 B 为 first，输出 Bfirst 混合结果。

其次，将两种混合结果随机分配到用户侧。

再次，每当用户消费搜索结果时，都是对策略 A 和策略 B 的打分，例如点击结果，在 A 策略中更靠上，则 A 策略分数更高。

最后，将分数进行上卷，从单次点击→单 PV→单 Query→大盘整体，由微观到宏观，最终输出策略胜出方。

总体来说，这几种实验类型当中，单层 AB 实验、层域 AB 实验在日常的产品迭代中应用最为广泛，也是本章节着重讲述的对象。

7.3.3　筛选实验评估指标

如果说实验类型是小流量实验的"骨架"，那么指标应用则是实验的"内核"。实验是否能够得出合理结论，与筛选何种指标休戚相关，指标的选择可以从两个角度考虑。

角度一：根据侧重点进行筛选。

首先，需要评估实验对于"大盘北极星指标"的影响，这最为关键，如果策略迭代对北极星指标有负向影响，一般情况下是不准许上线的。

其次，实验目的是验证策略对某些场景的影响，因此需要增加"期望提升指标"，用以量化实验策略本身的优劣。

再次，策略的改动是否会影响用户的体验，例如加载时长、黑屏率等，这就需要通过"预警指标"进行量化监控。

最后，根据业务需要，增加一些需要观测，但又不是很重要的"观测指标"。

这几个侧重点内容，如图 7-14 所示。

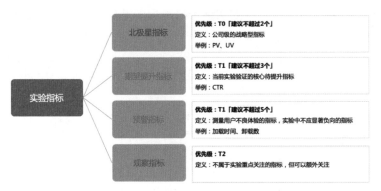

图 7-14　实验指标

角度二：根据实验类型进行筛选。

如果说角度一是横向思考，那角度二就是纵向思考，根据实验所属类型筛选评估指标。例如，针对收益类实验策略，可选择 GMV、净利等相关指标；针对客诉类实验策略，可选择客诉率、满意度等相关指标。

一般情况下，通过以上两个角度来思考实验的指标，能够最大程度地做到"精准 + 不遗漏"。

说到这里，你是否会有一个疑问：选择评估指标的时候，是否多多益善呢？

答案是否定的，指标选择不宜过多。原因在于，实验过程中，筛选的每个指标都会进行一次假设检验，由于是假设检验，就可能会涉及犯第一类错误，即实验策略本身没效果，但假设检验判断有效果。随着指标数量增加，至少有一个指标犯错的概率会提升。

下面通过公式进行说明，若犯一次第一类错误的概率是 α，总共筛选了 N 个指标，则至少一个指标犯第一类错误的概率为：

$$犯错概率 = 1 - (1 - \alpha)^N$$

案例讲解

如果 $\alpha = 0.05$，筛选 20 个指标，则实验中至少有一个指标犯第一类错误的概率为 64.15%，这会导致在 AB 实验前的 AA 实验环节中，指标出现显著情况，影响实验上线。

7.3.4　设定实验周期及流量

筛选完实验指标后，需要对实验运行所需的最小样本量及周期进行预估。周期及流量的预估是一个权衡问题，一方面，希望有足够多的流量来支持实验，保证实验策略表现足够稳定，结论足够置信；另一方面，希望缩短实验周期，提升迭代效率。

在这样矛盾的情况下，就需要找到一个平衡点，既可满足得到置信的实验结论，又可尽量缩短实验周期。因此，就需要在每次开展实验之前，计算实验所需最小样本量，以及预计实验周期。由于实验周期的选择依赖累计样本量的大小，因此先来看看实验最小样本量的计算方式。

1. 实验最小样本量

一般情况下，企业内部的实验平台均会支持计算最小样本量，但对于数据分析人员，仍需了解其中的计算原理。由于 AB 实验的本质是假设检验，因此最小样本量的计算，是通过假设检验公式推导而来，这里先对假设检验的相关名词进行说明。

> **扫盲**
>
> T 检验：AB 实验中常应用的假设检验方式，通过 T 分布理论来推导两组数据的均值是否存在显著性差异。
>
> 显著性水平（α）：真实策略无效，但误判为有效的概率，5% 为业界普遍应用值。可人工调节，α 越小，实验越灵敏，所需样本量越大，所需周期越长。
>
> 统计功效（$1-\beta$）：真实策略有效，可以被检测出来的概率，80% 为业界普遍应用值。可人工调节，$1-\beta$ 越大，实验越灵敏，所需样本量越大，所需周期越长。
>
> 指标基准值：大盘指标的日常均值。
>
> 指标标准差：大盘指标的日常标准差。
>
> 指标期望值：大盘指标期望提升到的目标值。

在计算最小样本量的过程中，不同类型指标匹配不同的计算公式，其类型主要涵盖以下几种，如图 7-15 所示。

图 7-15　实验指标

1）均值类指标

均值类指标，最小样本量的计算公式，如图 7-16 所示。

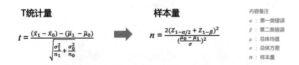

图 7-16　均值类指标最小样本量计算公式

> **案例讲解**
>
> 某信息流产品现优化主页结构，希望提升用户在端内的应用时长，核心评估"人均消费时长"指标。该指标过往 30 天日均值为 30min，期望提升 0.5min，指标的标准差为 8min，现要对此指标的最小样本量进行度量。

假设 $\alpha = 0.05$，对应 $Z_{1-\alpha/2} = 1.96$。

假设 $1 - \beta = 0.8$，对应 $Z_{1-\beta} = 0.84$。

对应的最小样本量计算公式为：

$$n = \frac{2 \times (1.96 + 0.84)^2 \times 8^2}{0.5^2} = 4014$$

2）比例类指标

比例类指标，最小样本量的计算方式，如图 7-17 所示。

T统计量

$$t = \frac{(p_1 - p_0) - (\pi_1 - \pi_0)}{\sqrt{\frac{p_1(1-p_1)}{n_1} + \frac{p_0(1-p_0)}{n_0}}}$$

样本量

$$n = \frac{(Z_{1-\alpha/2} + Z_{1-\beta})^2 (p_1(1-p_1) + p_0(1-p_0))}{(p_1 - p_0)^2}$$

内容备注
α：第一类错误
β：第二类错误
p：指标值
n：样本量

图 7-17　比例指标最小样本量计算方式

案例讲解

某信息流产品现优化主页结构，希望提升用户详情页触达率，核心评估"详情页渗透率"指标。该指标过往 30 天日均值为 20%，期望提升到 22%，现要对此指标的最小样本量进行度量。

假设 $\alpha = 0.05$，对应 $Z_{1-\alpha/2} = 1.96$。

假设 $1 - \beta = 0.8$，对应 $Z_{1-\beta} = 0.84$。

对应的最小样本量计算公式为：

$$n = \frac{(1.96 + 0.84)^2 \times (0.22 \times (1-0.22) + 0.2 \times (1-0.2))}{(0.22 - 0.2)^2} = 6499$$

2. 实验周期

计算完实验所需最小样本量后，还要对实验周期进行预估。周期预估需要考虑以下四点因素，如图 7-18 所示。

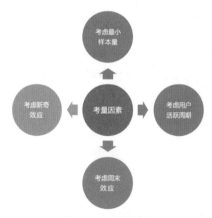

图 7-18　考量因素

因素一：考虑最小样本量。

实验累计样本量≥最小样本量，选择累计样本量而不是单天样本量均值，原因在于实验的评估指标均采用累计方式，这个会在下面章节进行讲解。

因素二：考虑用户活跃周期。

如果用户在产品内的某些场景是有周期性的，则实验的持续时间，最好能够跨越一个用户周期。例如，某活动场景的任务设置大多在 10 日左右，则针对此类活动实验，周期建议大于 10 日。

因素三：考虑周末效应。

考虑到用户在周末和周中的表现大概率存在差异，因此实验周期的选择最好能够跨越一周，消除不同时间周期带来的实验效果差异影响。

因素四：考虑新奇效应。

新奇效应指用户对于新鲜事物的好奇感。全新的策略是之前未接触过的，对用户而言是从陌生到熟悉的过程，而在初始阶段，往往会表现出一些非持久的好奇感。因此，实验的周期设置不宜过短，建议度过用户的新奇期，待指标趋于平稳之后再做评估。

7.3.5　推演实验成功标准

在实验运行之前，除了设计基础信息之外，还需对成功标准进行推演，指标提升到何种幅度，认为实验达到预期效果。

假设实验上线后，期望提升指标相对提升了 1%，在统计层面是显著的，然而对于策略迭代的发起者而言，这样的指标表现是否符合预期？距离提升上限还有多少提升空间？作为数据分析人员，这些内容需要测算好，辅助业务方进行决策。

对于实验期望提升幅度，一方面，可以参考过往类似实验的先验知识；另一方面，可通过业务数据测算可提升上限。

制订期望提升幅度，相对主观一些；而推演提升上限空间，则相对客观一些。推演可通过"触达量级 + 当前表现"两方面进行测算，这里举个例子。

> **案例讲解**
>
> 案例背景：某短视频产品，用户增量已经到了瓶颈期，期望通过数据找到一些增长点，提升用户的留存及黏性。
>
> 推演方式：步骤一：探索哪些因素可提升用户留存。通过计算留存与关键事件的相关性，探索哪些关键事件与留存有较大的正相关，虽然相关性≠因果性，但可作为先验知识，再通过经验进行判断。计算发现，登录与留存的相关性最大，Pearson 相关系数 =0.76。
>
> 步骤二：探索登录功能是否有提升空间。通过用户在登录页的漏斗数据，进入登录页用户 100%→点击登录按钮用户 85%→实际完成登录用户 40%，发现从点击登录到完成登录的用户折损率接近 100%。通过对功能的应用，发现登录跳转次数较多，

需要进行多次验证，猜测是由于链路过于烦琐，导致用户放弃操作。因此，考虑将一键登录作为产品迭代，进行 AB 实验。

步骤三：推演实验对登录率的提升空间。当前单日进入登录页用户的登录率为40%，这部分用户在未来 30 日内登录率为 55%，DIFF 的这 15% 用户，推测是有登录诉求的，但在第一日犹豫的用户，策略可以前置此部分用户的登录态。除此之外，推测策略能对 30 日内未登录用户，带来 5% 的登录用户增量。总体认为，登录率的提升空间为 20%，即 40% → 60%。

步骤四：推演实验对留存的提升空间。留存是衡量用户黏性的关键指标，因此需要推测实验对关键指标的影响。通过步骤三的推演，以及登录与留存的关系，如果登录率提升 20%，预测留存率提升 15%，而进入登录页的用户占大盘的 5%，预计能带来大盘 5%×15%=0.75% 的留存率提升。

通过以上案例，我们可以看出，推演实验成功标准可以作为实验的先验指导，能起到重要作用。

7.3.6 编写实验设计文档

作为与下游对接的唯一书面凭证，实验设计文档涵盖实验设计的全部信息。分享一个通用模板，供你参考应用，如图 7-19 所示。

1、实验背景
简单描述实验业务背景，同时说明迭代的逻辑及预期效果。此处最好增加上对应的产品设计文档。

2、实验策略
描述对照组A及实验组B的策略，作为完整的策略描述。

3、实验对象
实验单元：UID。根据指标UV统计当日对象数。

4、实验类型
AB单层实验。

5、实验指标

指标类型	指标方向	指标名
北极星指标	留存类	次日留存
期望提升指标	消费类	结果页CTR

6、实验周期
14日，从2024年11月10日——2024年11月23日，覆盖"双十一"高峰期。

7、最小样本量
期望提升指标中，结果页CTR预期提升1%，所需最小样本量为12万。AB实验组流量比例为1% vs 1%，14日去重用户量级约为13万，符合最小样本量要求。

8、实验推演成功标准
结果页CTR提升1%，同时北极星指标不会出现负向效果，则实验可以全量上线。

图 7-19 实验设计文档

7.4 实验运行阶段

小白：老姜，当前我跟进的实验已经完成了设计，下一步就该进入研发阶段了吧？

老姜：是的，实验研发阶段主要涉及研发人员工作，数据分析师一般不会介入，这里也就不再过多介绍了。本节我们一起来看看实验研发后，进入运行阶段数据分析人员需要做的事情。

小白： 好啊，那我们开始吧！

7.4.1 AA 实验假设检验

在 7.2 节中，简单提及过 AA 实验的原理，其与 AB 实验的设计原理基本相同，只是实验组不施加策略，与对照组保持一致，用于度量分组的自然波动是否存在显著性差异，只有当 AA 实验通过后，才会上线 AB 实验。

这里你是否会有以下这些疑问，如图 7-20 所示。

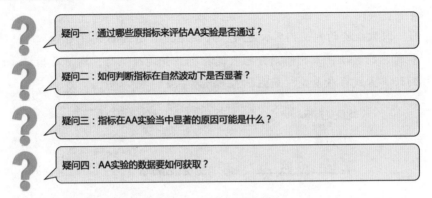

图 7-20　存在的疑问

下面，我们来逐个回答以上问题。

1. AA 实验度量原指标

首先，我们先来解决前两个问题：通过哪些原指标来评估 AA 实验是否通过？如何判断指标在自然波动下是否显著？

这里先做一个说明，下面，我们称评估实验的指标为"指标"，例如人均 VV、人均时长等；称评估指标波动是否显著的指标为"原指标"，例如 P 值、MDE 等。

1）AA 实验需要观测的内容

AA 实验评估指标波动是否显著，主要关注以下指标表现，如图 7-21 所示。

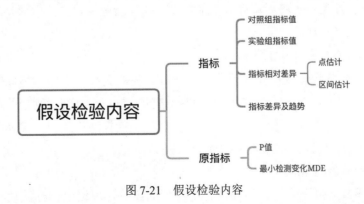

图 7-21　假设检验内容

指标：

- **指标真实值**：对照组及实验组指标情况。
- **指标相对差异**：实验组指标相较于对照组指标的相对差异，其中涵盖点估计及区间估计。
  - **点估计**：在抽样场景下，不去考虑抽样误差，直接用抽样指标作为整体指标，是一个具体的数值。
  - **区间估计**：根据抽样指标及抽样误差估计整体指标的上下限区间，保证其在一定概率下不会超出这个范围，是一个区间数值。
- **指标差异及趋势**：指标差异的长期情况，用于衡量趋势是否趋于稳定。

原指标：

- **P值**：假设检验的判断内容，也是 AA 实验是否通过的关键指标。通过计算 T 统计量对应的 P 值，来判断两分组之间指标差异是否显著，均值类指标和比例类指标的计算方式存在差异，如图 7-22 所示。

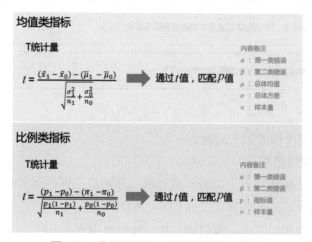

图 7-22　均值类指标与比例类指标的差异

- **MDE**（Minimum Detectable Effect，**最小可探测效应**）：该值通过实验的真实样本，反推回可探索出的相对差异。通俗来讲，实验真实分组相对差异 ≥ MDE，则结论置信；反之，说明当前样本量不足以证明此指标表现显著，需要增加累积样本量来增强置信度。

2）判断指标在自然波动下的显著情况

由于 AB 实验依赖假设检验，因此主要通过 P 值的大小，来判断指标差异的显著性情况。一般情况下，默认 P=0.05，即当计算出来的 P 值小于 0.05，则拒绝原假设，认为实验组与对照组之间指标存在显著性差异；反之，不能拒绝原假设，接受备择假设，不能认为实验组与对照组之间的指标存在显著性差异。

2. AA 实验显著的原因

AA 实验环节，由于分组之间均没有施加新的策略，理论上指标波动不会出现显著差异，即 P 值不会小于 0.05。但在某些时候，会出现指标假设检验 P 值大于 0.05 的情况。那一般会是什么原因呢？以及当遇到这些问题的时候，要如何解决？

常见的原因有以下几种，如图 7-23 所示。

图 7-23　显著原因

1）**小概率事件**

原因： 当前在做实验时，显著性水平经常设置为 5%，也就意味着，创建 100 个实验，约有 5 个实验会出现第一类错误，在 AA 实验阶段，指标出现显著差异的情况。

解决方案： 在业务流量足够大的情况下，可以将显著性水平调低，设置为 1% 或者 0.5%，微软建议设置为 0.01%。通过回溯过往一周的数据，判断实验组与对照组之间是否有显著差异，通过上线流量寻优策略，为 AB 组分配差异较小的流量。

2）**多重检验问题**

原因： 在实验设计阶段筛选评估指标过程中，强调核心指标筛选不宜过多，原因在于，指标越多假设检验的次数就越多，至少有一个指标显著的概率就越高，原理同小概率事件一样。用一句俗语来形容："常在河边走，哪有不湿鞋。"

解决方案： 对指标进行分级，重点关注北极星指标及期望提升指标，缩减实验指标。

3）**连续观测影响**

原因： 连续观测并非有问题，而是随着观察日期的增多，导致碰到多重检验情况概率的增大。AA 实验阶段，如果是由于连续观测导致指标出现显著的情况，则可以忽略其影响。

4）**异常用户影响**

原因： 指标受到极端用户的影响，导致分组间差异增大。例如，电商类产品高消费用户、直播类产品土豪打赏用户。这些用户群体的特点是量级较小、数据指标表现远远高于平均值，分流过程中很难保证将这部分用户群体精准地分配到不同分组中，从而导致实验 AA 期指标差异显著。

解决方案：通过指标分位数进行截断，剔除 TP99 或者 TP95 以外的极端用户群体。

5）**下线实验惯性**

原因：如果分组分配的流量，恰巧是之前实验释放的，则可能受到之前实验的影响，使得分组指标出现差异。

解决方案：增加哈希分组数量，将用户群体尽可能打散，保障各分组用户的随机性。

6）**实验上报异常**

原因：如果出现分组之间，标签上报时机不同、上报用户不同等情况，则可能会导致指标出现显著偏差。

解决方案：建议减少 SDK 介入次数和上报链路个数，减少出错可能性；另外，对实验样本量做样本均衡性检验 SRM，尽早发现流量分配不均的问题。

3. AA 实验数据获取方式

AA 实验作为实验上线前的检验阶段，希望其流程是精准的，同时消耗较少的时间。因此，AA 实验数据获取一般采取以下两种方式。

第一种：空跑。AA 实验同 AB 实验一样，在线上空跑一段时间，一般为 1～2 周，在 AA 检验通过后，再开展 AB 实验。这样做固然是可行的，但是由于无法与 AB 实验同步进行，会延长整体实验周期，在一些较为紧急的实验场景下，会导致实验延误，影响上线进度。

第二种：回溯。AA 实验数据不单独进行空跑，而是将未来上线的 AB 实验命中的用户群体，往前进行回滚，度量这部分用户群体过往数据的差异情况。这样做无须空跑等待，只要回溯数据符合预期，便可直接上线实验。当前实验场景下，推荐此种 AA 实验数据获取方式。

7.4.2 样本均衡性检验

样本均衡性检验（Sample Ratio Mismatch，SRMS），用于度量 AA 双组流量间，是否在量级上出现显著差异，同样作为 AB 实验的前置环节，只有通过了，才可以开展线上实验。

SRM 检验方式一般通过两组用户量的多日数据计算 P 值，来判断量级是否存在显著差异，推导方式如图 7-24 所示。

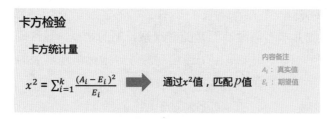

图 7-24　卡方检验

真实场景中，一般很少出现 SRM 检验不通过的情况。如存在不通过的情况，90% 是由于实验配置及上报阶段，实验标签触发时机不同所导致，可以推送研发人员共同排查处理。

7.4.3　策略生效保障

在实验上线之前，除了要进行 AA 实验检验及样本均衡性检验外，还需要对策略的生效进行验证，避免出现实验上线后，实验组用户仍然看到原始样式。验证策略生效，一般有以下两种方式。

方式一：微观埋点验证。 通过内部测试账号，绑定到实验组生效策略的白名单中，测试展示样式是否与实验组策略一致，判断实验是否生效。

方式二：宏观埋点验证。 在对内部测试账号白名单实施策略后，从下游输出数据，判断白名单上用户是否全部触发实验，从整体数据层面进行验证。

策略生效保障流程，一般由研发人员来完成。

7.4.4　小结

本节的重点是 AA 实验，作为数据分析人员，要对其有深入的了解，并且在 AA 实验出现异常的情况时，知道从哪个方面进行排查，找到可能存在的问题点。

7.5　实验评估阶段

小白： 老姜，我负责的这个 AB 实验已经通过了 AA 检测，并且已经在线上运行了几周，累计样本量超过了最小样本量测算值，那是不是可以开始做评估了？

老姜： 是的，在累积了足够样本量且经历了一个完整周期后，便可以开始评估实验了。

小白： 嗯嗯，那评估实验的流程大概是什么样子？以及如何判断实验是否符合预期效果？

老姜： 本节我们来聊聊你的这些疑问，帮助你快速上手实验评估！

小白： 太好了！

7.5.1　实验评估流程

一起先来看看实验评估的完整流程，从什么样的视角切入，并有哪些核心步骤。

实验的评估阶段，一般可以划分为以下三大步骤，如图 7-25 所示。

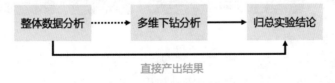

图 7-25　实验的评估阶段

1. 整体数据分析

实验评估阶段，最重要的就是对实验整体指标的度量。度量方式同 AA 实验一样，均值类、比例类累计指标采用 T 检验方式，count 类指标采用卡方检验方式。一般实验指标选择中，均值类、比例类指标占绝大多数，通过假设检验，比对 P 值与临界值的差异情况，来判断指标是否显著，如图 7-26 所示。

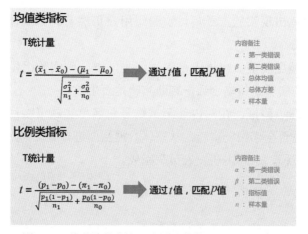

图 7-26　均值类指标与比例类指标的 T 统计量差异

这里你是否会有这样的疑问："为什么指标均采用累计口径，而不是采用天均值口径呢？"

这里先说答案：**累计口径可以保障样本量在实验期间持续均衡，当指标出现显著变化时，可以精准定位到是由于实验策略所影响。** 这里我们以"人均消费时长"指标为例进行说明。

先介绍一下指标计算口径，人均消费时长 = 实验命中用户端内总消费时长 / 实验命中用户数。当采用 N 日累计口径来计算该指标时，分母为所有进入实验的用户群体，不会受到策略的影响，在分母保持稳定的前提下，可以精准地度量出端内总消费时长在 AB 分组中的差异，如图 7-27 所示。

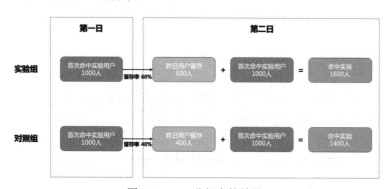

图 7-27　AB 分组中的差异

假设某个实验策略对用户留存起到正向作用，实验组次日留存 60%，对照组次日留存 40%，并且假设每日新进入 AB 分组用户量级各为 1000 人。

如果采用非累积口径来计算指标，则从第二天开始，实验组和对照组的命中用户量级为 1600 人和 1400 人，样本量出现不均衡的情况，并且此种情况下，随着实验周期的拉长，有偏情况会越发严重。

反观累计口径，只要进入分组用户量级持平，实验组和对照组的用户量级会一直持平，均为 2000 人。这样在度量指标相对差异的时候，会更具说服力。

2. 多维下钻分析

当实验整体指标出现不及预期时，先不要着急下结论，因为有些时候，实验只对一部分用户有较为显著的效果，而在另外一部分用户中表现一般。因此，在实验整体数据表现不符合预期的情况下，可以尝试进行主维度下钻，例如年龄、性别、收入水平等。如若发现实验在某些用户群体中表现较好，则可以考虑在指定用户群体上进行实验的全量上线。

3. 归总实验结论

在以上分析均完成的情况下，可以综合性地评判实验是否可以全量上线。这里可能你会问："如果有些指标是正向显著，有些指标不显著，有些指标甚至负向，这个时候要如何评判实验是否可以全量呢？"

这里为大家总结了常规的判断逻辑，通过"北极星指标 + 期望提升指标"进行评判，虽然不同产品业务之间存在一定的差异性，但评判思路是可以参考的，如表 7-1 所示。

表 7-1　北极星指标与期望提升指标的差异

北极星指标	期望提升指标	放量建议
有正无负（有显著正向指标，无显著负向指标）	无显著负向指标	可放量
有正有负（有显著正向指标，有显著负向指标）	任何情况	理论上不可放量，需结合业务进行判断
无正无负（无显著正向指标，无显著负向指标）	有显著正向指标	可放量
无正有负（无显著正向指标，有显著负向指标）	任何情况	不可放量

7.5.2　评估常见问题

在实验评估阶段，有些时候会遇到一些问题，这里做一下解答。

问题 1：期望提升指标不显著，是否实验策略一定没有作用？

回答：不一定。当实验指标提升值＜ MDE 时，可能由于实验的样本量不足，导致实验灵敏度不够；而当指标提升值＞ MDE 时，理论上实验策略没有作用，但由于实验是基于假设检验方式开展的，因此可能会有 $\beta=20\%$（默认 20%）概率犯第二类错误，即实验本身显著，但没有发觉。此时，需要配合对业务的理解，以及策略在产品中的重要性，来综合评估实验策略是否可以全量。

问题 2：期望提升指标不显著，是否可以在实验评估阶段，修改实验指标或者修改实验周期，直到得出实验策略显著有效为止？

回答：不可以。策略上线前之所以采用 AB 实验来评估，就是希望通过科学的统计学方式，来验证策略的有效程度。如果在实验过程中，为了通过而修改实验前制订好的指标及周期，则无法保证严谨性，失去了进行 AB 实验的意义。

问题 3：期望提升指标显著提升，效果也达到了预期，是否能证明实验策略一定优于当前？

回答：不一定。有两方面原因：其一，实验的结果只是在当期实验周期内达到预期，而推演至长期，不一定能保持效果一直满足预期；其二，实验是假设检验，通过部分数据推演大盘表现，而假设检验是存在错误的，因此放量到大盘后，不一定能够符合预期。

针对第一点，可以将实验延长一段时间，或者在策略上线后，保留一个长期反转组（原始策略分组）来长期监控实验效果。

7.5.3 小结

实验评估阶段基本由数据分析师负责，因此对于评估的方式及科学性，务必要全部掌握，部分涉及公式的内容，须了解其底层逻辑。

7.6 实验放量阶段

小白：当前实验已经完成了评估环节，整体策略效果符合预期，现在准备要开始放量了。老姜，请问放量阶段有什么要注意的吗？可以直接放到全量吗？

老姜：实验放量阶段，需要综合考虑一些因素，并且采取逐级全量的方式。下面详细为你介绍放量阶段的流程及注意事项。

小白：嗯嗯，好的！

7.6.1 实验放量考虑因素

在实验放量的过程中，需综合考虑风险、质量、效率三个因素。对于一个实验而言，我们希望在策略评估正向的前提下，能够尽快覆盖到全量用户，提升用户对产品的好感度。但与此同时，需要考虑放量可能带来的一些风险，例如接口在放量过程中出现 Bug、用户应用出现加载延迟、新策略放量后不符合预期等。因此，往往采取逐级放量的方式，如表 7-2 所示。

表 7-2　逐级放量

实验风险	实验覆盖面		
	高	中	低
高	1%→10%→20%→50%→100%	10%→20%→50%→100%	10%→50%→100%
中	10%→50%→100%		
低	50%→100%		

同时，一般情况下，实验放量主要分为三个阶段，如图 7-28 所示。

图 7-28　实验放量的三个阶段

7.6.2　第一阶段：排查风险

排查实验风险，衔接在小流量评估通过且完成实验分析报告后，作为整体放量的第一步，其放量比例一般控制在 5% 以下。在此基础上，评估实验是否对北极星指标及护栏指标有负向影响，同时，验证策略的触发逻辑是否存在潜在的风险点。

此过程一般延续 3 ～ 5 日，在确认无风险的情况下，进入下一个逐级放量阶段。

7.6.3　第二阶段：逐级放量

进入放量第二阶段后，将用户量级逐步放开，实验的指标表现会更加稳定。但伴随而来的，是量级增大所带来的流量压力等问题，此阶段需要重点关注放量对于用户体验延迟的影响。

逐级放量环节，建议至少观察一个完整周，因为周中及周末往往会有不同的数据表现。

7.6.4　第三阶段：长期观测

进入第三阶段，实验策略已经基本完成 100% 放量，这个时候，如果希望长期观察实验效果，可以设置实验反转组，即线上运行 5% 流量以下的原始策略分组，同大盘数据对比评估策略的长期效应。例如，2025 年上线各种福利策略，到年底，希望评估一年的收益效果。

7.6.5　小结

结合上文，快去看看你跟进的实验放量流程是否合理、是否科学，并将本节内容应用其中吧。

7.7　实验归档阶段

小白：实验已经完成了全量放量，是否整体流程就算完成了呢？

老姜：理论上是的，不过建议增加一个环节，将每次跟进的实验进行归档记录，总结其中成功或失败的经验。一方面，可作为未来实验的先验知识，提供理论经验依据；另一方面，可找到其中的共性，将评估阶段人工处理的环节工具化，提升实验的整体迭代效率。

小白：了解了，那这个阶段，数据分析人员需要做哪些事情呢？

老姜：下面，我们一起来看看实验归档可以做的几个方面。

7.7.1　实验类型经验总结

对实验进行归档，建议按照实验类型进行分类汇总，找寻相似规律，保障同类型实验评估方式的通用化、规范化。以搜索引擎类产品为例，实验主要有以下几个方向，如图 7-29 所示。

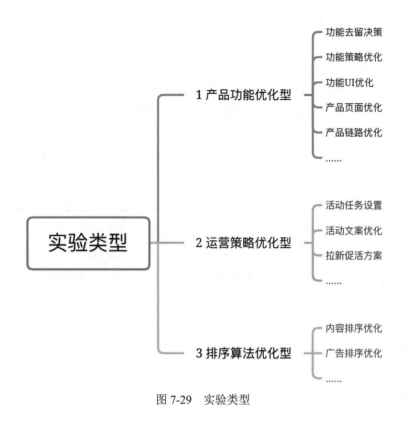

图 7-29　实验类型

7.7.2　实验评估经验总结

在实验分类的基础上，对不同类型实验的评估经验进行经验汇总，建议涵盖以下几个方面。

其一，**评估指标**。该类型实验通常应用的评估指标是什么，哪些可作为实验的期望提升指标，更有针对性地评估实验的优劣。

其二，**评估流量及周期**。相似类型实验的流量和周期，也是有迹可循的。在前面的章节中介绍过最小样本量的计算方式，而相似实验的评估指标是类似的，便可总结出对应指标在期望提升水平下，所需样本量的大小。同时，可以总结出此类实验的评估周期，即多久的评估时间段，既能满足实验评估，又能提升迭代效率。这些经验，都可作为相似实验的参考依据。

其三，**波动阈值**。在实验评估过程中，虽然假设检验 P 值可以判断实验在统计学意义上是否显著。然而如果回归到业务上，对显著等级进行划分，则需要融合对业务的理解，以及一些先验知识。例如，在功能策略类优化过程中，人均时长指标的相对 DIFF 在（+1%，+1.5%）内基本符合预期，在（+1.5%，+3%）内符合预期，在（+3%，+∞）内超出预期。

7.7.3　实验成功 / 失败经验总结

除了实验评估的一些先验经验外，还可以对实验成功与否的经验进行总结，防止后续类似实验踩坑。例如，某实验由于 SDK 问题导致实验命中用户出现偏差，修复代码测试问题，总结事故原因，避免之后再次出现错误。

7.7.4 小节

经验总结在日常工作的任何方面都适用，而在实验场景下尤为重要，因此需要在日常跟进实验的过程中，不要只关注当前实验，尝试跳出工作职责，思考一下有哪些内容是可以总结共性的。这帮助我们基于有限的能力提升工作效率，哪怕最终没有做出实质性的内容，对于自身也是一个提升。

到此为止，一个完整的实验流程就走完了。思考一下，你是否能独立上手整个流程了呢？

7.8 因果推断其他方式

小白：老姜，听了您的讲解，我觉得自己可以独立负责一个产品的 AB 实验了。

老姜：很不错，最近产品正在进行一些新的活动玩法，你可以跟进观察一下。

小白：好的，但是我听说当前活动策略，因为要赶在"双十一"之前上线，没来得及做 AB 实验。这种情况下，还能评估策略的好坏吗？

老姜：可以的。实验的本质是因果推断，而因果推断除了小流量实验方式外，还有很多其他方法。虽然大多不如 AB 实验直接，但在这种没有做实验的情况下，还是可以给出相对科学的评估结论的。

小白：这方面确实不太了解，老姜，能帮我梳理一下除了小流量实验外，还有哪些方式可以评估吗？

老姜：当然可以！

7.8.1 因果推断本质

2011 年图灵奖得主 Judea Pearl 曾提道："如果没有对因果关系的推理能力，AI 的发展将从根本上受到限制。"

2019 年图灵奖得主 Yoshua Bengio 曾提道："深度学习已经走到了瓶颈期，将因果关系整合到 AI 当中已经成为目前的头等大事。"

由此可见，因果推断对于科技发展极具价值。

1. 相关性≠因果性

先提一个常见的问题："相关性是否等于因果？"这里我们来看两个案例。

案例一：通过酒旅数据，我们可以看出，酒店价格与入住率呈正相关关系，是否可以说明，价格上涨可以提高酒店入住率？

案例二：通过对产品数据的分析，发现应用某入口很深的功能 A 的用户，留存远高于大盘用户。是否可以说明，将用户引导到功能 A 上，可以提升用户留存？

你可以短暂地思考一下。

对于案例一：酒店的销售价格与入住率呈正相关关系，是由于供需关系的第三者因素所导致。节假日期间，住店的需求大幅上升，酒店为了提高收入，会动态调高价格；反之，在旅游淡季，住店需求大幅下降，即便是调低价格，入住率仍然会有所下降。

对于案例二：应用过功能 A 的用户与留存之间呈正相关关系，是由于功能 A 的入口比较深，能够进入功能 A 的用户群体本身就比较活跃，并非由于功能因素所导致。

由此可见，相关性是没有方向性的，同时，如果功能 A 与功能 B 存在因果性，则一定存在相关性；反之，如存在相关性，但不一定存在因果性。

2. 因果推断本质

从上面的案例我们可以看出，因果关系是为了解决 What-If 的过程，即在剥离其他干扰因素的前提下，仅对干预项 T 进行改变，观察其对 X 是否有影响。如果有，则 T 是因，Y 是结果的表象，如图 7-30 所示。

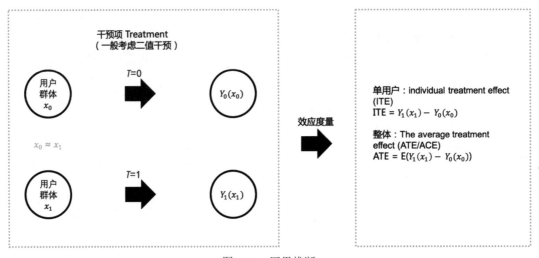

图 7-30 因果推断

在现实中，单个个体无法同时体验不同的因所带来的果。例如，评估某药对人体的病症是否有作用，其中是否吃药是因，病症是否变好是果。同一个用户，只能选择吃药或者不吃药，这就导致了单个个体度量因果性的数据缺失，如图 7-30 计算的 ITE，则为单用户收到的干预影响。

虽然单用户无法精确度量因果性，但却可以从整体来评估因果效应，即图 7-30 中的 ATE。采用随机的用户群体，在保证样本量足够的情况下，认为两组用户群体的行为表现是一致的，在此基础上，再度量干预项的影响程度。而 AB 实验，则是解决因果问题最直接、最简单、解释性最强的方法。

7.8.2 因果推断常见的方式

虽然 AB 实验在因果推断上有很大优势，但在一些真实的业务场景下，有时候受限于一些因素，无法开展 AB 实验，如下场景所示。

场景一：产品功能已经全量上线，无法再开展实验。

场景二：出于法务角度考虑，某些场景无法做实验，多出现在 B 端场景下。

场景三：在评估策略长期效应的情况下，由于实验周期较长，往往会放弃 AB 实验。

在无法开展 AB 实验的情况下，可以采取一些替代方案来完成因果推断度量，其中主要方式如图 7-31 所示。

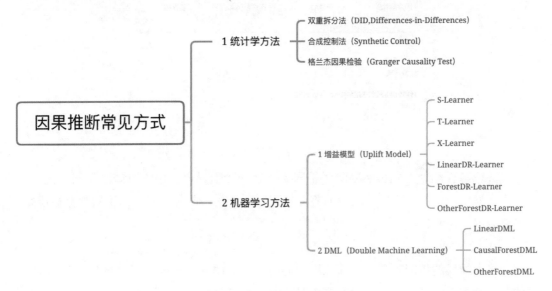

图 7-31　因果推断常见的方式

根据方式方法，主要涵盖两大类型。

类型一：基于统计学算法。主要涵盖双重拆分法、合成控制法、格兰杰因果检验等。

类型二：基于机器学习算法。主要涵盖 S-Learner、T-Learner、CausalForestDML 等。

下面，针对日常工作中经常用到的统计学方式双重拆分法进行详细讲述。

7.8.3　双重拆分法

双重拆分法简称 DID（Differences-in-Differences）。顾名思义，通过拆分干扰项，仅度量原因（X）对结果（Y）的影响。下面，我们通过一个日常工作场景，来加深对此种方式的认知。

案例：某搜索引擎类 App，在 9 月 28 日全量上线了一个端内功能，由于需要赶在国庆节之前上线，因此没有开展 AB 实验，直接选择全量上线。上线一段时间后，希望你帮忙评估一下功能对于用户的增益效果。

1. DID 单独评估

在以上业务场景下，想要评估功能对用户的增益情况，一般有以下两种方式。

其一，固定人群，功能上线前后时间段的对比。

其二，固定时间，不同人群相同时间段的对比。

1）固定人群

筛选固定用户群体 A，计算这部分人群在 9 月 28 日上线前后一段时间指标的差异情况，用于度量功能效果，如图 7-32 所示。

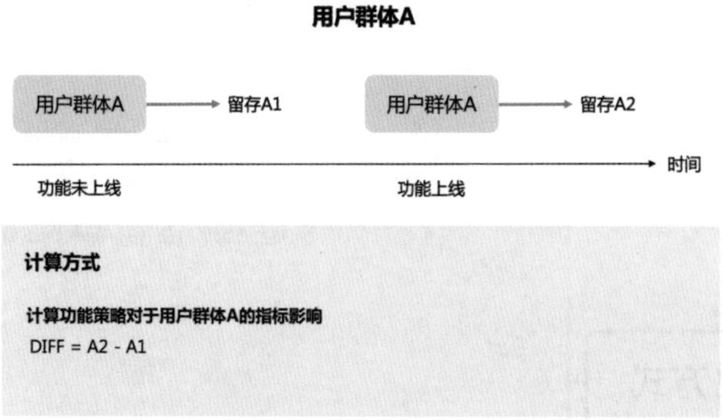

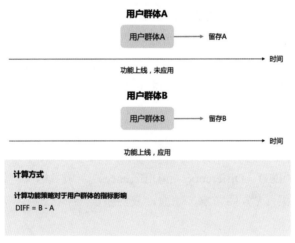

图 7-32　度量功能效果

方法总结： 此种方式虽然剔除了不同用户之间的差异，但由于时间段不同，无法将功能因素与用户自身在不同时间段的差异情况完整剥离，此种方式的结论常常会被质疑，不建议应用。

2）固定时间

功能上线后的相同时间，计算应用功能的用户群体 A 与未应用功能的用户群体 B 之间的差异，用于度量功能效果，如图 7-33 所示。

图 7-33　度量功能效果

方法总结： 此种方式虽然将时间因素拉平，但由于不同用户之间可能本身存在差异，同样无法将功能因素与用户群体之间的差异情况完整剥离。因此，结论同样会被质疑，不建议应用。

3）DID

DID 方式则结合了"固定人群"与"固定时间"，将以上两种因素的影响一起剔除，仅度量策略带来的影响。其方式如图 7-34 所示。

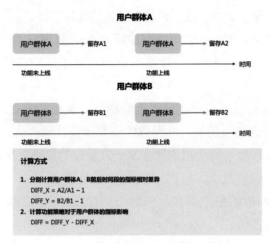

图 7-34　DID 方式

通过以上讲解，你对 DID 是否有了初步的了解？下面来说说在应用 DID 的过程中有哪些需要注意的事项。

注意 1：用户群体一致。DID 准确的前提为，用户群体 A 与用户群体 B 在两个时间段内的自然波动尽可能变化一致。要满足这一点，就需要用户群体尽可能相似，最大化地消除用户之间的差异。

注意 2：时间不交叉。前后时间段的对比，时间不能出现重叠，否则影响评估效果。

注意 3：时间跨度短。建议前后时间周期空当不宜过长，时间周期越长，用户与用户之间表现差异情况越大，用户群体的一致性越不好把控。

2. DID+PSM 组合评估

DID 衡量的精准程度，很大程度依赖两组用户的同质性。想要保证两部分用户群体尽可能一致，随机抽取的方式固然可以，但由于 DID 需要从后续是否触发策略来筛选用户群体，极有可能导致用户本身存在差异，无法做到用户群体的一致性。

在这样的背景下，可以通过一系列匹配的方式，匹配相似的两组用户，用于策略效果度量。

1）常见匹配方式

常见的匹配方式有以下几种，如图 7-35 所示。

图 7-35　常见的匹配方式

下面，主要对常用的 PSM 方式进行讲解。

2）PSM 实现原理

PSM（Propensity Score Matching，倾向评分匹配）由 Paul Rosenbaum 和 Donald Rubin 在

1983 年提出，早期在医学、公共卫生、经济学等领域应用广泛，后扩展到其他领域。

PSM 用于处理对照性研究中组间协变量不均衡的问题，采用一定的统计学方式，对实验组与对照组用户进行筛选，以便获得更加相近的用户群体，使得实验的置信程度更高。

在实现方式上，通过采集用户各维度上的特征，利用 Logistic 回归模型或机器学习模型，逐一从两组中筛选相似用户，并组成实验群体及对照群体。结合 DID 应用，可以有效地控制样本的相似程度，避免用户群体不一致导致的策略效果出现偏差。

3）PSM 局限性

PSM 可以筛选出相似的用户群体，但其仍然存在一定的局限性，虽然不会影响应用，但需要了解其中的逻辑。

局限性一：很难找到完全近似的用户。正所谓"世上找不到两片完全相同的叶子"，即便是通过模型进行筛选，也往往只能找到在当前特征下相似的用户，用户之间仍然存在差异。

局限性二：模型需要较高维度。要想找到尽可能相似的用户，需要扩大用户特征，全面评估每一个用户，使得用户在产品内关键行为表现尽可能一致。

即便存在着一定的局限性，PSM 仍然是当前筛选近似用户群体常用的方式。

7.8.4 小结

希望通过本节的学习，你可以对因果推断全貌有一个了解，并且知道如何应用小流量以外的方式去做因果推断。这里还是要再强调一下，AB 实验仍然是评估因果性最好的方式，能用 AB 实验的情况下，还是要优先选择。

7.9 本章小结

小白：通过本章的学习，我觉得收获还是挺大的，对于小流量实验有了更加深入的认知。

老姜：有帮助就好，我们也来整体回顾一下本章的要点内容。

● AB 实验又称随机对照实验，当前在产品迭代、推荐算法、用户体验、性能优化等方面起到非常大的作用。

● AB 实验优势主要体现在迭代效率快、数据导向强、风险控制强等方面，但如果数据量比较小或者需直接全量的情况下，则不适合做 AB 实验。

● AB 实验的核心流程，主要涵盖实验设计、实验研发、实验运行、实验评估、实验报告、实验放量、实验归档。其中数据分析人员涉及较多的环节为实验设计、实验运行、实验评估。

● AB 实验是因果推断最直接、最简单的方式，除此之外，还有很多其他方式，根据核心原理，可划分为基于统计学和基于机器学习。其中，工作中应用较多的为"DID+PSM"，需要全面掌握原理和实现方法。

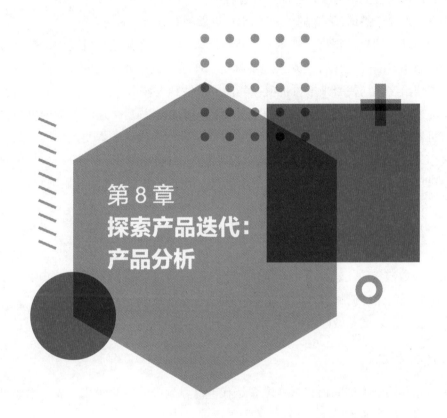

第 8 章
探索产品迭代：
产品分析

小白：老姜，小流量实验主要应用在产品迭代过程中，那对于互联网线上产品，作为数据分析师，我们能针对产品做哪些分析呢？

老姜：产品分析的本质是从业务出发，要对业务有足够的了解，同时需与产品人员紧密配合。根据产品内容的开发周期，可划分为产品上线、产品迭代、产品下线，作为数据人员，常常会把精力放在产品迭代过程中。

小白：那在产品迭代过程中，我们都可以做哪些分析呢？

老姜：这个问题问得好！本章我们将一起来学习，产品迭代过程中，数据分析人员可以做的事情。首先，先带大家宏观了解一下产品分析主要涉及的方向及步骤，数据分析师要如何给产品迭代带来增量价值；其次，下钻到内容本身，探索如何在日常工作中，描述产品的当前状态，并能够发现可能的产品问题点；最后，通过科学的度量，利用统计学、机器学习等方式，对可能的问题点进行探索，找到问题本质及原因，结合小流量实验进行最终验证。

小白：太好了，学习完之后正好应用到当前的工作中，那我们开始吧！

8.1 产品分析主要涉及的内容

老姜：本节我们一起来看下互联网线上产品迭代的核心流程，以及其中涉及的分析内容。从宏观的角度俯瞰整体的产品分析方向。

小白：好的，准备做好笔记了！

8.1.1 产品迭代流程

对于互联网线上产品而言，从准备迭代产品，到产品更新迭代上线，主要可分为以下六个步骤，如图 8-1 所示，红框中的为本章重点讲解内容。

①描述产品现状　②发现产品问题　③探索问题本质　④探索改进方向　⑤实验方式验证　⑥策略全量迭代

图 8-1　产品迭代流程

8.1.2 描述产品现状

在产品上线之后，需要数据从各个角度描述产品发展现状，供业务方及上层管理者应用。内容涵盖但不限于"核心指标的长期趋势监控"及"核心指标维度间的下钻"。

将产品通过数据方式描述出来，一方面可以掌握当前产品的健康度，了解产品在市场中的占有率及核心优势；另一方面，数据层面可以暴露出产品中不够理想的地方，有针对性地解决产品功能、策略上的问题。

此方向内容的数据建设及问题发现，主要由数据分析师来完成，因此会在下面的章节中，详细介绍从哪些角度描述产品的发展现状。

8.1.3　发现产品问题

当数据已经可以全方位描述产品现状后，作为产品运营人员以及数据分析人员，就可以通过数据的一些日常表现，发现其中可能存在的问题。例如，产品当日留存大幅下跌，是什么原因？产品功能的渗透率从昨天 15 点开始明显上涨，是什么原因？老用户占比近期大幅增加，又是什么原因？

这一系列从数据中发现的问题，都可以作为一个个的数据专题分析来开展。在日常工作中，数据分析师的很大一部分价值，不是在搭建看板、取数中体现出来的，而是在类似的专题性分析中展现出来的。而这些专题分析，也往往会输出一些有价值、可落地的业务结论。

8.1.4　探索问题本质

当我们发现数据中的一些问题，以分析项目形式开展，探索导致数据问题的潜在原因。在该环节中，需要数据分析师发挥十八般武艺，将各种统计学方式、机器学习模型方式应用其中，抽丝剥茧，找到问题的本质。从分析方式角度来看，常见的方式包括但不限于相关分析、因果分析、链路分析、漏斗分析等。

> **案例讲解**
>
> 产品 9 号留存大幅下跌，原因在于当日进行了外渠大幅拉活，而这种拉活方式仅针对低活用户。由于这批用户群体的留存偏低，导致拉低了大盘的留存指标，属于正常情况。

在工作场景中，遇到的问题远比案例中的复杂，在下面的章节中，会为大家介绍以何种方式去探索问题的本质，提供一套在实战中总结的方法模板。

8.1.5　探索改进方向

在探索出问题本质的前提下，可通过"数据 + 产品思维"去找到可能的产品迭代点。通过与当前产品的发展方向结合，探索哪些产品改动可以解决当前遇到的问题，并且能够对业务长期发展起到增益效果。

> **案例讲解**
>
> 针对短视频产品，用户的负反馈率在某日出现大幅上涨，通过数据发现是由于某些高热度低质量的视频所导致的，在发现其推荐策略问题的情况下，增加对负反馈视频的打压力度，更加注重用户体验。

8.1.6　实验方式验证

在探索出可能对产品有价值的产品迭代后，站在风险及用户体验的角度，需要通过小流量实验进行策略验证，这就需要利用第 7 章中介绍的 AB 实验的相关内容，进行一套体系化的测试验证。

8.1.7　策略全量迭代

在小流量实验通过的前提下，通过逐级放量，将策略上线到全域流量中。至此，完成一次产品迭代的全部流程。

8.1.8　小结

希望通过本节概括性的讲解，帮助你在脑海中形成一个产品分析流程图，并在下面的章节中加以丰富。

8.2　描述产品当前现状及发现问题点

老姜：在 8.1 节中，我们了解了产品迭代及分析的常规流程。本节我们将深入产品迭代内部核心环节，看看作为数据分析师，要如何发现产品问题并进行分析。

小白：嗯嗯，我认为数据分析要能输出价值，就要提出一些业务人员发现不了的问题。

老姜：这个想法很对！产品迭代初期，首先需要从宏观层面摸清产品的现状，并通过一些数学方式找到可能的问题点，作为指导迭代的先验数据，如图 8-2 红框所示。该方面内容是有迹可循的，会有一些相对固定的方法论，下面我来展开讲解。

图 8-2　产品迭代初期

小白：太好了，那我们开始吧！

8.2.1　大盘指标异动挖掘

描述产品现状，最先要熟知于心的是产品发展趋势以及近期现状，通过数据表现，发现产品侧的一些问题，例如用户流失、增长乏力等。参考第 4 章指标体系中的内容，通过产品北极星指标的变化，衡量产品健康度，日常关注该指标的趋势及异动，在指标出现较大波动时，及时关注及排查，找到影响因素。

举个例子，如图 8-3 所示，短视频大盘人均 VV（Video View，视频浏览量）在 2023 年 1 月 4 日及 2023 年 1 月 25 日出现显著波动，其中 1 月 4 日由于出现娱乐事件，拉动用户在端内的消费，人均 VV 上涨，属正常情况；1 月 25 日由于上线长视频功能，使得端内人均 VV 出现大幅下降，而此发现可以重塑该产品功能入口的合理性，从而指引产品迭代。

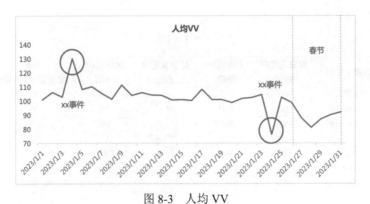

图 8-3　人均 VV

8.2.2　探索性分析挖掘

大盘指标异动可以很明显地暴露产品自身的问题。除此之外，作为数据分析人员，还需要定期开展一些偏探索性的挖掘，找寻一些日常数据未发现的问题，作为产品迭代的方向指引。

这里可以思考一下，你在工作中是否接到过业务派发的以下工作，如图 8-4 所示。

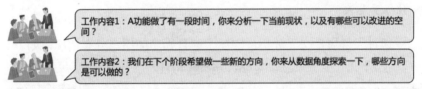

图 8-4　工作内容

这种类型的工作内容称为探索性分析，即在没有先验观点的前提下，通过数据探索出可能的问题点。这里为你提供一套相对通用的方式，作为探索的思路依据，参考电商行业"人货场"的思想，从这三个方向进行内容的挖掘及探索。虽然，人货场主要存在于电商行业中，但其核心思想是可以参考借鉴的。下面，我们通过一个案例，来介绍其中的方法。

案例背景：某搜索引擎类 App，几个月前上线了信息流功能，业务需要你帮忙分析一下当前产品整体的现状，以及未来可能的发力点，通过数据给予一定的建议。

1. 人群挖掘（人）

对于产品功能，首先可以通过人群属性挖掘，判断不同人群在此功能渗透的情况以及人群分布相对大盘的差异，探索功能在哪些用户群体中没有充分渗透。可能是何种原因，是否有提升空间。

人群挖掘常见属性涵盖年龄、性别、城市、城市等级、教育水平、职业状态、消费水平等。这里需要注意，如果用户画像某些标签的覆盖比例过低（一般低于 50%），则可以考虑放弃此维度，因为过低覆盖比例标签会失去分析意义。

根据案例，我们可以得出以下数据结论。

结论 1：36 岁以上群体占比接近 70%，但相比大盘消费规模较差（TGI<100），渗透上有较大提升空间，如表 8-1 所示。

表 8-1　TGI

维度（年龄）	信息流用户量级	大盘用户量级	信息流用户占比	大盘用户占比	TGI（信息流 vs 大盘）
18岁以下	105	322	4%	7%	63
19~24岁	160	320	7%	7%	98
25~30岁	341	450	14%	9%	148
31~35岁	421	500	17%	10%	164
36~40岁	670	1350	27%	28%	97
41~45岁	675	1440	27%	30%	91
46岁以上	690	1500	28%	31%	90

扫盲

TGI：Target Group Index。用于反映目标群体在指定研究对象间的分布强弱指数。其计算公式为：

$$TGI = \frac{研究对象中某一特征用户所占比例}{大盘中相同特征用户群体所占比例}$$

TGI 越大，说明研究对象中，该特征用户群体相较大盘的比例越高，对于此类用户群体吸引程度越大。

结论 2：通过人群属性交叉分析，宏观了解目标功能用户分布情况，如表 8-2 所示。

表 8-2　用户量级占比

用户量级占比（相加100%）		一线	新一线	二线	三线	四线	五线
男	18岁以下	0.2%	1.6%	1.6%	2.0%	1.8%	1.2%
	19~24岁	1.0%	2.2%	2.2%	2.2%	1.7%	1.1%
	25~30岁	1.1%	2.3%	2.3%	2.2%	1.7%	1.0%
	31~35岁	1.4%	3.2%	3.1%	3.2%	2.4%	1.4%
	36~40岁	1.1%	2.3%	2.7%	2.3%	1.9%	1.0%
	41~45岁	1.6%	3.2%	3.4%	3.4%	2.4%	1.6%
	46岁以上	3.1%	6.3%	6.1%	6.1%	4.5%	2.7%
女	18岁以下	0.61%	1.46%	1.52%	1.90%	1.66%	1.14%
	19~24岁	1.07%	2.23%	2.25%	2.26%	1.78%	1.23%
	25~30岁	1.22%	2.29%	2.29%	2.18%	1.71%	1.12%
	31~35岁	1.46%	3.20%	3.06%	3.17%	2.43%	1.47%
	36~40岁	1.23%	2.35%	2.70%	2.34%	1.99%	1.14%
	41~45岁	1.68%	3.13%	3.38%	3.31%	2.45%	1.62%
	46岁以上	3.07%	6.09%	5.89%	5.85%	4.35%	2.72%

2. 内容挖掘（货）

在信息流场景下，货常常指视频内容的分类划分，维度涵盖内容一级品类、内容二级品类、内容特定标签等。在实战分析挖掘中，会由粗至细，逐步挖掘，直至得出结论。内容侧挖掘常常能发现哪些品类做得好，哪些品类做得不好，不好的品类是何原因造成。具体分析思路，如图 8-5 所示。

图 8-5　内容挖掘

回到案例上，针对类目消费情况的探索，可以发现哪些是用户覆盖量级很大，但消费差强人意的品类。由于这些类目有大量用户群体，微小的提升便能撬动较大的效果，如表 8-3 所示。

表 8-3　类目相关数据

一级分类	UV	人均VV	人均时长(min)	5s快滑率	次日留存
运动	1000	5.6	4.5	20%	54%
音乐	2000	7.2	4.7	28%	44%
明星	2230	8.8	5.5	18%	57%
搞笑	1900	5.4	4.1	18%	59%
旅行	2500	1.4	1.5	25%	45%

可以得到初步数据结论：旅游品类覆盖人数较多，但消费深度及消费质量较差；音乐品类消费深度较好，但消费质量较差。以上两个品类需进一步下钻聚焦，到底是类目自身差异所导致，还是内容质量有待提升。同时，可以结合气泡图的方式进行分析，如图 8-6 所示。

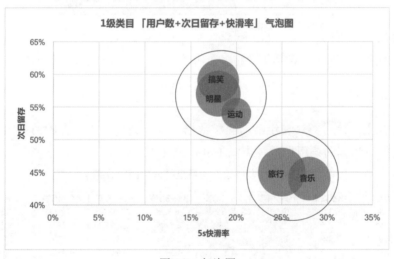

图 8-6　气泡图

3. 场景挖掘（场）

在信息流场景下，场常常指用户应用 App 时，所处的外部环境，维度涵盖小时、网络、天气等。在实战分析挖掘中，可以发现用户在不同场景中的偏好性，从而定向指引产品侧的一些运营策略改动。例如，用户在 App 内，白天侧重看新闻相关内容，晚上侧重看小说相关内容。

回到上面的案例上，针对小时维度所展示出来的数据及结论，如表 8-4 所示。

用户在工作时间（10-11 时、14-17 时）消费较弱，需结合品类，判断在工作时间适合推给用户的内容。

表 8-4 数据与结论

小时	UV	人均VV	人均时长(min)	5s快滑率
0	1000	4.0	5.0	17%
1	900	3.2	3.9	20%
2	870	3.2	4.3	19%
3	850	3.2	4.7	18%
4	600	3.1	4.6	18%
5	550	3.2	4.1	20%
6	700	3.0	4.2	19%
7	860	3.3	5.0	17%
8	1200	3.2	4.8	17%
9	1800	3.1	4.4	19%
10	1700	2.5	3.4	22%
11	1500	2.4	3.7	21%
12	1900	3.3	4.0	20%
13	1800	3.8	5.4	15%
14	1700	3.1	4.6	18%
15	1400	2.7	3.8	21%
16	1200	2.5	3.2	23%
17	1240	2.9	3.7	21%
18	1500	3.2	4.7	18%
19	1700	3.7	4.8	17%
20	2100	3.6	4.7	18%
21	2300	3.8	5.3	16%
22	2200	3.8	5.2	16%
23	2100	3.6	5.0	17%
24	1300	3.4	4.3	19%

4. 人货场交叉挖掘

在实际的产品分析中，常常需要将多重维度组合，找到一些潜在的分析点，"人 + 货 + 场"三者的交叉分析，是必不可少的。大多支持决策性的结论，都是在某些细分领域上发现的。

回到案例上，针对类目与年龄的交叉数据，各年龄段在类目上的消费倾向分布（越绿代表当前类目越偏向该用户群，类似 TGI）如表 8-5 所示。

表 8-5 年龄段在类目上的消费倾向分布

类目	18岁以下	19~24岁	25~30岁	31~35岁	36~40岁	41~45岁	46岁以上
新闻	26.54%	26.50%	25.98%	26.50%	27.02%	27.30%	28.09%
颜值	1.08%	0.77%	0.88%	0.72%	1.16%	1.23%	1.37%
知识	1.30%	1.49%	1.36%	1.41%	1.39%	1.55%	1.58%
影视	4.29%	4.10%	4.57%	4.34%	4.41%	4.41%	4.61%
明星	16.58%	16.63%	16.31%	16.30%	16.11%	16.16%	16.18%
运动	50.21%	50.52%	50.90%	50.73%	49.92%	49.35%	48.17%

通过表 8-5 数据，可以得出以下结论。

- 知识品类年龄越大，消费越充足；明星、运动品类，年龄越小，消费越充足。
- 年长群体的兴趣分布相比年轻群体更广，绿色占比越多，说明在多个品类都更加偏向，兴趣更为广泛。

8.2.3 总结问题点

在做完上述完整分析后，需要将当前可能的问题点抽取出来，分别作为一个个分析主题，结合更深入的分析，找到可能的产品迭代方向。

在当前案例中，可以探索出旅游品类覆盖人数较多，但消费深度及消费质量较差。下一步就是要下钻到旅游类目本身，结合产品侧应用，得到启发，并通过一系列数据科学方式加以验证，常见的方式会在 8.3 节进行详细讲述。

8.2.4　小结

分析的前提是看清现状，对业务及数据背景有充分的了解，而本节所做的正在于此。希望通过本节的学习，帮你厘清发现问题的思路方式，结合业务给出探索切入点。

8.3　探索产品问题的本质及找到改进点

小白： 老姜，我们的产品近期 DAU 一直在下跌，由于福利政策逐步下线，很多福利敏感型用户都不再应用我们的产品了。业务让我探索下，有什么方式可以提升用户黏性，我该如何着手呢？

老姜： 这是一个很好的问题！我们接着 8.2 节的内容来看，当业务看清楚产品数据现状后，往往会针对现状提出一个分析命题，希望数据分析人员能够基于数据，找到一些可能的发力点，并在后续流程中结合小流量方式进行验证。

小白： 嗯嗯，那我要如何开展呢？

老姜： 我们可以应用一些统计学或者模型方法，聚焦到改进点上，常用方式涵盖但不限于相关性分析、漏斗分析、链路分析等。本节我们一起来看看这几种常用的统计学方式是如何帮助数据分析人员探索出产品改进点的，其环节如图 8-7 所示。

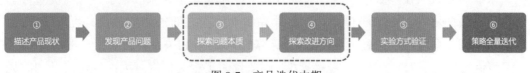

图 8-7　产品迭代中期

8.3.1　相关性分析对于产品的价值

相关性分析用于度量两个或多个变量之间的相似程度，在日常的产品分析中，当业务目的是提升某个北极星指标时，则可以通过相关性分析，度量哪些行为、内容对于指标有正向作用。

虽然正相关性并不代表此行为能够对指标产生正向影响，但可以作为产品改进的先验知识，通过结合业务和其他方式，验证其因果性。

1. 相关性分析方法简介

这里简单为大家介绍一下相关性分析的常见方式，根据底层计算逻辑，可划分为两大类型，如图 8-8 所示。

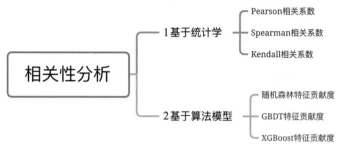

图 8-8　相关性分析

1）基于统计学方式

基于统计学方式主要有三种，分别为 Pearson 相关系数、Spearman 相关系数、Kendall 相关系数。下面，我们来看下每种方式的原理，以及各自的适用方向。

（1）Pearson 相关系数。是应用较多的计算变量间相似程度的方式，用于度量变量 X 与变量 Y 之间的线性相关程度的大小。

该值区间范围为 [-1,1]。值越接近 1，则变量间正相关程度越大；值越接近 -1，则变量间负相关程度越大；值越接近 0，则变量间相关程度越小。

具体计算方式，如下所示：

$$\rho(X,Y) = \frac{\mathrm{cov}(X,Y)}{\sigma_X \sigma_Y} = \frac{E[(X-\mu_X)(Y-\mu_Y)]}{\sigma_X \sigma_Y} = \frac{XY协方差}{X标准差 \times Y标准差}$$

这里需要注意，Pearson 相关系数只能度量变量间的线性相关性，无法度量非线性相关性。

（2）Spearman 相关系数。又称秩相关系数或等级相关系数。其计算方式与 Pearson 相关系数的方式大体一致，不一样的地方在于，在计算相关系数之前，先对变量 X 与变量 Y 的数值进行大小顺序排序，然后计算序列位次之间的相似程度。可以理解为，Spearman 相关系数是通过变量排序位次号计算的 Pearson 相关系数。

该值区间范围为 [-1,1]。值越接近 1，则变量间正相关程度越大；值越接近 -1，则变量间负相关程度越大；值越接近 0，则变量间相关程度越小。

具体计算方式推导最终形态，如下公式所示，其中 d_i 表示第 i 个数据位置的次位值之差，n 为观测样本数。

$$\rho(X,Y) = 1 - \frac{6\sum d_i^2}{n(n^2-1)}$$

这里你是否有疑问：什么场景用 Spearman 相关系数？什么场景用 Pearson 相关系数？

整体原则为，优先用 Pearson 相关，但以下这三个场景，Pearson 相关所需要的前提假设是无法满足的，需要应用 Spearman 相关系数来解决。

场景一：如果变量 X 与变量 Y 之间是非正态分布，或者非线性关系，则可以转化为 Spearman 相关进行计算。

场景二：如果两个变量至少有一个是序列类型，而非数字类型，则应用 Spearman 相关更为合理。例如，A 同学在历年的成绩排名依次为 2、1、5、3、9、2；B 同学在历年的成绩排名依次为 12、4、2、5、1、9。

场景三：当变量之间存在异常值时，Pearson 相关会受到较大影响，但 Spearman 由于是将数值转化为排序，因此这种变量的极端值对于 Spearman 相关基本无影响。

（3）Kendall 相关系数。与 Spearman 类似，均为秩相关，同样可以应用于非线性场景。所分析的变量对象同样为有序类别，例如名次、年龄、量化程度等。计算方式仍然是基于变量之间的秩（rank）进行相关性检验。

不同之处在于，Spearman 相关是基于秩差来计算的，例如小白在班中的某次考试，语文成绩排名第 2，数学成绩排名第 10，在计算班级所有同学语文成绩与数据成绩之间相关性的分析中，小白成绩对于相关性的贡献 =2-10=-8，通过此种方式来度量相关关系。

而 Kendall 相关则是基于样本数据之间的大小关系，来计算数值之间的一致对（Concordant）和分歧对（Discordant）。当 $x_i > y_i$ 且 $x_j > y_j$（或者 $x_i < y_i$ 且 $x_j < y_j$）时，计算为一个一致对；反之为分歧对。这样的对的量级为 $0.5 \times n \times (n\text{-}1)$ 个。

具体计算方式，如下所示：

$$\tau(X,Y) = \frac{\text{一致对} - \text{分歧对}}{\frac{1}{2}n(n-1)}$$

Kendall 相关系数相比 Spearman 相关系数，在数据量级较小且存在较多并列顺序的时候，体现出较大的优势，核心应用场景如下。

场景一：计算工作绩效成绩 X（A、B、C）与工作时长分布 Y（6h 以下、6～8h、8～10h、10～12h、12h 以上）的相关性。

场景二：计算客服客户满意度 X（满意、比较满意、一般、不满意）与沟通时长分布 Y（1min 以下，1～5min，5～10min、10min 以上）的相关性。

2）基于算法模型方式

除了统计学方式外，基于算法模型方式，同样可以检测出变量之间的相似程度，常见的方式为模型特征贡献度。核心原理是采用分类树模型的方式，判断特征对于分类 Label 的贡献程度，贡献程度越大的特征，理论上其与 Label 之间的相关程度越大。同时，根据模型的类型，可分为随机森林特征贡献度、GBDT 特征贡献度、XGBoost 特征贡献度等。虽然基于的模型不一样，但核心思想是一致的，我们以随机森林特征贡献度为例。

随机森林模型是典型的基于 Bagging 的集成学习算法，通过诸多数据特征的学习，解决分类及回归问题。而随机森林特征贡献度，则是基于该模型，度量每个特征对于 Label 预测的贡献程度。

本质上，计算特征贡献度的目的是摸清哪些变量对模型预测的指导意义大，哪些变量对于模型预测的指导意义小。而在相关性问题中，则可以通过此种方式，度量哪些变量与目标变量的相关程度大，贡献值大的变量，则可以在应用侧重点关注。

如表 8-6 所示，用户是否登录、是否购物、是否互动，这些特征变量对用户留存预测的贡献程度最大，其中很可能存在一些因果性，待深入探索。

表 8-6　贡献度

功能是否应用	随机森林特征贡献度
登录	24.7%
购买	18.2%
互动	16.3%
评论	11.5%
点赞	9.5%
咨询客服	8.1%
收藏	6.0%
预览	3.4%
观看视频	1.3%
观看直播	1.0%

2. 相关性分析应用方向

介绍了这么多原理性知识，我们一起来看看相关性分析，主要出现在日常工作中的哪些场景下，对产品迭代又有何价值。

场景一：**探索提升核心指标的方法**。产品核心指标，往往充当着仪表盘的角色，在产品发展过程中，希望能够将核心指标往更好的方向推动，例如产品 DAU、人均消费时长等。而对于数据分析人员，则可以分析哪些关键行为对核心指标的发展，有一定的推动作用，通过对关键功能迭代，提升产品好评度。

场景二：**探索功能间的依赖关系**。在最初的产品设计过程中，往往会根据历史的经验以及业内 TOP 产品的思路，去设计产品的 UI 以及各功能入口。而随着产品逐步成熟，用户增长会遇到瓶颈，这个时候，可以再次将功能入口的合理性进行评估。通过功能与功能之间的相关性，探索用户在哪些功能上有类似绑定应用的思想，从而可以在迭代产品的过程中，有意识地将一些功能应用流畅性打通，降低用户的应用成本。

3. 相关性分析实战案例

分享一个相关性分析的实战案例场景，帮助你加深理解。

案例背景：

某信息流 App，当前产品已经线上运行一段时间，用户的 DAU 规模进入瓶颈期，希望探索一下用户在应用过程中的一些习惯，看看是否有可改进点，能够提升用户对产品的黏性。

分析思路：

步骤一：收集端内核心功能，选择用户渗透率大于 20% 的功能（如若渗透率过小，覆盖用户面较小，即便迭代，也很难触达到更多的用户群体）。功能涵盖登录、搜索、购买、互动、评论、点赞、咨询、收藏、观看图文、观看视频、观看直播、进入个人主页等。

步骤二：生成用户粒度，各个功能是否应用的二维表，应用 Pearson 相关系数，计算各个功能的相关性，生成相关性二维表，探索哪些功能之间具有较高的相关性。

步骤三：通过相关性二维表，发现知识类图文详情页与搜索功能的相关性达到了75%，在相关性矩阵中值最高，意味着用户在预览知识类内容时，经常会伴随着搜索。从应用侧推导其原因，猜测知识类内容会令用户产生很多疑问，需要通过搜索来查询了解。反观当前的产品设计，搜索与内容板块是割裂开的，需要从详情页退出到列表页，才可以进行搜索，没有直导途径。

步骤四：为了方便用户应用，尝试将图片及文字内容中的知识点，增加搜索链接，同时在详情页增加搜索放大镜链接，直导搜索场景。结合 AB 实验方式进行小流量验证，最终实验通过，产品改动全量上线。

案例总结：

通过相关性分析，发现可能的改进空间，然后再结合小流量方式进行验证。

8.3.2 漏斗分析对产品的价值

除了相关性分析，漏斗分析在产品迭代过程中也起到了至关重要的作用。同相关性分析类似，漏斗分析同样是为了发现产品中的一些问题，从而有针对性地进行迭代。

1. 漏斗分析方法简介

漏斗分析是将用户在端内的主干行为抽象出来，度量每一个步骤的转化及流失。在应用过程中，漏斗分析主要涵盖三个要素。

节点：将主干行为抽象成顺序状，其中关键行为作为其中节点。这里需要注意，对于有向无环类顺序节点，更加适用于漏斗分析，例如注册登录场景；而对于"多链路＋双向类链路"，则更加适合链路分析，如图 8-9 所示。

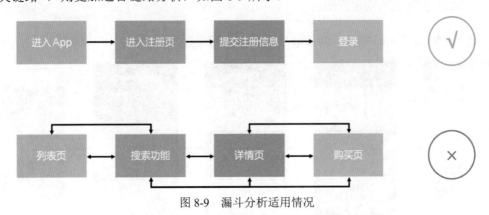

图 8-9 漏斗分析适用情况

时间：指漏斗的转化周期，漏斗分析采用多久时间的数据作为分析的周期。

人群：不同人群在漏斗中的转化情况是存在差异的，因此在分析过程中，往往会将用户群体拆分来看。例如，对于信息流类型产品，美妆类目在男性与女性群体之间的转化程度是存在明显差异的。

2. 漏斗分析应用方向

漏斗分析的目的是度量用户在流程中的转化情况，实际工作中，常应用于以下几个场景中。

场景一：**探索流失率较高的环节。** 通过将产品关注的功能漏斗绘制出来，从中找到用户流失较高的环节，判断流失原因，是由于环节自身属性导致，还是产品引导不当所导致。如果是后者，则可以将问题环节单拎出来，探索其中可改进的点。

场景二：**日常监控核心路径漏斗。** 将漏斗分析定型化，作为日常的数据监控，当产品的某些问题导致核心漏斗数据出现下跌，则可作为人工排查的数据依据。

3. 漏斗分析实战案例

分享一个漏斗分析的实战案例场景，帮助你更好地理解。

案例背景：

某信息服务类 App，新用户首次打开软件的登录链路为：进入 App →弹出注册页→填写注册信息→提交注册信息→登录。当前希望通过漏斗分析，提升用户的登录比例。

分析步骤：

步骤一：将各个漏斗节点的用户量级做计算，并绘制漏斗图。

步骤二：通过漏斗数据发现，从填写注册信息到提交注册信息的转化率偏低，仅为40%，远低于业界经验数值60%。

步骤三：从业务角度找寻问题，发现在实名注册环节用户的犹豫时间及完成度偏低，当前实名注册需要用户自行填入身份证，暂不支持第三方平台快捷认证。在发现此问题后，加速业务侧与第三方平台的合作，提升认证效率，将此阶段转化率从40%提升到62%，符合产品预期。

案例总结：

通过漏斗分析，找到转化率偏低的环节，并结合其他的分析方法，探索可改进点。

8.3.3 链路分析对产品的价值

链路指通过产品的埋点，记录用户在端内的完整行为轨迹，如图 8-10 所示。

图 8-10　用户行为链路

链路分析主要对上述用户行为链路进行分析，探索产品功能、导流是否很好满足了用户的需求，最终将其落地到产品改动上，提升用户的消费深度及满意度。整体价值同漏斗分析一致，不同之处在于，链路分析相较漏斗分析更加复杂一些，探索的点也更加多元化。

1. 链路分析的实现方式

在介绍链路分析的价值之前，先来看看在实际工作中，链路数据需要如何生成，以及以何种方式进行呈现。总体来看，链路实现可以分为两个步骤，分别为链路设计及链路展现。

1）链路设计

分析用到的链路汇总数据，可通过 SQL 获取，设计主要分为三个步骤。

步骤一：确定链路关键事件，明确点位。 明确需要用户行为的哪些点位信息，筛选出对业务有价值的事件，过滤无用事件。例如，选择核心功能的展现、点击事件，而过滤掉一些无用的交互事件。

步骤二：设定事件量级阈值。 选择能覆盖较多用户的事件，对于只覆盖很少量级的事件，则可以定向剔除。例如，产品某功能的覆盖用户量级不到 1%，则其分析的价值会大打折扣。

步骤三：设定事件的起始点或终止点，同时选择向前或向后指定步长。 对于链路分析而言，往往需要设定一个起始点或终止点，在此基础上，关注用户在此前后 N 个行为所做的事情，探索用户心态。这里可以考虑将相邻相似事件进行归一，例如用户连续点击了两次相同商品，则可以归一为一次商品点击。

在链路数据生成的过程中，有几点注意事项，需要大家重点关注一下。

注意一：链路形态。 链路生成时，要能够支持选择关键事件前向或后向链路，同时支持选择步数。

注意二：链路内容。 支持选择起始事件，支持判断相同内容是否去重。如点击和展现代表相同含义，则可以考虑只选择其中一种。例如，点击 Banner 大致等于进入 Banner，差异仅在于是否加载成功，则可以考虑合并。

注意三：链路周期。 支持选择统计多久的用户行为链路。

注意四：数据指标。 链路节点作为维度，指标可以涵盖 PV、UV、1 日留存、3 日留存、7 日留存、7 日内留存等产品核心指标。

2）链路展现

如果只是私下分析应用，直接通过 SQL 跑出数据，导出到 Excel 分析即可。但如果需要给到业务部门，则可以在结论后，加上"桑基图"进行展示，具体实现方式可以通过一些 BI 软件加以实现。

2. 链路分析应用方向

在日常工作中，通过用户的链路表现，暴露出产品侧的一些问题。其在业务场景下的应用方向有很多，这里为你介绍三种常见的应用场景。

场景一：通过聚合链路，分析影响用户转化的原因。

首先，将用户端内的链路行为进行汇总，得到如表 8-7 所示数据。

表 8-7   汇总链路行为

第一步	第二步	第三步	第四步	用户量级
首页	列表页	详情页	购买页	2100000
首页	活动页	列表页	直播页	1300000
首页	列表页	详情页	列表页	940000
首页	活动页	直播页	列表页	521000
首页	消息页	列表页	详情页	350000
...	...	...	...	...

其次，假设以上为电商类产品用户打开 App 前几步的链路，电商北极星指标为GMV，而恰巧"首页→列表页→详情页→购买页"又是与北极星指标相契合的链路，并且用户量级较大，则需要重点关注该条链路的转化情况。此时，可以将链路分析转化为漏斗分析，探索每个步骤的流转率，对于流转率较低的步骤加以优化，结合 AB 实验进行评估。

场景二：通过聚合链路，分析如何提升用户活跃度。

仍然以上面链路为基础，增加留存相关指标，如表 8-8 所示。

表 8-8   留存相关指标

第一步	第二步	第三步	第四步	用户量级	次日留存
首页	列表页	详情页	购买页	2100000	64%
首页	活动页	列表页	直播页	1300000	47%
首页	列表页	详情页	列表页	940000	55%
首页	活动页	直播页	列表页	521000	60%
首页	消息页	列表页	详情页	350000	45%
...	...	...	...	...	...

筛选留存较高且用户覆盖量级较大的链路，通过产品调研，判断功能流转对用户活跃是否有正向作用，尝试指引用户消费轨迹，从而提升用户活跃及留存。

这里你是否会有一些疑问，如图 8-11 所示。

疑问一：链路较长的用户群体，留存大概率高于较短的用户群体，那是不是就没有意义了？

疑问二：链路留存高，可能是由于该链路用户自身留存偏高导致，而非链路导致的用户留存提升？

图 8-11   疑问

那么这两个疑问的答案是什么呢？如图 8-12 所示。

回答一：大概率存在以上情况，因此在做链路分析时，需要将链路截断，并且分析的链路不宜过长，不然信息会非常发散。例如，选取用户进入App前五步的行为。

回答二：是的，这其实是因果问题，虽然没有足够的证据证实是哪种情况，但可作为业务迭代的指引，通过AB实验验证因果性。

图 8-12   答案

场景三：通过明细链路，探索影响用户消费的潜在因素。

聚合链路往往需要选择 N 步截断，无法看到用户行为全貌，而有些场景，需要通过用户完整链路探究问题本质。在这些场景中，需要先下钻到明细数据，待发现问题后，再上卷到聚合数据进行验证。

> **案例讲解**
>
> 　　端外吊起消费页时，页面下滑消费的比例异常低，通过筛选未消费用户明细链路，发现"回退按钮"在未消费的用户行为中普遍存在，上卷到聚合数据，证实问题。通过 AB 实验下掉"退回按钮"，用户消费比例相对提升 50%，同时带动次留 2% 的提升。

3. 链路分析实战案例

下面分享一个链路分析的实战场景，帮助你更好理解上述知识。

案例背景：

某短视频类 App，在端外吊起软件信息流的场景下，发现这部分用户 VV=1 的群体占比远高于大盘，同时下刷次数也明显偏低。基于这个问题，进行开放性探索分析。

分析步骤：

步骤一：思考问题可能性。端外吊起用户消费偏低，可能有两种情况：第一种，这部分用户群体自身消费水平本身偏低，属于正常情况；第二种，由于此场景下某些产品原因，导致用户被动消费偏低，这种情况，需要做产品侧优化。

步骤二：对第一种情况进行验证。将这部分用户群体在大盘的消费情况，与整体用户做对比。发现这批用户的整体活跃度、消费深度均高于大盘，因此排除第一种因素影响。

步骤三：对第二种情况进行验证。首先，无论是端外吊起还是主动启动，产品的内容推荐和广告推荐都是一致的，因此排除该因素；其次，下钻到这部分用户群体的应用链路本身，探索用户离开的方式，其中发现通过"回退按钮"退出视频的用户群体占比很大，而主动启动 App 时，产品无此按钮。推测由于回退提示在吊起场景中的出现，人为影响了用户消费。

步骤四：验证猜测。将回退按钮取消，并结合 AB 实验进行验证，发现去掉回退按钮的实验组，端外吊起消费 VV 相对提升 50%，同时端内 7 日内留存相对提升 2%，实验验证成功，产品侧将端外吊起场景回退按钮取消。

8.3.4　小结

产品分析的方法和思路还有很多，本节更多是为了帮助你打开思路，如果你已经掌握了其中的一些方法，那快去日常工作中应用一下吧。

8.4　本章小结

老姜：通过本章的学习，希望你可以对产品分析的核心流程有一个全面认知，同时，在日常工作中，可以多多汲取工作经验，将一些碎片化的内容，转化为自身的分析方法论。下面来回顾一下整体的内容。

- 产品迭代流程可以划分为六个步骤，分别为描述产品现状、发现产品问题、探索问题本质、探索改进方向、实验方式验证、策略全量迭代。

- 描述产品现状及发现产品问题，可以从数据的横向及纵向两个角度进行切入。横向关注北极星指标的长期趋势，当下的指标现状是否暴露出一些问题；纵向下钻到各个维度，参考人货场的逻辑完成下钻，并结合交叉维度探索问题。

- 在发现产品问题后，对问题本质进行探索及找寻改进方向，其中可采取多种方式，涵盖统计学方法、机器学习方法。最终通过量化结论给予产品侧迭代建议。

第 9 章
用户长期维系：
用户增长

小白：最近随便刷了刷招聘信息，看到很多数据分析岗位需求，都要求应聘者有用户增长的经验，那什么是用户增长呢？

老姜：用户增长本质是对用户在产品内生命周期的管理。一个用户从知晓产品，到下载应用，再到熟悉后养成应用习惯，最后因为主动或被动原因，选择卸载产品，这一整条流程，构成了用户完整的生命周期。而用户增长要做的，则是要服务好每个阶段的用户，增强用户对产品的黏性，最终提升用户价值。

小白：了解了，那作为数据分析师，我们要如何做用户增长？以及在其中担任何种角色？

老姜：这个问题问得很好！本章，我们就一起来看看，用户增长要如何做，以及数据在其中提供的增量价值。首先，给大家介绍一下用户增长的整体框架，帮助你从上层的角度俯瞰用户增长全貌；其次，下钻到各个阶段用户，从潜客期、新用户期、成长期、成熟期、衰退期、流失期，分别来看对于不同周期的用户，如何采取数据分析及策略玩法；最后，来看下贯穿用户生命周期的画像是如何做的，以及对产品的增量。

9.1 用户增长架构简介

老姜：本节，我们先从宏观视角看看用户增长的整体架构，综观全貌，了解其中主要涉及的内容，以及数据分析在其中的发力点。

小白：嗯嗯，目前我对用户增长没有一个完整的认知，这正是目前想要了解的，那我们开始吧！

9.1.1 用户增长简介

用户增长本质是对用户生命周期的管理，通过一系列的产品业务策略，帮助不同阶段的用户更好地应用产品，增强用户对产品的黏性，最终提升用户生命周期价值（Life Time Value，LTV）。

为了达到提升用户价值的目的，就需要一套体系化的用户增长方案作为支撑，其核心内容如图 9-1 所示。

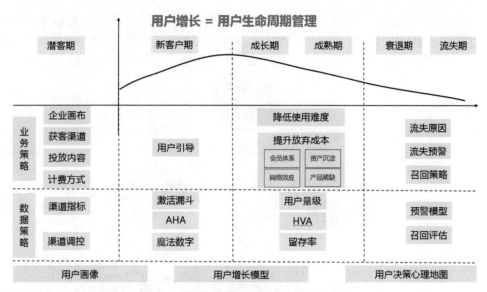

图 9-1　体系化的用户增长方案的核心内容

我们将图 9-1 拆解，核心内容可分为三部分：横向内容、纵向内容、贯穿内容。

横向内容（图 9-1 中黄色部分）：用户生命周期各阶段。将用户生命周期切割，其中涵盖潜客期、新用户期、成长期、成熟期、衰退期、流失期。

纵向内容（图 9-1 中蓝色、绿色部分）：产品要做哪些事情能更好地服务用户，针对不同周期群体，进行的业务支持和数据支持。

贯穿内容（图 9-1 中橘色部分）：贯穿用户增长始末的核心内容，其中涵盖用户画像、用户增长模型、用户决策心理地图、小流量实验等。

下面分别看看不同生命周期用户涉及的内容，以及贯穿用户增长始末的模块。

9.1.2　潜客期用户涉及内容

潜客期是用户生命周期的第一个阶段。从用户角度来看，刚开始接触产品，还在犹豫是否有必要下载应用；从产品的角度来看，如何清晰定位自身产品，做好用户拉新，获得更多的新用户，提升产品市场占有率。产品可做的内容，从业务策略和数据价值两个角度进行探索。

1. 业务策略

潜客期用户业务策略，可划分为以下四个方面，如图 9-2 所示。

充分了解市场：在产品推广之前，需要优先了解产品所处市场环境，以及自身的价值定位。可通过商业画布等方式，描述当前产品的商业模式，帮助管理者和投资人了解产品的发展方向及运作情况。

选择获客渠道：获客渠道优劣直接影响到拉新效果，以及用户质量。因此，在产品投放前，需要对比不同渠道的优劣，并进行渠道之间的最优化搭配。

制定投放内容：选择完拉新渠道后，投放的内容也直接决定着拉新效率，企业需要思考，什么样的创意更能吸引用户，什么样的素材不易被用户反感。

明确计费方式：广告计费方式多种多样，投放广告阶段中，需要明确媒体的计费方式，这直接决定着投放成本。

图 9-2　业务策略

2. 数据价值

潜客期阶段同样需要数据的支撑，如图 9-3 所示。

图 9-3　数据价值

渠道调控测算：通过对各渠道用户 ROI 的评估度量，动态调控拉新渠道的配比，降低拉新成本，提升整体效率。

渠道贡献归因：当用户被多个渠道广告所触达时，需度量不同渠道对用户的影响，利用贡献归因，衡量各渠道的核心价值。

核心指标衡量：通过核心指标，衡量用户各方面表现情况，从而反映渠道拉新用户的价值，核心指标如图 9-4 所示。

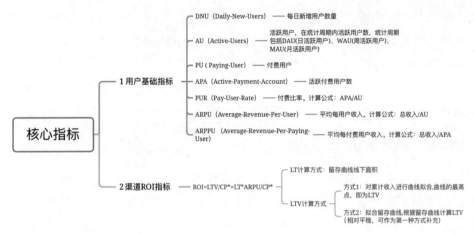

图 9-4　核心指标

9.1.3　新增用户涉及内容

当业务通过拉新手段，将用户转化为产品的新用户。这个阶段的用户，整体还是很脆弱的，可能由于各种原因而放弃产品，例如注册 / 登录链路较长、产品不能解决用户痛点、产品操作过于复杂等。因此，这个阶段也需要业务策略与数据价值的支撑。

1. 业务策略

站在用户视角来看，初始应用一款 App，一定有其应用初衷，需要产品满足一定诉求，并且整体应用过程能够流畅、简单。

因此，在制订新用户业务策略方向上，重点要聚焦于产品的核心价值，并且尽可能减少用户的上手难度。以这个为出发点，思考产品的迭代方向。

2. 数据价值

数据价值主要体现在以下几个方面，如图 9-5 所示。

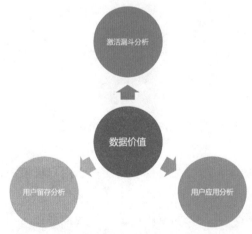

图 9-5　数据价值

激活漏斗分析：用户注册、激活链路，往往是新用户流失的关键节点。因此对产品初始功能的迭代，就变得尤为重要了。

用户应用分析：当用户完成注册登录后，开始应用 App，在应用过程中，需要知道哪些关键事件对用户起到正向作用，这里可以参考 Aha Moment、Magic Number 等分析思路，探索用户在应用侧的感受。

用户留存分析：产品功能的哪些特点，能够提升用户的留存及黏性，此方面数据支持可以提升用户的整体价值，更好地承接新用户群体。

9.1.4 成长期、成熟期用户涉及内容

成长期、成熟期用户群体，在产品中已经应用过一段时间，还能够持续应用，说明产品的某些功能是能够满足用户一些方面诉求的。那么如何更好地满足用户诉求，将用户习惯放大，提升用户对于产品的黏性及应用频次，则是此阶段重点需要考虑的方向。

1. 业务策略

在业务策略上，可以围绕降低用户的应用难度、提升用户的放弃成本这两个方向进行发力。其中，前者需要不断优化产品，提升应用便利度；后者需要通过一些玩法，提升用户对于产品的依赖程度。

2. 数据价值

此阶段，数据价值主要体现在以下几个方面，如图 9-6 所示。

图 9-6　数据价值

关注用户量级：当用户从新用户转变为老用户之后，这部分用户群体量级，直接反映产品健康度情况。

关注功能参与度：功能参与度主要反映功能对于用户价值的体现，研究用户高价值行为 HVA，探索其中增量价值。

关注用户留存率：用户是否长期应用产品，主要体现在应用频次及留存上，需要重点关注此类指标的日常表现。

关注活动情况：为了提升用户黏性，产品往往会通过一些玩法来抓住用户的兴趣点，例如用户成长体系、用户奖励等。每一种活动都需要数据侧协助测算，提升单活动 ROI。

9.1.5　衰退期、流失期用户涉及内容

任何产品都有生命周期，用户也是一样。当用户进入衰退期、流失期时，会由于种种原因选择卸载 App。这个时候，一方面，需要找到用户流失的真实原因，判断是否可以控制；另一方面，对可能要流失的用户，采取一定干预手段，尽可能留住这部分群体。

1. 业务策略

业务策略主要是对可能流失的用户施加干预手段，例如福利、Push、短信等方式，将用户重新拉拽回活跃当中。当然，要完成精准召回策略，需要通过用户的数据信息加以支持。

2. 数据价值

数据价值主要体现在以下两个方面。

探索用户流失原因：可通过定量及定性方式，研究用户流失原因。定量分析，利用端内留下的用户行为数据，定向分析其原因；定性分析，利用电话咨询、问卷调研等形式，直接询问用户的真实诉求。

预测用户流失概率：要对可能流失的用户进行干预，就要知道哪些用户可能会流失。对一个短期内不会流失的用户增加召回策略，一方面浪费成本，另一方面可能会适得其反，令用户反感。因此，可以通过模型方式，预测用户流失概率，从而针对不同概率用户施加召回策略。

9.1.6　用户画像

用户画像体系（用户标签体系），是贯穿用户增长始末的内容，通过产品内留下的信息及行为，对每个用户全方位打标，完整描述用户的表象特征及隐形特征。

用户画像的核心价值主要体现在以下几个方面，如图 9-7 所示。具体内容会在后续章节中详细讲解。

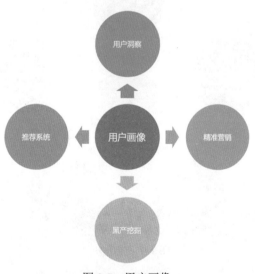

图 9-7　用户画像

9.1.7 用户增长模型

用户增长模型同用户画像一样，同样是贯穿用户增长的模块，其含义是将用户在产品内的应用，刻画成一个或多个数学公式，通过公式的数据模型，找到产品发力点，再通过增长框架图制订具体方案。

1. 创建方式

创建用户增长模型，需涵盖三要素：输入变量、方程、输出变量。创建过程，可划分为以下几个步骤。

首先，明确产品核心价值是什么，通过核心价值提炼出关注的北极星指标。

其次，对北极星指标，进行横向及纵向拆解，将核心内容拆解到各个分支上。

最后，生成增长模型，将产品业务模块化，制订业务及分析策略优先级。

下面，以电商行业为例，来看看增长模型的拆解方式，如图9-8所示。

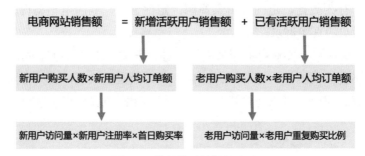

图9-8 增长模型的拆解方式

2. 应用方向

在日常工作中，增长模型应用方向，主要体现在以下五个方面，如图9-9所示。

图9-9 应用方向

北极星指标拆解：将业务核心指标下钻拆解，看清问题本质。

统一团队目标： 将业务拆解为总分模式，产品为了一个整体目标去努力。

拆解业务目标： 将企业级目标，拆解到各个部门目标上，分而治之。

明确策略优先级： 看清当下业务现状，量化各个部分对于业务目标的增量空间，在此基础上，制订未来一段时间产品可做事情的优先级。

预估增长趋势： 各部门分别制订未来增长预期，从而最终汇总到整体，保证预期的合理性。

9.1.8 用户决策心理地图

用户增长模型是站在产品的角度，拆解不同环节用户应用健康度的表现；而用户决策心理地图则是站在用户角度，评判各阶段用户的心理状态。如果用户增长模型是定量分析，那么用户决策心理地图就是定性分析，从用户角度思考产品何去何从。

用户增长心理地图可通过用户的行为周期进行拆解，主要涵盖以下阶段，如图 9-10 所示。

图 9-10　用户增长心理地图

1. 访问阶段

访问阶段，用户处于了解状态，往往会同时了解多款相似产品。

产品策略： 此阶段过程中，用户精力是非常分散的，对于产品而言，需要具备有冲击力的设计及文案，在短时间内抓住用户眼球。

案例说明： Keep 于 2016 年出品的首款广告片就非常具有冲击力，"自律给我自由"的品牌宣言，直击亚健康人群的痛点。

2. 转化阶段

转化阶段，用户处于抉择状态，诸多产品中选择哪些进行尝试。

产品策略： 通过清晰的文案阐述产品优势，给用户推荐个性化的内容及产品。同时，通过各种心理学手段，例如稀缺性、社交属性、紧迫感等，增强用户尝试的动力。

案例说明： Airbnb 的登录页中"欢迎回家"的文案及森林烧烤的背景图片，给用户很强烈的归属感，推动用户抉择。

3. 激活阶段

激活阶段，用户在意的是如何应用产品，同时是否能够满足当下诉求。

产品策略： 新用户引导、简化流程、适时提醒、长期计划等。

案例说明： 某社交软件在新用户注册登录后，采取游戏化的方式推送了新手任务清单，帮助用户愉快地了解了产品的核心功能。

4. 留存阶段

留存阶段，用户关注的是产品的长期应用价值。

产品策略： 记录用户的里程碑进展、适时提醒和沟通、向用户介绍新功能等。

案例说明： Keep 的用户等级、徽章、个人课程表，提升用户满足感。

5. 推荐阶段

推荐阶段，用户为什么会将产品推荐给别人，产品的某些内容是否值得用户推荐。

产品策略： 适时提醒用户主动推荐、给予让利鼓励推荐等。

案例说明： 小红书创作者将内容分享到微信朋友圈，可获得额外曝光。

6. 变现阶段

变现阶段，产品的哪些功能或者商品值得用户付钱。

产品策略： 在适当的场景为用户推荐适当的商品，整体的状态要自然，谨防过于直白。

案例说明： 抖音、小红书等产品的软广，在内容中推荐商品，让用户很自然地为商品买单。

9.1.9 小结

本节为架构篇，希望通过本节的学习，帮助你对用户增长的全貌有一个整体认知，在后面章节中，会对以上提及的核心环节进行详细讲解。

9.2 潜客期用户分析方法及策略

小白： 当前我们的产品属于新产品，用户量级并不大，希望通过相对小的成本，获取更多优质用户。在这个过程中，产品侧需要做哪些事情？数据分析师能带来什么价值？

老姜： 小白，你问的这个问题是所有产品均会遇到的。处于孵化阶段的产品，需要吸引更多的用户来应用，提升自身在市场中的占有率，同时，由于没有变现，无法转化出更多的资金，因此就需要调控好手中的每一分钱，撬动更多新用户。

小白： 明白，那这块内容，是不是就是 9.1 节中提到的用户潜客期分析方法及策略？

老姜： 是的。本节我们来聊聊此阶段产品可以做的一些事情，以及涉及的分析方法。

小白： 太好了，那我们开始吧！

9.2.1 了解产品所处市场

对于新产品而言，要想拉来更多用户，并且提升黏性，首先要对产品所处市场有充分的了解，同时对自身产品有清晰的方向定位。因此，需要在制订增长策略之前，将产品及所处市场，有逻辑性地梳理出来，而"商业画布"的逻辑思维框架，正好可以帮助厘清上述内容。

1. 商业画布简介

首先，介绍一下什么是商业画布。商业画布（Business Canvas）是一种梳理商业逻辑的方法论，由 Alexander Osterwalder 在 2008 年提出。其核心思想为，通过画布形式，绘制企业、产品的整体商业生态，用于帮助企业了解自身运营现状，同时帮助投资人制订商业决策。

商业画布根据内容，可划分为九个模块，如图 9-11 所示。

图 9-11　商业画布

客户细分：明确企业产品所服务的核心群体。通过用户细分标签，例如年龄、性别、城市、消费行为等方面，将用户多维分类，便于企业分门别类服务好不同类型的定向用户。

价值主张：明确企业产品能提供给用户的核心价值。价值主张需要从用户角度出发去思考，自身产品能满足用户何种诉求，以及相较其他竞争对手的独特性及竞争力。

渠道链路：明确选择哪些渠道可向用户传递价值主张。根据渠道作用，又可划分为拉新渠道、拉活渠道、售后渠道等，全方位触达用户。

客户关系：明确企业与客户之间建立关系的方式及通道。通过与用户建立密切的沟通机制，增加用户对产品的好感，最终提升用户忠诚度。其中主要涵盖客户反馈、快速响应、个性化服务等。

收入来源：明确各方向收入来源及占比。通过收入分类，便于企业了解当前收入结构，评判企业中长期收入健康度。

核心资源：明确企业为开展业务所需要的资源和能力。核心资源主要涵盖市场资源、人力资源、物质资源等，帮助企业在市场的竞争中保持优势，同时提升对于用户的服务质量和效率。

关键业务：明确企业必须执行核心内容，以实现最终的商业目的。关键业务主要涵盖推广、销售、运营等多种手段，以通过这些方式达到企业目标。

重要合作：明确需与哪些外部企业或组织达成战略合作。帮助企业获得更多的外部资源及市场优势，给自身的产品提供增量价值。

成本结构：明确各方费用成本及占比。通过企业的成本项分析，评估企业运行的健康状况，其成本主要涵盖开发成本、推广成本、销售成本、维护成本、人工成本等。

2. 商业画布对于用户增长的价值

回到用户增长上，商业画布对用户增长的增益，可从以下三点来思考。

1）明确产品核心价值

在对用户拉新前，首先需明确产品自身的核心价值，能够满足哪部分用户的痛点诉求。其次找到有这方面需求的用户群体进行推广，事半功倍。

> **案例说明**
>
> 健身 App Keep 的产品宣言是"自律给我自由"，通过"健身教学＋饮食指导＋装备购买"，形成完整的健身解决方案，将"人＋健身＋场景"有机结合起来。其核心价值是带动没时间或不想去健身房的朋友，随时随地进行轻量级健身。

2）明确产品受众群体

在对自身产品有清晰认知后，便可定位产品的目标客户。在合适的渠道，通过恰当的手段，拉取到产品匹配的用户群体，其核心在于"用户＋渠道＋手段"的结合。

> **案例说明**
>
> 同样是 Keep，根据对产品的理解，目标群体定位为"健身小白"。根据市场调研，目前健身市场"90 后"占据半壁江山，这部分人群目前基本处于职场的初中级阶段。因此，早期的 Keep 采取签约大 V 网红，在 QQ 群、豆瓣小组、百度贴吧等投放优质内容。待规模扩大后，线上增加信息流广告，线下增加办公楼宇间广告，围绕受众群体聚集推广。

3）了解产品市场现状

在选择渠道投放前，仍需对产品所处市场有充分了解，有助于产品制订推广方案。包括但不限于：政治层面、经济层面、技术层面、市场环境层面、竞对层面等。

9.2.2 精确筛选获客渠道

在充分了解自身产品及适配群体后，便可开始探索如何获取高质量用户群体。对产品而言，首先需要让用户感知到产品的存在，这就需要介入产品渠道推广。常见的互联网产品，有哪些拉新获客渠道？在诸多渠道中，如何搭配提升性价比？下面，我们来一起来解决这两个问题。

1. 产品常见获客渠道

互联网产品获客渠道多种多样，根据是否付费，可划分为需要付费的采购型流量，以及不需要付费的运营型流量，具体方式如图 9-12 所示。

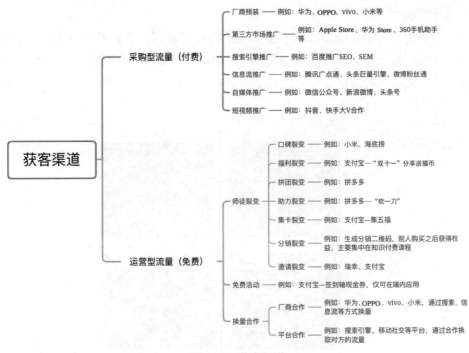

图 9-12　获客渠道

1）采购型流量（付费）

采购型流量主要就是广告，通过各种流量平台下发产品广告，定向匹配可能的用户群体，做到精准化推送。例如，产品目标是三四线女性群体，则广告在各平台投放，侧重此部分群体画像。

2）运营型流量（免费）

通过增加产品玩法，实现类似病毒营销策略，其主要涵盖以下三种运营方式。

其一，师徒裂变。如果说采购型流量，是将推广费用花费在了平台买量上，那么师徒裂变，就是将产品开销让利给 C 端用户，让用户实现一传十、十传百的病毒式推广。以过往经验来看，此种方式在产品运营初期，效果非常可观，能够快速扩大市场份额。

其二，免费活动。对于福利敏感型用户而言，适当让利，可以拉动更多此类型新用户，同时提升用户在一段时间的活跃性，帮助用户养成应用习惯。

其三，换量合作。如果说前两种拉新策略，是面向 C 端用户的玩法，那么商务换量合作，则是 B 端之间的合作协议。所谓换量，就是流量之间的互导，产品 A 给产品 B 导多少新用户，则产品 B 要给产品 A 导入相应比例的用户量级，其比例不一定是 1:1，受到平台影响力、量级质量等因素影响。

2. 获客渠道性价比量化评估

在实际工作中，你会发现拉新获客的渠道多种多样，除了上面的方式，还有很多细分渠道。而对企业来说，在拉新方面，一定是希望利用最少的钱，拉来更多高质量的用户，那么这里就需要量化评估各渠道的拉新效果，从而实时动态调控。下面我们来看看，针对单个渠道，如何评估其效果优劣。

1）渠道效果量化评判

单一渠道用户拉新，一方面，希望渠道的转化率够高，能够带来更多新用户群体，注重用户规模；另一方面，希望这些渠道拉来的用户群体足够优质，在产品中有较活跃的表现，同时可以长期给产品带来价值。因此，用户规模和用户质量，是量化拉新的两个核心方向，如图 9-13 所示。

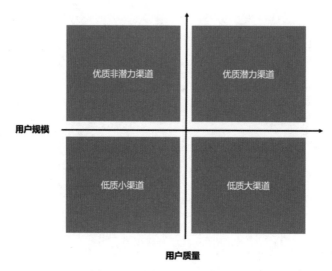

图 9-13　量化拉新的两个方向

用户规模：

用户规模方面，度量方式相对简单，可通过渠道拉新 UV 量级，直观判断。

用户质量：

用户质量方面，可从两个层面进行度量。第一个层面，用户的质量直接体现在用户后续对于产品的价值，包括但不限于活跃程度、参与程度、师徒拉新程度、消费程度等；第二个层面，除了用户价值之外，还需考虑为了达到这样的价值，所消耗的成本，也就是我们常说的性价比，对于用户成本和价值的综合考量，最终评判是否"物超所值"。

一般在衡量用户质量时，通常采用第二个层面方式，通过计算 ROI，综合评判用户质量。下面对一些常用的名词进行解释。

> **扫盲**
>
> ROI：投资回报率，ROI= 收入 / 成本 ×100%，大于 1 代表收入＞成本，反之收入＜成本。
>
> LT：用户生命周期（Life Time），即用户从开始应用 App 到离开 App 的总应用天数。
>
> LTV：用户生命周期价值（Life Time Value），即用户从开始应用 App 到离开 App，给产品带来的总价值。
>
> ARPU：用户单位时间收入（Average Revenue Per User），即单位时间用户给产品贡献的收入。
>
> CAC：用户获取成本（Customer Acquisition Cost），即平均花多少钱获取一个客户。

用户一段时间的 ROI 可通过以下公式进行计算：

$$ROI = \frac{LTV}{CAC} = \frac{LT \times ARPU}{CAC}$$

其中，CAC 主要是投放成本，在渠道拉新投放时，就已知晓。因此，重心放在 LTV 的计算上。针对 LTV 计算，一般有两种常见方式互为补充。

方法一：对累计收入直接进行曲线拟合，拟合的最高点则为 LTV，如图 9-14 所示。

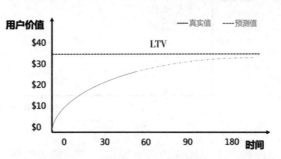

公式：$LTV = max(f(x))$；$f(x)$ 为累计收入曲线函数

图 9-14　累计收入曲线

方法二：拟合用户留存曲线，先计算 LT，再通过 LT×ARPU 值，计算 LTV，如图 9-15 所示。

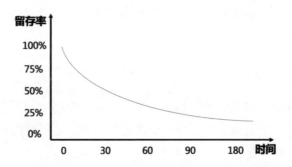

公式：$LTV = \sum_{i=0}^{n} R_i \, {}^*\overline{ARPU}$

$$\overline{ARPU} = \sum_{i=0}^{K} income_i \, / \sum_{i=0}^{K} keep\_uv_i$$

图 9-15　拟合用户留存曲线

此种方式拟合结果较为平稳，一般情况下推荐此种方式。

通过以上内容，计算出各渠道 ROI，然后结合流量规模，综合评判渠道的整体质量，并实时动态调控。

2）渠道调控实战经验

通过渠道性价比量化评估，可以精准地判断当下哪些渠道拉量效果最好。这里可以思考一下，在渠道投放过程中，是否可以将预算全部投入效果最好的渠道中？

这个问题，要从"业务＋长线"角度，考虑综合性价值，在实践经验中，总结以下两点注意事项。

注意一：采用多渠道并存手段获客，动态调控，避免单一渠道投放。

之所以采用此种方式，主要由于中短期原因及长期原因。

中短期原因：由于单一渠道用户有限，获取效率与获客成本存在"边际递减效应"，随着拉量的持续，获取相同用户量级的成本会上升，因此需要平衡各渠道的成本与收益，达到最优值，如图 9-16 所示。

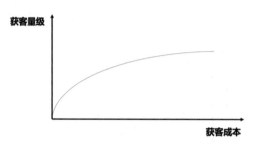

图 9-16　边际递减效应

长期原因：渠道同样存在生命周期，相同渠道、不同阶段的用户群体存在差异。

注意二：前期优先抓重点渠道进行投放，避免资源平分。

在投放过程中，我们很难面面俱到，在短时间内尝试所有的渠道。因此，这里要采取"28 法则"，即将 80% 的精力投入到 20% 的 TOP 渠道上。

举个例子：针对某款新兴产品，应用商店、网盟的 ROI 长期相对稳定且转化率相比其他大类高，则可以将重心优先放在此类细分渠道上，直至产品相对成熟后，再尝试其他渠道。

9.2.3　获客渠道归因分析

在计算渠道 ROI 时，用户群体为通过该渠道下载并应用 App 的用户。这里请思考一下，是否用户最终由哪个渠道带来，则这个渠道的广告就是影响用户应用 App 的全部因素呢？这里我们来看一个案例。

> **案例讲解**
>
> 码农小芳，白天刷"淘宝"的时候点击了某游戏的广告 → 晚上刷"抖音"的时候又点击了这款游戏广告 → 夜里又在"微信朋友圈"中看到了这个游戏的推广。小芳平时是不玩游戏的，但由于画面比较精致，最终通过"微信朋友圈"渠道下载了这款游戏。
>
> 这里会涉及几个问题：
>
> 问题 1：小芳从"微信朋友圈"下载的游戏，那是否只有这个渠道的广告对小芳下载行为有驱动作用呢？
>
> 问题 2：如果"淘宝""抖音""微信朋友圈"均对小芳下载游戏有一定的影响，那该如何量化各自的贡献度呢？

以上涉及的问题是渠道价值评估当中经常遇到的，将用户下载归因到合理的渠道，用于精确计算渠道价值，同时也会涉及渠道间的结算。

　　渠道归因概念在第五章中有过介绍，这里我们主要看看日常工作中渠道归因的常见方式，如图 9-17 所示。

图 9-17　渠道归因

　　第一种：首次互动归因。

　　原理：以用户第一次触达产品广告作为唯一渠道归因。

　　举例：仍接着以上案例，小芳在白天点开了淘宝某游戏广告，虽然没有下载，但是认为第一次触达广告对于用户影响最大，因此导流渠道为淘宝渠道。

　　第二种：末次互动归因。

　　原理：同首次相反，以用户最后一次触达产品广告作为唯一渠道归因。

　　举例：小芳在夜里点开了微信朋友圈某游戏广告，并最终下载，因此导流渠道为微信朋友圈渠道。

　　评价：此种方式为大多数产品的主流归因方式，其优势在于清晰、解释性强，而劣势是过于简单粗暴，结果导向。

　　第三种：平均权重归因。

　　原理：各个触达渠道雨露均沾，贡献平均归因到每个触达渠道。

　　举例：小芳触达过淘宝、抖音、微信朋友圈三个渠道，最终下载，则每个渠道归因各占 33%。

　　第四种：时间衰减归因。

　　原理：离下载行为越近的渠道，贡献权重越高。

　　举例：小芳触达过淘宝、抖音、微信朋友圈三个渠道，最终下载，则微信朋友圈渠道贡献 50%、抖音渠道贡献 30%、淘宝渠道贡献 20%，具体数值依据业务而定。

　　第五种：U 形权重归因。

　　原理：首、末触达渠道权重最高，中间渠道权重最低，类似 U 形。

　　举例：小芳触达过淘宝、抖音、微信朋友圈三个渠道，最终下载，则微信朋友圈渠道贡献 40%、抖音渠道贡献 20%、淘宝渠道贡献 40%，具体数值依据业务而定。

9.2.4 小结

在日常工作中，针对用户拉量相关内容，数据分析师一般侧重于用户归因的计算，以及渠道拉新、拉活 ROI 的计算。因此，需要增加对于此类知识的理解，方可在面试和工作中得心应手。

9.3 新增期用户分析方法及策略

小白：听了 9.2 节的分享，对于如何获取新用户有了一定的思路。当新用户开始应用我们的产品时，又需要如何承接好这些新用户呢？

老姜：这个问题问得好，前面我们介绍过，用户生命周期可以划分为六个阶段，即潜客期、新用户期、成长期、成熟期、衰退期、流失期，当用户从潜客转化成新用户之后，便要考虑如何承接好这部分用户群体。新用户群体作为产品用户池的入水口，决定了大盘未来中长期用户量级的走向。随着近些年互联网红利逐步消退，产品获客成本与日俱增，在这样的背景下，服务好每一个新用户，让其获得归属感，提升用户留存，便成了各企业关注的核心问题。

小白：看来新用户阶段，我们可做的也是非常多呀！

老姜：是的。下面我们先从新用户的心理出发，看看产品需要提供什么。在此基础上，分享一些业务策略以及数据可带来的价值。

9.3.1 新用户心理探索

想要服务好新用户，就要知道其痛点是什么，站在用户视角去俯瞰产品。这里，我们还是以运动软件为例，看看作为新用户的小白，对产品有哪些诉求。

1. 应用运动软件前

近期，小白决定开始减肥，但平时工作比较忙，又不想去健身房，正巧听身边的同事谈论起健身运动软件还不错，可以督促自身保持运动。于是，根据自身诉求，到应用商店进行搜索，在搜索的过程中，小白发现某款运动软件的宣传语很吸引她，于是果断下载尝试一下。

从产品侧分析一下哪些可作为产品抓手。

- 产品需要明确自身的核心价值，帮助用户在短时间内进行合理匹配。
- 产品可以制订有调性的宣传语，快速吸引相同诉求的用户群体，同时提升产品的格调。

2. 应用运动软件中

当小白打开运动软件后，在选择完隐私协议等内容后，产品弹出新用户指引，因为之前没有应用过类似产品，因此新用户快速指引对于小白非常友好。在了解了产品的核心功能后，弹出一些推荐课程，选择一个当前比较感兴趣的课程，开始第一天的锻炼。

在锻炼完成后，赠送给小白了一个运动勋章，纪念在此软件内的第一次运动，小白觉得课程还挺专业的，决定未来坚持运动下去。在准备退出软件的时候，产品推送给小白一系列有针对性的运动套装，而这也正是小白当前缺少的，于是在里面买了一个运动手环。

从产品侧分析一下哪些可作为产品抓手。

● 产品的核心价值，要在第一时间传递给用户，可以通过引导等形式，指引用户应用。
● 产品可通过各种途径增加对用户的了解，以便实施千人千面的友好推荐。
● 将用户需求从单一诉求向多元诉求上引导，不断吊起用户兴趣，减少应用疲劳感。

3. 应用运动软件后

由于小白刚开始健身，有时候会有一些惰性，加上日常工作比较繁忙，常常忽略锻炼身体。每当小白忘记锻炼时，软件都会推送消息进行提醒，而每当收到推送信息，小白都会尽量坚持去锻炼。

从产品侧分析一下哪些可作为产品抓手。

● 摸清用户应用规律，适时推送消息，与用户保持日常信息往来。
● 帮助用户养成习惯，逐步让对产品产生依赖感。

以上，就是一个用户在应用 App 时的心理分析，在看清用户诉求后，便可开始探索采取的业务策略，以及支持业务策略的数据方法。大家也可以从自身的产品视角出发，思考一下产品还可以做哪些优化。

9.3.2　针对新用户的业务策略

从产品角度出发，在了解用户的心理之后，便可有针对性地制订业务策略，主要可以从以下几个角度进行思考，如图 9-18 所示。

图 9-18　业务策略

增强应用动力：将产品核心价值前置，内容聚焦，让用户尽快感知到提供个性化内容及优质体验，形成用户激励体系。

降低应用成本：减少用户激活过程中的冗余步骤，推迟注册流程，避免出现冷启动情况，通过关键行为挖掘，给予用户适当引导。

增加日常奖励：给予用户获得感，采用红包等方式吸引用户产生活跃行为。

形成闭环用户成长体系：增强产品与用户之间的互动，让用户尽量在产品上留下资产，提高新用户沉没成本。

9.3.3 针对新用户的数据分析方法

为了留住更多的新用户，数据同样发挥着至关重要的作用，具体体现在以下几个方面，如图 9-19 所示。

图 9-19　数据价值

1. 激活漏斗研究

在第 8 章产品分析中，我们一起学习了漏斗分析在产品探索中的价值，对于新用户阶段，用户注册、登录环节的漏斗分析是至关重要的。据调研，平台 App 中，20% 新用户流失于注册、登录阶段。

2. Aha Moment 研究

当新用户完成注册登录后，开始应用产品的各项功能时，可能某些功能与用户整体诉求非常匹配，从而令用户对产品产生依赖，这个功能点我们称作"爽点功能"，也就是用户增长中常提及的"Aha Moment"。对于产品而言，探索哪些关键行为是用户的 Aha Moment，从而通过一定的引导，让用户对产品产生依赖，提升用户留存。

关键行为的挖掘，可通过"定量挖掘"及"定性挖掘"相结合的方式。

1）定量研究

将用户关键行为量化出来，找出是否有某些关键行为与用户留存存在较强的正相关。如果存在，则可以在实验验证后，将用户关键行为扩大，引导用户应用体验。这里有三种常用的数据探索方式可以参考借鉴。

方式一：分析用户是否应用功能对应的留存差异。如果差异较大，说明该功能与用户黏性存在一些关系，具体数据如表 9-1 所示。

表 9-1　具体数据

功能点	应用次留	未应用次留	次留相对Diff
登录	73%	51%	43%
点赞	70%	57%	23%
评价	65%	61%	7%

登录对次日留存影响最为明显，因此登录功能可重点关注。这里需要注意，在做此分析之前，需要考虑功能的覆盖量级，过低的覆盖率价值会大打折扣。

方式二：计算功能与用户是否留存的相关系数。 此种方式在第 8 章中介绍过，如常见的 Pearson 相关系数等，计算出来正相关性越强，说明该功能与用户黏性存在较大关系，具体数据如表 9-2 所示。

表 9-2　Pearson 相关系数

功能点	Pearson
登录	0.85
点赞	0.44
评价	0.21

方式三：用户是否应用功能为 Feature、留存为 Label 搭建分类模型。 同样在第 8 章中介绍过，利用分类模型特征贡献度的方式，探索功能是否应用与用户留存 Label 之间的关系，具体数据如表 9-3 所示。

表 9-3　Feature Importance

功能点	Feature Importance
登录	0.57
点赞	0.25
评价	0.18

2）定性研究

在真实业务场景下，往往需要定量研究与定性研究相结合，给出最终结论。倾听真实用户的声音，往往是定性分析中不可或缺的，通过问卷、弹窗等有奖问答形式，随时了解用户的真实感受。

3. Magic Number 研究

在找到关键行为后，下一步则需要探索关键行为触发次数对留存的影响，也就是用户增长中常提到的 Magic Number（魔法数字）。

方式可以采用功能应用次数与留存的关系，利用"肘部法则"找拐点。当然，有时可能会出现拐点不是很清晰的情况，遇到这种情况，需要根据对产品的理解，选择合适次数，如图 9-20 所示。

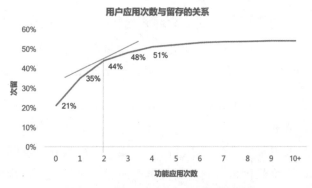

图 9-20　用户应用次数与留存的关系

通过图 9-20 可以看出，用户应用此功能 2 次以上，留存增长明显放缓，则将 2 次作为拐点。这里同样需要考虑功能覆盖量级情况。

9.3.4 小结

通过本节的学习，希望你可以对新用户的业务策略及分析方法有一个初步认知，真实业务场景中，分析的复杂度及方向性会比这里提及的要广泛很多，有些时候也会在分析过程中，根据场景及问题点改变分析方向，不断适配，直至得出最终结论。

9.4 成长期、成熟期用户分析方法及策略

小白： 老姜，随着时间推移，新用户逐渐转化为成熟用户，那对于这批老用户群体而言，我们又可以采取哪些应对策略呢？

老姜： 这个问题是绝大多数产品会去思考的，对于平台类产品而言，老用户比例占据绝大多数，服务好这部分用户群体，对于产品用户池子影响极大。下面，介绍一下针对成长期、成熟期用户，产品可以做哪些事情，以及数据在其中担任的角色。

9.4.1 针对成长期、成熟期用户的业务策略

这类用户群体，对于产品功能已经有了一定的自己的理解，侧重点可以放在用户行为习惯的养成，并且将其逐步放大。为了达到这样的目的，可以从"降低用户应用难度"及"提升用户放弃成本"两个角度来思考策略。

1. 降低用户使用难度

当前人们处于快节奏时代中，"快餐式消费"是绝大多数用户的心态，其保持非常低的耐心度。因此，产品想要吸引更多用户应用，就需要简化内容，突出自身核心价值。下面举一个案例。

> **案例讲解**
>
> 走进游戏市场，《王者荣耀》用户量级是某些同类型 PC 端游的数倍，其中是何原因呢？
>
> 最核心的原因在于，它可以利用日常碎片化时间，用手机打一局游戏，对用户的时间成本是比较低的，更加便捷；而在 PC 端打一局游戏，需要打开电脑、进入游戏，这一系列操作完，几分钟过去了，用户往往需要一个完整时间段才能打上一局游戏。

由此可见，降低用户的应用难度、应用成本，在当前这种市场环境下是多么重要。

2. 提升用户放弃成本

如果说降低用户使用难度是必要条件，那么提升用户放弃成本则是充分条件。在当下这种内卷的时代，无论是什么方向，同类型产品竞争对手很多，想要让用户在诸多产品中选择你的产品并且长期应用，除了降低应用难度外，还需提升用户的放弃成本，才

可能脱颖而出。

对当前产品而言，常见的产品策略如图 9-21 所示。

图 9-21　产品策略

1）用户成长体系

用户成长体系以产品为核心，在满足用户诉求基础上，增加面向用户的长期玩法。以会员等级、经验值、积分等方式为触达点，对用户活跃及贡献进行分级，通过精神及物质的激励，促进用户长期应用产品，从而达到企业用户增长的目的。

用户成长体系是各类产品中维系用户最常应用的方式，其核心目的是让用户获得长期的成长感及满足感，例如支付宝会员等级、Keep 运动勋章等。

此种方式在用户增长环节起到重要的作用，会在下面篇幅中进行重点剖析。

2）用户资产沉淀

日常生活中，你是否发现一个现象，在听歌人群中，人们一般只会常用一款音乐播放软件。归其原因，在于听歌的过程中，会收藏缓存很多自己喜欢的音乐，日复一日，形成属于自己的歌单，同时产品根据客户爱好，也会有了一个比较干净的推荐系统内容。而当更换一款产品后，所有的信息都需要从零开始，使得用户放弃成本非常高。

这就是资产沉淀对于用户黏性的作用，让用户在产品内留下些东西，提升用户长期应用的可能性。例如 QQ 音乐歌单、百度网盘资源等。

3）用户网络效应

当前微信、QQ 在社交场景中的地位无可撼动，产品做得好是一个方面，另一方面则是用户的聚集性。对于社交类产品，当你身边人都在应用某一款 App 时，你自然而然也会应用，这种人与人之间的互动与影响，称为用户网络效应。

因此，对于用户的维护，不能仅局限于用户本身，而要增加用户与用户之间的互动性，从而间接提升用户黏性。例如，网易云音乐与好友一起听歌、脉脉推荐你可能认识的人等。

4）产品稀缺性

产品稀缺性指由于产品本身在市场内独一无二，用户没有其他可选择的空间，使得用户的放弃成本很高。但在当下内卷的时代，产品稀缺性出现情况并不算多，但将时间周期拉长，还是有很多这样的案例，例如早期 iPhone 手机、早期特斯拉汽车等。

5）用户奖励

对于福利敏感型用户而言，适当地让利，可以为这批用户群体带来更多的活跃时长。同时，用户奖励也可划分为定期与不定期，定期奖励可提升用户的活跃，不定期奖励可提升用户的惊喜度。例如，支付宝定期及不定期发放的公交券等。

6）用户参与闭环

用户参与闭环指产品的功能能够帮助用户形成一个体系化的应用感受，这样说起来可能有些模糊，我们看一个案例。

> **案例讲解**
>
> 在应用 QQ 音乐的时候，有一个功能是回忆去年同期常听的音乐，站在回忆的视角去品味当年音乐的味道，在冰冷的产品中增加了情怀。

以上案例是针对单用户参与的闭环，除此之外，还有多人参与的闭环玩法，例如 QQ 空间、脉脉，可查看哪些人访问过"我的空间"，从而反向回看，在对方空间内留下足迹，形成多人参与的闭环。

以上策略都是针对老用户常用方式，可在工作中参考借鉴。

9.4.2　针对成长期、成熟期用户的数据分析方法

说了这么多产品策略，那此阶段数据分析人员需要重点关注什么呢？这里为你总结了以下几点，如图 9-22 所示。

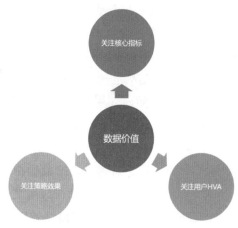

图 9-22　数据价值

1. 关注核心指标

核心指标是用户增长任何阶段均需要关注的内容，而对成长期、成熟期老用户而言，

还在应用产品，说明产品的某些功能是能满足用户诉求的。因此，针对此阶段用户，需要更加关注用户的内心活动，反映在量级、参与度、满意度等核心指标上。

2. 关注用户 HVA

HVA（High Value Action）即高价值行为，可以与 9.3 节介绍的 Aha Moment 画约等号。从用户的行为数据中，分析是否存在一些高价值关键节点，并将其尽可能放大，触达更多的用户群体。

3. 关注策略效果

为了能够与时代方向接轨，产品也需要与时俱进。产品侧会定期发布大版本及小版本的产品迭代；运营侧会在特殊时间点上线一些运营活动，提升产品短期热度。

针对这些产品改动及策略，往往需要通过 AB 实验方式进行验证，而对于数据分析人员，需要将更多的精力聚焦于策略的迭代效果评估上，以及推断之后的整体用户表现，通过数据方式，给予科学验证。

9.4.3 用户成长体系的价值

对于成长期、成熟期用户群体，用户成长体系在维系用户中起到很大的作用，如果说用户增长是用户生命周期的管理，那么用户成长体系则是管理用户的方式。

通过对用户行为方式调研，设计触达用户的玩法，提升其对产品的忠诚度及贡献，从数据角度来看，体现在活跃及留存上。下面展开谈一谈其中涉及的策略及数据内容。

1. 用户成长体系的价值

不是所有产品都需要用户成长体系的，具体体现在以下两点。

其一，**非刚需类产品**。成长体系的意义在于激励用户，而对于刚需产品而言，即便不做激励，也会保持长期活跃，例如微信等。

其二，**非低频类行为**。成长体系需要同时考量成本及收益，因此对于低频类产品而言，一方面，无法通过激励大幅提升用户收益；另一方面，维护需要花费较大的人力及精力，例如购车、购房等。

在当下内卷的时代，对绝大多数产品而言，仍有较高的用户运营诉求，这也就需要对用户成长体系进行建设，例如电商类产品、视频类产品、信息流类产品等。

那么，用户成长体系又有何价值呢？

从宏观角度来看，其价值主要体现在对于用户及产品的价值上。

其一，**对于用户的价值**。对于新用户而言，帮助其快速熟悉产品功能，并在端内留下资产；对于老用户而言，使其获得归属感及成就感，并在应用过程中享受更多的特权优惠。

其二，**对于产品的价值**。对于产品而言，用于划分用户群体，提升精细化运营能力。对于不同类型用户群体，实施定向产品策略，为后续商业变现打下基础。

由此可见，一个好的用户成长体系，对于产品是至关重要的。

2. 用户成长体系设计原则

在看清价值后，便可以开始着手搭建自身产品的用户成长体系了。那么，在其过程中，又需要遵循哪些原则？避开哪些坑呢？下面为你总结了八个原则，需要重点关注，如图 9-23 所示。

图 9-23　设计原则

原则 1：**贴近业务特色**。在设计用户成长体系过程中，通用思路是可以借鉴的，但除此之外，仍需突出产品元素及特色。例如，电商类 App，围绕下单、评论等方面进行激励；视频类 App，围绕观看时长、互动等方面进行激励。

原则 2：**玩法可扩展**。在设计初期，需综合考虑内容的可扩展性，成长体系容得下后续玩法的延展。例如，如果是经验值升级方式，达到高等级的门槛不宜过低，防止到达顶级后，后续策略无法对用户产生吸引。

原则 3：**任务门槛设置梯度**。在设计激励或任务的时候，需要考虑完成门槛的高低，这里建议将不同激励划分门槛等级，既有低垂容易触达的任务，也有需要一定努力才能完成的。通过设置不同门槛，将用户等级划分开。

原则 4：**定制化激励内容**。针对各阶段用户，设计不同的激励策略。例如，针对新用户，设计一些指引应用功能的任务，难度上相对降低，与成熟老用户形成差异。

原则 5：**等级升降机制**。除了升级机制，还需要设置降级机制，当用户一段时间没有应用或者没有完成激励任务，则对用户进行降级。适当的"惩罚措施"可以提升用户的活跃行为。

原则 6：**激励方式可感知**。激励的触达方式，既不能过于激进，干扰用户的正常消费；也不能默默无闻，用户完全感知不到。需要适当强调用户成长体系的存在感，例如，通过红点、动态引导等方式，触达用户群体。

原则 7：**侧重用户而非运营**。在设计激励策略时，需要站在用户的角度考虑增益，而非仅仅为了运营。例如，针对新用户，正确的思路是，通过一系列引导任务，帮助用户快速的熟悉产品；错误的思路是，为提升某些功能的渗透，而引导用户，出发点是不同的。

原则 8：**评估成长体系 ROI**。用户的成长体系、激励等内容，往往会涉及成本及收入。

因此，需要综合评估性价比，确保成长体系 ROI 是正向的，才有持续运营下去的必要。

3. 用户成长体系的玩法

用户成长体系的设计往往伴随着各种策略玩法，其中积分 / 虚拟货币、成长值 / 经验值 / 等级、成就 / 勋章、排行榜四种类型最为常见。

玩法一：积分 / 虚拟货币。 通过完成指定任务获取积分，用于消费抵现、抽奖、兑换礼品等。该种方式是内容型产品较为常见的促活手段，例如趣头条、今日头条极速版等。

玩法二：成长值 / 经验值 / 等级。 等级为特权体系的核心，通过活跃、充值等行为，提升用户所属级别，作为虚拟身份的象征。

- 典型的充值方式获取成长值，例如 QQ 音乐的 VIP、SVIP 等。
- 典型的活跃方式获取成长值，例如支付宝的大众会员、黄金会员、铂金会员、钻石会员等。

同时，成长值与等级的对应关系是需要数据人员测算的，这个会在下面进行讲解。

玩法三：成就 / 勋章。 通过完成指定任务，获取成就奖励，在端内作为虚拟身份的象征，例如 Keep 勋章等。

玩法四：排行榜。 排行榜玩法已经很普遍了，该方式最早出于商业目的，利用人的共趋性特点，激发人群的竞争欲望。同时，对于排行榜前列的用户，往往会给予一定物质上的回报。例如，《王者荣耀》的好友排行榜、地区排行榜等。

大家是否发现这些玩法的一个共性，**基本都是通过用户在产品中的贡献，给予虚拟的成长值或成就，使你能够获取一定的回报或荣耀感，提升在产品中的活跃度，形成良性闭环。其中，成长值的获取及消耗方式，是需要产品侧思考的。**

4. 成长值的获取与消耗

成长值的获取方式主要有三大类，如图 9-24 所示。

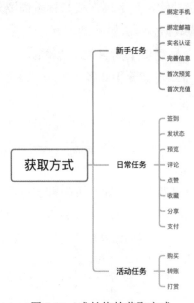

图 9-24 成长值的获取方式

新手任务： 通过新手任务，一方面，引导新用户应用产品，提升学习动力；另一方面，帮助用户主动留下更多用户及行为信息，提升产品对用户的了解程度。

日常任务： 通过日常任务，提升用户在端内的活跃，培养用户的行为习惯。

活动任务： 通过不定期活动任务，为用户提供更多的玩法及让利，提升用户热情，促进短期消费。

成长值的消耗方式同样可划分为三大类，如图 9-25 所示。

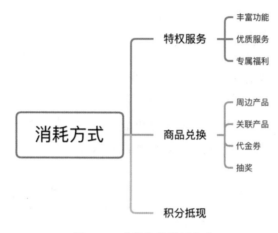

图 9-25　成长值的消耗方式

特权服务： 依据用户等级、身份，开通不同权限，秉承多付出多回报的原则。

商品兑换： 彰显产品调性，通过积分兑换一些周边产品，同时涵盖宣传效应。

积分抵现： 积分抵现方式一般有两种：一种是直接发放现金；另一种是在消费中抵现。后者往往更为常见，可以促进用户消费。

5. 等级对应成长值测算

成长值往往会与用户等级挂钩，那么用户成长体系需要划分多少个等级？每个等级所需成长值又是多少？这需要数据分析人员协助测算。

首先， 等级划分数量与产品互动空间有关。当产品有很多互动抓手，玩法丰富时，建议将等级细化，例如 RPG 游戏可划分 100 多个等级。反之，建议将等级粗化，例如支付宝会员划分 4 个等级。

其次， 等级成长值设定，与"等级数量＋可完成度"有关。等级数量较少的产品，成长值适合指数函数拟合，不同等级之间所需成长值差异较大；等级数量较多的产品，适合幂函数拟合，成长值差异适中。

成长值测算还需考虑升级周期的合理性，时间太长会降低用户兴趣度，导致很少有用户可以完成；而时间太短，用户又很容易达到满级，导致快速失去兴趣，无法达到长期促活的目的。另外，各等级升级的最短周期，又与"升级所需成长值＋每日最高可获得成长值"有关。

下面为某产品的测算案例：

该产品划分为 8 个等级，总成长值通过指数函数进行拟合，基本符合斐波那契数列，测算出各等级升级的最短天数。为提升用户的生命周期，该测算值在当前产品上符合预期，具体如表 9-4 及图 9-26 所示。

表 9-4　相关数据

等级	总成长值	升级所需成长值	每日最高可获得成长值	升级最短天数
1	0	0	50	0
2	1000	1000	100	10
3	3000	2000	100	20
4	7000	4000	100	40
5	15000	8000	100	80
6	31000	16000	120	133
7	63000	32000	120	267
8	128000	65000	120	542

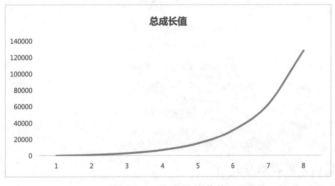

图 9-26　总成长值曲线

6. 案例讲解

最后分享一个产品案例，从用户视角看看 QQ 用户成长体系是如何设计的。如图 9-27所示，将 QQ 会员成长值划分为 10 个等级。

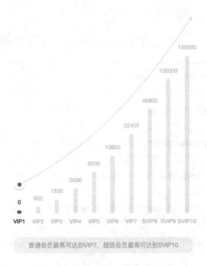

图 9-27　超级会员成长体系

1）成长值获取方式

QQ 会员成长值获取方式，主要涵盖以下几个方面，如图 9-28 所示。

图 9-28　成长体系

签到：通过每日签到获取成长值。

活跃：通过应用核心功能获取成长值，例如创建群聊、一键登录等。

裂变：通过邀请好友、分享内容获取成长值。

充值：通过开通宝藏卡、会员续费、充值话费、开通流量包获取成长值。

2）成长值消耗方式

当会员体系关闭后，成长值不会立即清空，而是以 N 点 / 天的速度下降，直至下降到 0。用户为了保持现有的等级，则需要不断地充值，来维持会员开通的状态，这也是很多产品促进用户长期消费的一种方式。

3）特权玩法

随着会员等级的提升，用户可以解锁很多会员特权，如图 9-29 所示。

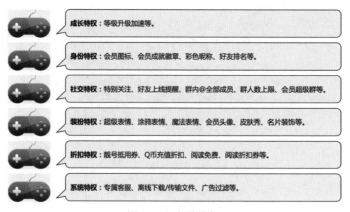

图 9-29　会员特权

9.4.4　小结

本节内容更多是站在业务视角了解成长期、成熟期用户的维系方案。希望通过本节的学习，你可以扩充业务思维及分析思路，输出更为落地的决策方案。

9.5　衰退期、流失期用户分析方法及策略

小白：老姜，我们产品最近用户 30 日内留存趋势有所下降，想看看用户是否有所流失，以及有什么手段可以干预。

老姜：通过上面几节，我们了解到，每个用户都是存在生命周期的，衰退、流失往往是产品用户生命周期的终点。对于此阶段的用户群体，可以采取一些召回手段，尽量拉长用户的生命周期。下面，我们一起来看看在这个阶段，产品和数据可以做的事情。

小白：好的，正好可以直接拿来应用。

9.5.1　为什么需要对衰退期、流失期用户进行干预

你是否有这样的疑问："为什么需要对流失用户做干预？用户走了就走了，我们拉取更多的新用户不就能弥补回来了？"

这里为大家分享一组调研数据，根据美国贝恩公司的调查，在商业社会中 5% 的客户留存率增长意味着公司利润 30% 的增长，而把产品卖给老客户的概率是新客户的 3 倍。

当前，互联网公司已经过了用户增长最佳的红利期，随着企业的成熟，增长成本与日俱增。因此对于产品，服务好存量用户，避免用户流失，收益将远高于开发同等量级的新用户。

这里可能你又会问："是否可以不做预警，等到用户真正流失之后再做召回？"

答案是可以的，但是召回效果不理想，且成本较高。原因有以下两点。

其一，用户离开是由于对产品不满，此时的用户对于短信、推送等手段是十分反感的。

其二，用户在离开的时候，很可能已经将 App 卸载，部分召回手段无法触达到用户。

由此可见，当用户卸载产品后，再想通过各种手段挽回，难度是非常大的。所以，要在用户即将流失前，产生衰退行为时，根据用户的行为特征及属性特征，有效识别出流失风险，配合多元化召回策略，最大化留住这批用户。

下面分享一套相对通用的流失预警策略框架，希望你可以在工作中给予应用。

9.5.2　流失预警整体分析及策略框架

流失预警整体框架可划分为四个部分，如图 9-30 所示。

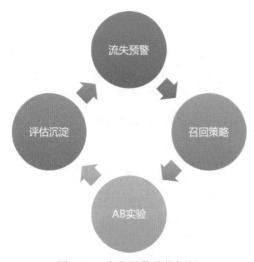

图 9-30　流失预警整体框架

阶段一：流失预警。

流失预警是所有步骤的起点，只有知道哪些用户会流失，才能定向地施加干预策略。根据用户的行为特征及属性特征，预测用户在未来一段时间内是否流失以及流失可能性的大小，树模型及 Wide&Deep 模型均是比较常用的，将所得到的用户预测 Label、置信度输出给下游业务方，此环节需要数据分析人员高度介入。

阶段二：召回策略。

业务方根据预测出来的数据，合理匹配"用户 + 触达方式 + 触达内容"。不同产品、不同业务场景的匹配方案均不相同，而原则只有一个，以最小的成本召回最多的用户，下面会分享一些常见的业务召回方案。

阶段三：AB 实验。

在进行策略召回时，效果是业务方最关心的问题。而 AB 实验是最直接的评估方式，将一部分随机用户作为基线组不采取任何措施，另一部分实验组施加召回策略，为了保证用户群体的一致性，可配合 DID（双重拆分法），将用户差异、时间差异、策略因素有效剥离，从而得到纯净的策略效果。同阶段二形成闭环，持续优化"用户 + 触达方式 + 触达内容"的匹配。

阶段四：评估沉淀。

对以上每个环节的内容进行优化，沉淀总结经验，在有条件的情况下，落盘至平台，提升后续预警召回的准确率及效率。

9.5.3　衰退期、流失期用户涉及的分析方法

在对衰退期、流失期用户实施策略前，首先需要对用户进行前瞻性的分析及探索，其重心可放在以下两个方向。

方向一：分析用户可能的流失原因。 要对可能流失用户进行干预，首先要明确什么样的用户算是衰退、流失群体，在此基础上，通过用户的行为数据，分析用户可能流失的原因。

方向二：对可能流失的用户进行预测。 当明确了方向一的信息后，可以通过算法的方式，预测用户在未来是否会流失，用于后续产品策略的定向投放。

下面针对这两个方向进行展开。

1. 流失预警模型前置分析

在搭建流失预警模型之前，需要先明确用户流失的定义，以及探索可能的流失原因。

1）如何定义用户流失

流失用户口径是至关重要的，不同定义会直接影响后续预测的真实性及准确性。在定义前，需要充分了解业务，与业务方进行讨论，不同应用角度对于流失的定义是不同的。这里主要对"流失行为"及"流失时间窗口"进行明确。

（1）流失行为定义。

不同产品、不同场景，流失行为均有差异，关键在于做预警的目的是什么，这里我们举一个案例。

> **案例讲解**
>
> 针对不同产品：对于电商型产品而言，购买可作为关键行为，用户多久没有下单，可认为此用户已经流失；而对于内容型产品而言，登录可作为关键行为，用户多久没有登录，可认为此用户已经流失。
>
> 针对不同场景：对于电商型产品，聚焦母婴品类用户是否流失，关注母婴品类多久没有下单，认为此用户已经流失；而同样是电商型产品，聚焦汽车品类用户是否流失，则关注汽车品类多久没有下单，认为此用户已经流失。

（2）流失时间窗口定义。

除了明确流失行为外，还需要定义多久没有行为算作流失，即定义流失时间窗口。从预测模型的角度来看，时间窗口可划分为三个，分别为"特征选择期""空档期""预测期"，通俗来讲，就是根据用户过往多久的数据来预测未来多久流失的概率，如图 9-31 所示。

图 9-31　时间窗口

特征选择期： 选择用户哪段时间的行为作为模型的特征。当然，不同产品的特征选择期会有所不同，但核心宗旨基本一致，可度量出用户在特征上的趋势情况，一般而言，1～2 个月的特征选择期较为合适。

空档期： 空档期指留给业务人员实施策略的缓冲期，当然，并不是所有流失预警模型都需要，具体哪个模型需要由业务方来决定。以图 9-31 为例，选择了 1 月 1 日至 1 月 31 日的全量用户作为用户样本，来预测未来 30 日用户是否可能会流失，假设业务方每次需要 7 日来评估预测并制订匹配策略，也就是 2 月 1 日至 2 月 7 日，将中间的 7 日作为业务空档期，预测从 2 月 8 日至 3 月 7 日用户流失的可能性。

预测期：预测在未来多久时间段内用户是否会应用产品。预测期时间的选择，类似信贷过程中经常使用的迁移率与滚动率的方式，此处我们可以采用 N 日内留存曲线，根据拐点理论（肘部法则）并结合业务特性来制订相应的预测时间段。例如，根据业务 N 日留存曲线，从 30 日开始，留存率趋于平稳，则我们可以取 30 日作为预测期，如图 9-32 所示。

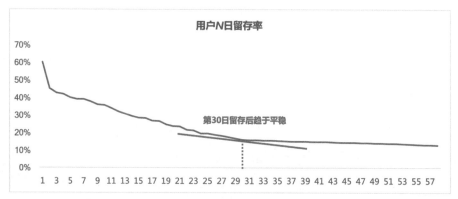

图 9-32　用户 N 日留存率

这里有一点需要注意：预测期时间越长，流失预测的置信度越高，时效性越差；时间越短，置信度越低，时效性越好。因此需要同时兼顾准确性及时效性因素，一般而言，15～60 日相对较为合适。

2）探索用户流失原因

了解用户的真实流失原因，对于"模型设计"及"召回策略"来说都非常重要。

首先，对于模型设计而言，可以有针对性地设计特征，从而更精准地预测。

> **案例讲解**
>
> 对于外卖场景，假设某个用户离开的真实原因是骑手多次延迟，用户投诉后没有得到合理反馈，从而离开。针对这个场景，可以衍生出一系列指标用于预测用户流失、派送次数、投诉次数、投诉解决比例等，通过这些指标，先验感知用户流失的可能性，提升模型预测的精准度。

其次，对于用户召回而言，可以有针对性地匹配召回策略。

> **案例讲解**
>
> 同样是外卖场景，假设有些薅羊毛类用户离开原因是平台不再发放优惠券，当我们了解用户的诉求后，再次发放优惠券召回的可能性远高于其他策略。

由此可见，了解用户流失原因是至关重要的，下面以搜索引擎场景为例，分享一些用户可能会流失的原因，如图 9-33 所示。

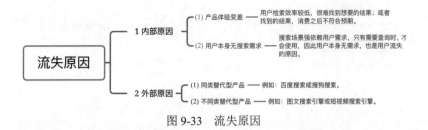

图 9-33　流失原因

2. 流失预警模型搭建方式

在前置分析有了一定结论后，便可以开始搭建流失预警模型。模型搭建主要划分为两个阶段："特征工程阶段"和"模型搭建阶段"。

1）特征工程阶段

机器学习中有这样的一句话，"数据质量及特征决定模型的上限，而模型的选择只是在不断逼近这个上限"，由此可见特征工程的重要性。特征工程细分下来分为以下几步，如图 9-34 所示。

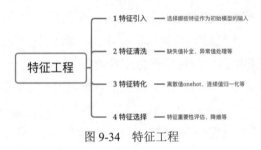

图 9-34　特征工程

其中，特征清洗、特征转化、特征选择的方式相对通用，网络上也有很多对应的文档，这里就不再过多阐述了。我们将核心精力放在特征引入上，需要选择哪些特征作为流失预警模型的输入内容。这里，我们以外卖场景为例，总结了以下特征信息，其中主要涵盖"静态特征"及"趋势性特征"，如图 9-35 和图 9-36 所示。

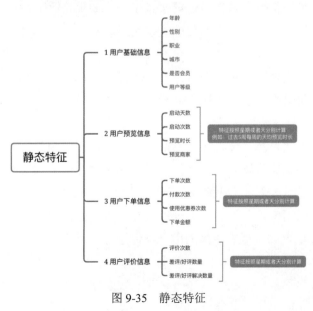

图 9-35　静态特征

图 9-36　趋势性特征

根据以上信息，我们基本可以度量用户在过去一段时间在 App 上的应用行为，核心思路为：选择的特征是对用户一段时间的刻画，并且在业务上对预测有所帮助。

2）模型搭建阶段

流失预警模型属于二分类模型，输入特征 Feature，输出用户是否会流失 Label。常见的分类模型均可以满足以上诉求，例如逻辑回归、SVM、树模型、深度学习等，代码侧相对比较普适，这里就不过多展开了。在此场景下，模型搭建需要注意以下两点。

其一，可采取用户分层预测。

很多人在做用户流失预测时，常常将所有用户数据一同灌入模型，得出预测结果。这样做往往会遇到一个问题，预测出来的流失用户全是低活用户，而高活用户预测结果基本是非流失。虽然理论上低活用户流失的概率高，但却不至于全部流失。为避免类似问题的出现，可以考虑将不同活跃度用户分别搭建模型。

如果按照不同活跃度分层建设，便会涉及下一个问题，活跃度如何划分等级？

一般而言，等级可分为高活、中活、低活、游离用户，而划分标准依赖用户过去 N 日应用天数的阈值，尽量保证每个等级用户量级的均衡性。例如，在过去 30 日当中，游离用户为 1～2 日；低活用户为 3～7 日；中活用户为 8～20 日；高活用户为 21～30 日。

另外，大家来思考下，直接按照天数划分是否可行以及是否准确呢。

总体来看，这样划分没有问题，但是不够精准，例如在过去 30 日内，一位用户是在最远期来过 1 天，另一位用户是在最近期来过 1 天，如果按照上述计算方式，活跃程度是一样的，然而在流失预测中，显然后面这位用户相对活跃程度更高，流失的可能性也更小。

因此可以采用"天数＋权重"的方式计算活跃度，越靠近预测期，权值越高，具体的权重值可根据不同业务而定，如图 9-37 所示。

其二，模型正负样本数量选择。

训练中正负样本的选择，会直接影响最终模型的准召。因此，可根据业务判断是否需要调整训练样本的配比问题。高成本的召回策略更关注流失预警的准确率，例如消费券发放；高覆盖的召回策略更关注流失预警的召回率，例如端内推送。

当然，除了可以调整正负样本，也可以根据预测出来的置信度进行控制，高成本召回策略只筛选置信度＞90% 或者更高的用户群体进行投放。

特征	
天数	天极衰减系数
1	0.505
2	0.472
3	0.441
4	0.412
5	0.385
6	0.360
7	0.337
8	0.315
9	0.294
10	0.275
11	0.257
12	0.240
13	0.224
14	0.210
15	0.196
16	0.183
17	0.171
18	0.160
19	0.149
20	0.140
21	0.131
22	0.122
23	0.114
24	0.107
25	0.100
26	0.093
27	0.087
28	0.081
29	0.076
30	0.071
31	0.066
32	0.062
33	0.058
34	0.054
35	0.051
求和	**7**
系数计算方式	$\dfrac{1}{1.07^{(x-1)}}$

"1/1.07^(x-1)"的图表

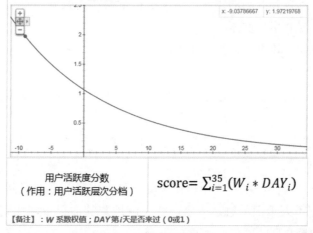

用户活跃度分数 （作用：用户活跃层次分档）	score= $\sum_{i=1}^{35}(W_i * DAY_i)$

【备注】：W 系数权值；DAY 第 i 天是否来过（0或1）

图 9-37　用户分层预测

9.5.4 衰退期、流失期用户涉及的产品策略

搭建流失预警模型的目的，是为了能够精准预估哪些用户可能会流失，从而能够分门别类实施召回策略，产品侧的落地是最终目的。

对于流失期用户而言，可以通过一定的触达方式，将召回信息触达用户，提升用户在端内的可能性。因此，其中主要涉及"用户群体选择""策略触达方式""策略触达内容"三方面内容，核心原则为，以最小的成本召回最多的用户，如图9-38所示。

图 9-38　产品策略

1. 用户群体选择

通过流失预警模型的预测结果，结合用户画像，细化用户颗粒度，区分用户静态属性、动态属性，从而匹配不同的召回策略。

2. 策略触达方式

触发方式指策略的触达手段，以何种方式让用户感知产品推送的内容。业界较常见的方式如图9-39所示。

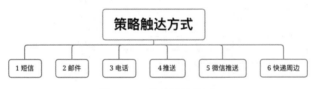

图 9-39　策略触达方式

短信：送达率及打开率均表现较好，但成本相对较高，且容易引起用户反感。适用于流失可能性较大的用户群体。

邮件：成本较低、可批量操作，但打开率不理想。适用于全量用户群体。

电话：能获取到最为准确的信息，但无法批量操作，且容易引起用户反感。适用于流失可能性较大的VIP用户群体。

推送：成本较低、效果较好，但如果用户卸载App或者关闭推送，则无法触达。适用于全量用户群体。

微信推送：通过微信服务号推送给用户，前提是用户关注了该App的服务号。适用于全量用户群体。

快递周边：效果较好，但成本较高。适用于VIP用户群体。

3. 策略触达内容

触达内容指通过媒介，希望向用户传递的信息。内容文案对召回起到至关重要的作用，这里往往采用千人千面的触达内容，在了解用户的前提下，找到痛点并投其所好。同样，分享几种业界常见的方式，如图9-40所示。

图 9-40　策略触达内容

放大产品价值：支持用户长久应用某个 App，一定是该产品能够解决用户某方面的痛点，例如相亲软件满足的是找对象的诉求、导航软件满足的是提升通勤效率的诉求。因此用户召回策略文案，可以放大产品侧的价值，例如相亲软件推送"又有新的人关注了您，快来查看"，这种推送往往可以吊起用户的好奇心，增进活跃。

推送热点话题：实时推送近期热点讨论话题，通过社会主流内容，吊起用户兴趣，从而激发应用软件的动力。

利用社交关系：对于存在社交关系的软件，可以利用好友关系链，推送一些好友相关的动态信息，例如短视频产品推送"您的好友 ××× 又发布了一条视频，快来围观"。

善用福利体系：对于电商类软件而言，可以提供一些让利，留住更多价格敏感类用户群体。但由于让利会涉及成本，因此需要在综合测算 ROI 的前提下开展。例如，电商类产品推送"某商品限时购，今晚八点一元秒杀"。

传递温暖关怀：在当下这个快节奏的社会环境下，人们往往缺少温暖与关怀。而产品可利用这一点，在用户的生日、重要节假日等时间节点上，给予一定关怀福利。例如，某银行类 App，在生日当天赠送给用户积分。

9.5.5　小结

衰退期、流失期是用户增长的尾部环节，也是数据分析师介入较多的方向。希望通过本节的学习，可以帮助你掌握流失预警的完整链路，在工作中快速上手。

9.6　用户画像价值及搭建思路

小白：老姜，我发现无论用户增长的哪个环节，在开展增长策略的时候，常常需要按照不同的用户特征划分群体，分门别类进行策略投放，其中便会涉及用户画像，但我对用户画像不是很了解，可否帮我详细介绍一下呢？

老姜：当然可以，用户画像是贯穿用户增长始末的内容，在其中扮演着重要的角色。下面我来帮助你整体梳理一下。

9.6.1　用户画像是什么

用户画像（User Profile）用于全方位刻画用户的属性，从各个维度给用户打标签，作为大数据技术发展的基石，在业务分析场景中应用广泛。

分析现有产品画像分布，探索出白领用户具有较大潜力空间，并采取定向策略提升用户活跃，其中白领用户就是用户画像的一个标签。

针对用户画像的建设，要重点关注以下两点。

其一，同一套画像不会适用于所有场景，因此搭建时需以业务为导向。

其二，对于包含多业务线的公司，建议将画像体系归总，以用户唯一 ID 为线索融合到一起，避免分而治之。

9.6.2　用户画像的价值

用户画像概念很好理解，那其在日常业务发展中起到何种作用？对于工作又有何帮助？归总来看，其核心价值主要体现在以下几个方面，如图 9-41 所示。

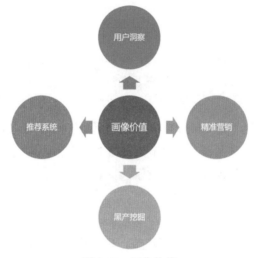

图 9-41　画像价值

方面一：用户洞察。

在做产品迭代及策略下发前，业务人员需要思考清楚以下几个问题。

其一，产品的目标用户群体是谁？

其二，哪些群体整体消费不好？

其三，当产品有 100 万元预算时，要投入到哪些项目上？

以上这些命题都离不开用户画像，只有在对用户充分洞察的前提下，才能够有针对性地制订产品策略。

方面二：精准营销。

产品锁定发展方向后，常常利用画像，对特定群体精准投放广告，提升投放效率、降低投放成本。

方面三：黑产挖掘。

在用户标签体系中，如果涵盖黑产标签，可以利用该标签在结算、分析等场景中，将黑产用户加以剔除。

　　方面四：推荐系统。

　　在搜索、信息流、短视频、线上购物等场景中，经常出现千人千面的情况，这背后主要是内容与人的匹配，而人的描述需要通过画像来实现。

9.6.3　用户画像标签体系

　　用户画像涵盖哪些内容呢？

　　用户画像由成百上千个标签组成，整体梳理方式有很多种，这里以电商类 App 为例，基于"静态标签"及"动态标签"进行划分，绘制出用户画像简版图，如图 9-42 和图 9-43 所示。

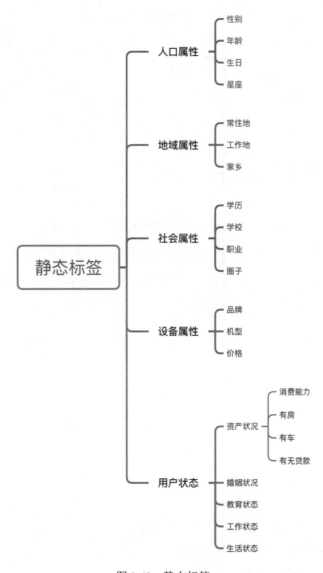

图 9-42　静态标签

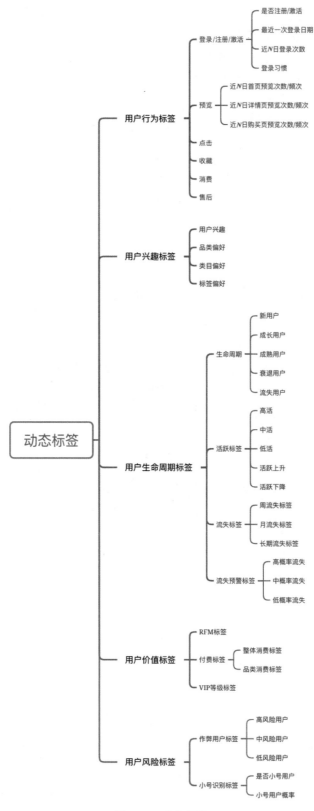

图 9-43　动态标签

其中，静态标签指较长时间段内不会发生变化的标签，一般有效期在 1 年及以上，例如年龄、性别等。动态标签指短时间内可能会变化的标签，例如活跃度等。

在搭建用户画像的过程中，有几点需要重点关注。

其一，搭建画像前，一定先弄清楚产品需要什么样的标签，并将完整的标签框架制订下来，即便有些内容短期无法实现，也需要先将空间留好。一个好的标签树结构要能够满足高概括、高延展。

其二，标签的设定要粗细有度，太粗会导致没有区分度，太细则会导致标签体系过大，通用性较差。

9.6.4　用户画像标签获取方式

标签设计完成后就到了实现阶段，不同类型标签有不同的生成方式，大体可以分为以下四类，如图 9-44 所示。

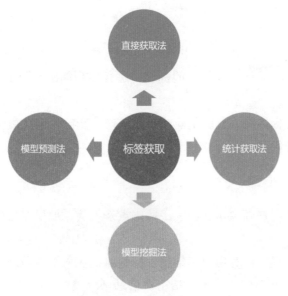

图 9-44　标签获取

第一类：直接获取法。

适用于用户基础属性标签，例如年龄、性别、电话等。这些标签一般直接通过用户的注册信息等显性方式获取。当然，有些获取不到的场景，也会引入模型预测方式，例如职业等。

第二类：统计获取法。

适用于用户行为标签，例如最近一次登录日期、近 N 日登录次数、用户活跃度等。通过统计学方式，部分内容结合权重进行计算。

第三类：模型挖掘法。

通过模型方式挖掘标签，模型方式涵盖分词、关键词提取、图像处理、语义分析、分类、聚类等。输出的标签内容包括用户兴趣标签、用户风险标签等。

第四类：模型预测法。

模型预测法与第三类挖掘法有些类似，差异点在于模型挖掘法注重用户当前状态，而模型预测法注重用户未来的状态，例如用户流失标签等。

9.6.5　用户画像质量评估

画像建设完成后，其是否符合上线标准及是否具备应用所需精准度，仍需进行质量评估。其步骤可划分为"开发过程验证"及"上线过程验证"，如图 9-45 所示。

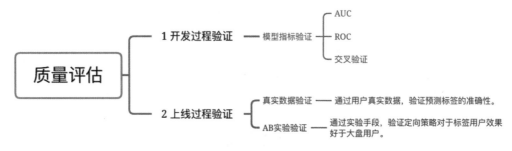

图 9-45　质量评估

开发过程验证：针对模型挖掘出的标签，进行模型侧质量验证，例如 AUC、ROC、交叉验证等。

上线过程验证：标签最终目的是能够对业务产生影响，因此质量的优劣需要结合真实数据的反馈不断迭代。

9.6.6　用户画像搭建难点

最后，谈谈搭建用户画像常遇到的一些难点及挑战，如果在建设过程中遇到此类问题，属于正常情况。

其一，准确性问题。针对用户基础属性标签，往往采用引导用户填写的方式，但这种方式获取到的量级相对较少（不包括用户信息必填类产品，例如电商）。对于未填写的情况，一般采用分类模型方式进行预测，但准确性仍有待提升。

其二，深层次挖掘困难。针对涉及用户心理类型的标签，挖掘相对比较困难，例如用户对某些页面形式是否喜欢、用户的情绪是否低落、用户未来是否有旅游计划等。

9.6.7　小结

用户画像是贯穿用户生命周期的内容，对于数据分析人员，一般在工作中只会涉及画像应用，很少涉及画像的搭建工作。但对于其中标签的获取方式，还是需要有一定了解。

本节的学习目标不求精进，只需要大家对其全貌有一个了解即可，并在学习之后，看看自身产品画像有哪些标签，思考后续如何应用。

9.7　本章小结

小白： 通过本章的学习，我对于用户增长有了更加全面的认知。下面我来总结一下本章学习的内容，大家看看是否与我理解的一样。

- 用户增长就是用户生命周期的管理，针对用户的状态，横向可划分为潜客期、新用户期、成长期、成熟期、衰退期、流失期。同时，用户画像、用户增长模型、用户决策心理地图，均是贯穿用户画像的纵向内容。
- 对于新产品而言，需要优先利用企业画布思想，全面梳理自身产品现状，以帮助管理者、投资者充分了解产品的竞争力及发展空间。
- 对于潜客期用户，产品侧需要明确获客渠道，结合采购型流量及运营型流量获取用户；数据侧帮助产品人员测算不同渠道 ROI 情况，以便用更少的成本获取更多优质用户。同时，为了准确计算渠道收益，还需将各个渠道的贡献分配好，涉及渠道归因的相关内容。
- 对于新用户，在制订策略之前，首先要了解用户应用 App 的意图及动机，优先站在用户角度分析所需内容。在此基础上，制订产品策略及数据策略，其中，可以通过业界比较常用的 Aha Moment 和 Magic Number 的方式，分析功能对于新用户的影响程度。
- 对于成长期、成熟期用户，产品策略遵循降低用户使用难度以及提升用户放弃成本的原则，侧重开发符合产品的用户成长体系，给用户更多归属感。在数据层面，关注 HVA 对于用户的影响程度等。
- 对于衰退流失期用户，需制订完整的用户流失预警方案。首先，通过数据方式，明确产品对于用户流失的定义，以及流失的可能原因；其次，搭建流失预警分类模型，预测用户会流失的概率；最后，对可能流失的用户群体实施干预策略，精准匹配用户、召回手段、召回内容，并结合 AB 实验方式进行长期验证及沉淀。
- 对于贯穿完整用户生命周期的用户画像，了解画像标签体系的内容以及搭建思路。

老姜： 不错，总结得很到位，希望你可以将所学的内容应用到日常工作中。

第 10 章
**工作产出呈现：
总结汇报**

小白：老姜，听了前面内容的讲解，我对数据分析师的日常工作内容有了一个体系化的认知，并且也可以将知识转化到日常工作中，有很大的助力。

老姜：对你有帮助就好！

小白：另外，我发现日常工作除了要产出高质量的内容外，还要能够将产出的内容汇报出来，让更多的人知道，但我发现，我好像不太擅长。组内有些同事平时做的事情远远没有我做的有价值，却能汇报得非常好。老姜，这方面能给我一些建议吗？

老姜：当然可以，像你所说，在日常工作中，除了要产出更多内容外，还要将这些内容让更多人看到。汇报的形式有很多，日常的工作产出往往会在每周组内周会中进行总结汇报，让直属领导知道你平时在做些什么；日常数据情况及产品健康度监控，往往会在大部门的周会或月会中进行汇报，向更高层级的管理层输出数据结论；而针对项目相关的分析内容，也需要反馈进度及汇报。下面针对以上三种类型汇报分享一些经验，希望可以帮助你解决当下的困境。

小白：太好了，这正是我目前所缺乏的经验！

10.1　日常工作总结汇报

老姜：首先，是日常的工作总结汇报。在日常工作中，一般每周组内会进行一次周会，用以汇报近一周的工作内容。其作用主要体现在两个方面：其一，让你的领导了解你本周的工作进展及输出；其二，让组内的同事互相了解一下各自所做的内容。

小白：嗯嗯，每次周会，我都不知道要如何沟通表达。

老姜：那确实需要提升一下。在这个阶段中，你会发现有些同事很擅长汇报，能够将所做的内容很好地封装并阐述出来，而有些同事虽然做了很多东西，但由于汇报中不善总结表达，会让领导觉得什么都没做。希望通过本节，帮助你成为第一类善于汇报的人。

小白：太好了，我觉得自己是后者，做了很多东西，但是没有很好地讲述出来。

老姜：那你要好好学习下面的内容了。

10.1.1　日常工作总结技巧

日常工作内容的总结，可以从以下三个方面着手，如图 10-1 所示。

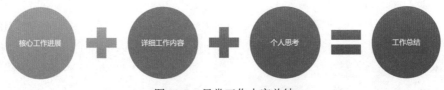

图 10-1　日常工作内容总结

1. 核心工作进展（重要性：★★★★★★）

鉴于周会汇报的时间有限，领导更关注你在核心项目的工作进展，因此，需要将核心工作内容单拎出来，清晰直观地让大家看到。**核心原则：内容简明扼要，不要有大段阐述，突出项目进度及你在其中的价值，可简短标明下一周计划。**

2. 详细工作内容（重要性：★★★）

日常工作内容中，除了核心项目外，还会处理一些零散的事情，例如查询问题、修改报表、临时需求等。这些内容很难体现出个人价值，但同时又是工作内容中的一部分，因此，可以将此类非核心事情填入详细工作内容中。**建议内容包括工作名称、工作内容、工作进展、输出链接等。**

如果说核心工作进展是为了展示工作内容的深度，那么详细工作内容则是为了展示其广度。

3. 个人思考（重要性：★★★★★）

周报中，除了总结日常工作内容外，还可以将你的日常思考写在里面。一方面，在平淡的日常工作中，推动你主动去思考问题；另一方面，也让领导感知到你的上进。虽然这样做可能显得有一些"卷"，但却可以帮助你更好地输出个人价值。其中，个人思考可以从两个方面来输出。

其一，针对工作内容的思考。日常工作中，有哪些方面是可以优化的，作为数据分析师，还可以在其中推动哪些事情，得出哪些结论，例如项目还能做××分析、通过××方式可提升分析效率等。

其二，针对团队发展的思考。针对目前团队所处的状况，有哪些是可以改进的，哪些在成本可控范围内是可以推动的，例如团队文档规范、团队成员配合机制、团队内部分享机制等。

10.1.2 案例讲解

分享一个日常工作汇报案例，帮助你更好地理解及应用。

1. 核心工作进展

小视频指标体系搭建：完成小视频指标体系梳理，落地数据 Meta 平台，并与业务方达成共识。下周抽取北极星指标，完成 DWS 层表的数据建设（进度：70%）。

短视频用户流失预警专项：本周流失预警模型完成 60%，增加活跃度相关特征，准确率从原来的 60% 提升到 65%；召回率维持在 80% 左右。同时，与业务方制订召回方案，输出业务文档××。下周模型上线平台，输出预测数据给到业务方（进度：40%）。

2. 详细工作内容

××问题排查：××问题主要由于××原因导致，当前已经恢复（进度：100%）。

××看板搭建：××看板已完成配置，看板地址：www.xxx.com（进度：100%）。

3. 个人思考

流失预警专项：当前没有系统性的召回方案，基本都是想到一个输出一个。建议将召回方案按照成本等维度进行梳理，并在后续实验中逐个验证可行性，并沉淀对应结论。

需求沟通机制：目前提需求的方式较散，无体系化记录及评估。建议每周将大家需求统一汇总到一起，并进行需求评审，评审后制订排期，根据排期逐一完成。

10.1.3 小结

希望通过本节的学习，可以帮助你将日常所做的工作百分之百地表达出来，不吃哑巴亏。

10.2 例行周会月会汇报

老姜：除了日常汇报工作进展的组内周会外，你还经历过哪些汇报呢？

小白：每双周我们都会进行全部门的会议，数据、产品、运营、开发都会参加，在部门会议上，我们主要汇报当前的数据情况，以及通过数据发现的一些问题。

老姜：嗯，小白，那问你个问题，你觉得在这种会议中，数据分析人员需要具体呈现出什么呢？

小白：我觉得，数据过往的表现、业务影响程度，以及对于未来的预期？

老姜：嗯，这些都是汇报的内容，下面我将根据过往经验，系统地总结一下部门级例行周会月会汇报的详细内容及思路，希望可以帮你厘清汇报重点。

10.2.1 周报月报的作用

要想在部门级会议中输出一些有价值的内容，就需要写好周报/月报（以下简称周报）。

在日常工作中，数据分析师经常扮演"医生"的角色，无论是产品、运营、策略、市场，都需要定期的数据分析报告，来评估现阶段产品的健康度，并且有针对性地制订下阶段的策略方向。而周报则是最直观、最通用的呈现方式。

数据周报会根据"汇报内容"及"汇报对象"形成一个面，如图 10-2 所示。

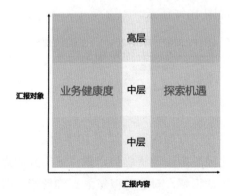

图 10-2 汇报对象和汇报内容

横向——汇报内容

度量业务健康度： 根据用户的行为数据，排查日常数据波动原因，同时度量策略迭代的效果。

探索业务机会： 通过近期热点事件、热点App、热点功能，探索业务可发展机遇，给予上层及业务方指导性的建议。例如，近期ChatGPT技术火热，对自身的产品是否有价值？我们要不要做？

纵向——汇报对象

在做周报之前，需要知道汇报对象是谁，不同级别的汇报对象关注的侧重点是不同的，会直接影响内容输出的方向。

面向高层： 关注市场方向，基于数据分析及数据探索来做决策，根据业务价值考虑投入多少资源。

面向中层： 关注策略方向，基于数据分析制订产品策略，同时评估现有策略的效果。

10.2.2 汇报内容

在明确了周报的目的后，需要考虑汇报哪些内容，并以何种形式进行展示。

这里分享一种通用的汇报格式，可以在工作中参考应用，其中主要涵盖以下内容，如图10-3所示。

图10-3 汇报格式

1. 汇报摘要

摘要以几句话描述过去一周的核心内容，能够让大家在1分钟内了解全貌。老板一般都比较忙，需要快速了解近期产品现状、出现了哪些问题，以及作了哪些决策。因此摘要内容需要"重结论+轻数据"。

摘要总结可以参考"四段式"总结法：定性结论、定量结论、业务原因、影响周期，将结论一句话表述清楚，如图10-4所示。

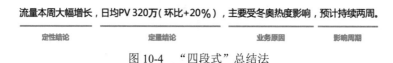

图10-4 "四段式"总结法

2. 核心数据

核心数据模块，主要涵盖三方面内容，如图10-5所示。

业务概览内容： 业务北极星指标现状趋势，重点突出异动点，结论一目了然。

异动分析内容： 维度下钻拆解，对业务概览的详细解读，善用图表与文字的结合。

专题分析内容： 该模块不是必选项，针对专项分析内容，如果有能够落地的结论，可以一同在周会场景下输出。

图 10-5　核心数据

3. 下周进展

周报需要让老板了解数据方以及业务方下周的工作规划，这部分内容往往与业务人员沟通之后再行制订。内容需要有逻辑，以"第一、第二、第三……"的形式输出，简明扼要。

10.2.3　注意事项

最后谈谈日常数据报告的几点注意事项，如图 10-6 所示。

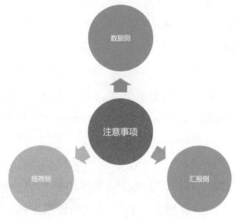

图 10-6　注意事项

1. 数据侧

周会月会数据相关汇报中，保障数据准确无误是底线要求。一般在数据层面出现问题，主要有以下几点原因。

其一，**数据底层问题**。需要充分了解底层数据逻辑，产出的链路如何；是否做过处理；是否做过筛选。

其二，**指标定义问题**。指标定义是否正确，是否符合业务需求，谨防相同指标名出现不同的指标定义。例如，功能渗透率 = 功能页面曝光 UV/DAU，或者功能渗透率 = 首页功能 TAB 点击 UV/DAU，两者的差异在于是否加载成功，有时会出现较大差异。

其三，**指标理解问题**。由于有些指标含义相近，需要避免理解上的偏差，建议将易混淆指标的计算方式加在备注中。例如，CTR= 点击次数 / 展现次数；UCTR= 点击用户数 / 展现用户数。

在保证数据没有任何问题的前提下，需将数据结论转化为业务结论。在输出报告前，须与业务人员沟通，站在产品角度给出建议，而不能仅仅阐述数据。这里需要注意，如果问题比较隐蔽，没有排查出来，不要硬下结论，可以在汇报中标明"问题仍在排查，会后给出结论"。

2. 汇报侧

汇报方向有以下两点需要注意。

其一，**从业务角度沟通问题**。很多数据分析人员在汇报的时候会犯一种错误，从数据现状上讲了很多，但没有结论，也不知道数据为什么会这样。由于汇报对象往往是业务领导，因此要站在业务角度聊数据。

其二，**输出对产品的改进**。如果能探索出对业务有价值的数据内容，在汇报中给予体现，会是一个很好的加分项，因此在汇报前，可以有侧重地分析内容。

3. 提效侧

周会月会往往是例行的，更多地是要将现状和问题反馈出来，除此之外，要尽可能压缩准备汇报的时间，将时间用来做更有意义的事情。对于数据分析人员，以下两点方式可以帮助大家提高效率。

其一，**搭建周报模板**。由于周报是每周例行的工作内容，提效是必要的。提效的方式有很多种，如 Excel VBA 模板、平台化自动输出分析数据等，都是不错的方法，可以参考借鉴。

其二，**分析思路沉淀**。报告提效中，经验沉淀是必不可少的，将每次得出结论的方法进行整合梳理，在未来遇到相似情况时，可以实现知识经验的迁移。

10.2.4　小节

作为数据分析人员，类似周会汇报是日常工作中必不可少的，除了埋头工作外，还要仰头看看当前的业务方向，结合两者才能让自己的价值发挥到最大。

10.3　数据分析项目汇报

老姜：对于工作日常汇报，除了组内周会、大部门周会月会这种例行会议外，数据分析师还会接一些项目性的分析工作，而针对项目的分析结果，也需要通过汇报形式进行呈现。

小白：这里有一点疑问，分析项目结论直接同步业务方不就行了，为什么还需要通过 PPT 的形式汇报呢？

老姜：对于数据分析人员而言，花费了大量的时间和精力，通过科学的方式，输出对业务有价值的结论。以上做的这些内容，如果没有对外汇报，很难让业务或者上层看到数据分析师的作用。项目侧汇报不但可以拉近与业务的距离，也可以外放数据分析的价值所在。

小白：明白了，那数据分析项目汇报要涵盖哪些内容？以何种形式进行呈现呢？

老姜：下面我们一起来看一下！

10.3.1　汇报材料梳理逻辑

数据分析项目汇报，对象往往是业务领导，因此整体思路需要明确清晰，每一部分之间都要有一定逻辑关系，像讲故事一样，将所要传达的结论、思路、建议有效地表达出来。这里分享一种通用的汇报思路，以总—分—总的形式进行呈现，其中主要涵盖六个模块，如图 10-7 所示。

图 10-7　汇报思路

1. 阐述项目背景

针对项目制分析，虽然负责项目的人员都很清晰背景，但汇报的倾听者往往还有一些周边团队，他们对于背景可能不会特别了解。因此汇报材料的第一页，需要将背景阐述清楚，其中主要涵盖以下内容。

其一，**项目名称**。将项目名称标注在首页，材料内容一目了然。

其二，**项目背景**。开展数据分析项目的背景是什么？产品所处的现状是什么？遇到了什么样的问题？当下聚焦解决哪些问题？

其三，**分析目的**。希望通过本次数据分析，可以得到什么样的结论，佐证什么事情，探索什么内容。

2. 前置核心结论

对于汇报而言，大家只有听到对自己有价值的内容，才会耐心地继续倾听，因此结论先行，在汇报当中往往是一个必要的技巧，整体汇报材料以总—分—总的形式进行展开。同时，结论的阐述方式也需要多加斟酌，以下几点经验可以参考借鉴。

经验一：结论含有逻辑性。项目分析结论往往是围绕一个主题展开的，多条数据结论的输出，需含有一定的逻辑性，既可以是分析逻辑，也可以是业务逻辑，原则只有一个，让听众可以跟上你的节奏，避免单点输出、思维跳跃。

经验二：结论精简不求多。对于一般分析项目而言，能够产出一个对业务有重大价值的结论就已经很不容易了，这里需要注意，分析项目的目的是解决问题，而不是发现问题。因此，结论需要贴近业务并且可落地，至于那些分析过程中产生的描述性数据，就可以不放在这里了，避免过多冗余内容，分散听者精力。

经验三：结论需有数可依。数据分析就是要以数据说话，所有的结论需要有数可依，其中可以包括推测性的结论，但需要有一定的数据作为佐证。避免纯猜测性结论，不要将自己都不确定的结论放在上面，使听众产生歧义。

3. 核心主体分析

在同步完核心分析结论后，便可以开始阐述完整的分析步骤，此环节主要涵盖以下三部分内容。

其一，**介绍分析对象**。首先要明确分析内容数据的时间周期、选取指标的口径、数据中的特殊筛选条件等，并且对为什么选择当前的分析对象进行解释。

其二，**描述分析思路**。简要描述一下整体分析思路，帮助听众形成一个思路框架，让大家跟上你的汇报节奏。

其三，**分析主体内容**。分析结论产出的核心分析内容，通过某一个问题点，产出描述性数据表现，并在其中探索出一些问题，结合一系列科学的数据分析方式探索可能结论点。此环节常常会走进死胡同，因此需要分析过程，快速试错、小步快跑。

4. 完整结论总结

将完整数据结论进行汇总，这里的结论要比前置环节内容更为丰满。一方面，用于体现对业务的完整帮助；另一方面，体现出数据分析的价值所在。同时，结论的输出需要伴随着量化，部分情况还需要涵盖数据测算部分。

5. 输出改进建议

数据结论不是最终点，如何将数据结论转化成对业务有帮助的业务建议，才是数据分析价值的最终落地点。那么业务建议需要如何输出呢？这里分享几点经验。

其一，**明确汇报对象**。不同级别的汇报对象，关注问题的角度不同。如果汇报对象是业务高层，则需要更多输出战略性结论，例如市场中的潜在发力点是什么。而如果汇报对象是业务中层，他们更加注重战术性结论，例如，通过这个分析报告，产品可以做哪些具体的实施策略去改善当前的业务问题。

其二，**充分了解业务**。数据分析师在汇报的时候常常会犯一个问题，就是完全围绕产出的数据来输出建议，有些建议只看数据说得通，但是站在业务视角一看，就会觉得非常荒诞。因此，作为一个成熟的数据分析师，在输出建议之前，务必对业务有全方位的了解，开展分析项目的过程前后，多多与业务人员进行沟通交流。

其三，**建议量化输出**。对于提出的建议，业务方往往会问一个问题："如果产品按照这种方式来改进，对于业务能有多大的增量价值？"这个时候，如果你能够通过测算，给出量化的提升空间，那么对于业务和自身发展都是增量。例如，如果产品上线了此功能，预计单日渗透为100万，能够带来20万的DAU增量。当然，这些数据不是凭空猜测的，而是基于现有数据进行的推测。

6. 附录

鉴于汇报时间有限，因此可以将分析过程中的非重要内容及过程内容，放到汇报资料最后的附录环节。当业务方对数据存在疑问时，可跳转到附录页进行查看说明。

10.3.2 分析内容展现形式

开展数据分析项目的过程中，对于数据分析师而言，60%的时间获取数据，20%的时间分析结论，20% 的时间编纂汇报材料。在编纂材料的过程中，还要思考如何展示才能帮助业务方更好地理解，而其中，可视化方式是不可或缺的。

用图表代替大段落枯燥的文字，有助于帮助阅读者更加清晰直观地看到问题本质。当然，图表的展现形式也是多种多样的，得当的应用可以缩短阅读成本，反之则会增加困惑。根据想要表达的内容，图表可划分为如图 10-8 所示的几个方向。

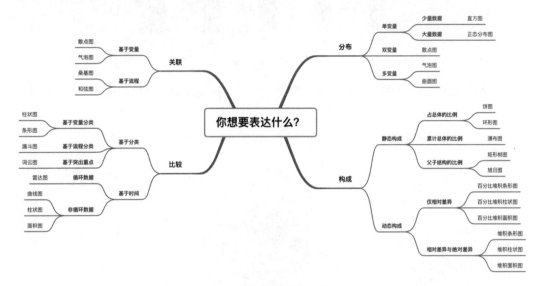

图 10-8 图表可划分的几个方向

下面，介绍几种日常工作汇报中最常见的展现形式。

1. 曲线图

绘制指标趋势情况最常用的图表类型，能够清晰地看出指标的趋势变化，如图 10-9 所示。

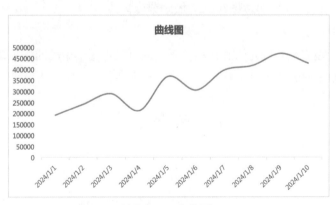

图 10-9 曲线图

如果对指标进行维度下钻，曲线图适合五个以内维度值的展示。同时，对于预测或者预估未来的表现，往往将实线变成虚线展示。

2. 柱状图

柱状图适合同时间周期、同维度下多维度值之间的比较，如图 10-10 所示。

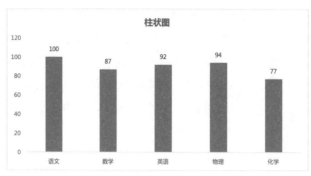

图 10-10　柱状图

在数据表现中，由于柱状图的数量一般会比较多，因此建议增加数据标签，方便阅读。

3. 饼图

饼图适用于展示多维度值数据分布情况，如图 10-11 所示。

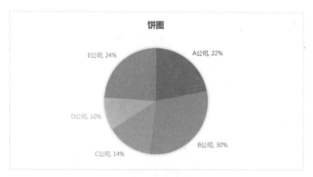

图 10-11　饼图

饼图在汇报过程中，应用相对少一些，其只在维度值数量较少时，有比较好的表现，随着维度值数量的增加，此种展现方式不再适用。另外，建议将颜色区分开，避免相似颜色挨在一起，同时可以增加边框线，增加区分度。

4. 散点图

散点图适用于度量变量间是否存在相关度，同时也可用于聚类的先验调研，如图 10-12 所示。

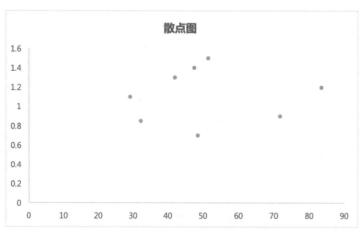

图 10-12　散点图

散点图以及延伸出来的气泡图，在日常汇报中都很常见。

10.3.3　避坑点汇总

最后，汇总项目分析过程中经常犯的错误，帮助你避坑。

1. 数据闭坑点

我们常说"用数据说话"，然而如果数据应用得不恰当，可能会产生一些背向结论，使人产生疑惑。下面这些情况，看看你在日常工作中是否遇到过。

1）保障最小样本量

数据分析的很多方式是基于统计学原理，而统计学的理论基石之一则是大数定理，只有当样本量达到一定量级后，分析的结果才具有真实的价值和意义。

通俗来讲，过少的样本量不足以代表整体，在分析过程中，如果单日样本量较小，可以考虑将时间周期拉长，待达到置信的最小样本量后再产出结论。

2）避免极端值影响

在样本量较少的情况下，数据的结论很可能受到极端值的影响，从而出现结论偏差。

> **案例讲解**
>
> 对电商类用户进行购买力分析时，有些经济条件好的客户的购买力远远高于一般客户，这一小部分人群将会拉高大盘的购买水平，从而在分析时，得出有偏结论。

要想解决这样的问题，需要在分析前剔除此类用户，可以直接采用剔除头部和尾部 $N\%$ 的用户，一般情况下 $N\% < 1\%$。同样，也可采用均值 $\pm N$ 倍标准差的方式进行剔除，此种方式的前提条件是，样本分布符合近似正态分布。

3）谨慎幸存者偏差

在产出分析结论之前，需要充分考虑结论是否存在幸存者偏差。

> **案例讲解**
>
> 当前希望了解用户对产品的好感度，于是，选取近 7 日活跃用户，在应用 App 时发放调研问卷。

请你思考一下，以上这种方式是否可以得到无偏结论？

答案是否定的，因为对近 7 日活跃用户发放问卷，定向筛选了活跃用户，而对于那些没有活跃度的用户而言，则不在本次调研中，使得调研结果偏好，不符合最初调研初衷。

4）注意辛普森悖论

辛普森悖论相信大家都不陌生，通俗来讲就是由于分布上的较大差异，导致拆解维度时，A 分组各个维度值均优于 B 分组，但整体结果却相反，如图 10-13 所示。

	对照组(未服药)		处理组(服药)	
	心脏病发作	心脏病不发作	心脏病发作	心脏病不发作
女性	1	19	3	37
男性	12	28	8	12
整体	13	47	11	49

女性发病率
对照组（未服药）：1 / (1+19) = 5%
处理组（服用药）：3 / (3+37) = 7.5%
女性结论：7.5%>5%，药物对女性有害

男性发病率
对照组（未服药）：12 / (12+28) = 30%
处理组（服用药）：8 / (8+12) = 40%
男性结论：40%>30%，药物对男性有害

整体发病率
对照组（未服药）：13 / (13+47) = 21.6%
处理组（服用药）：11 / (11+49) = 18.3%
整体结论：18.3%<21.6%，药物对整体有利

图 10-13　辛普森悖论案例

从拆分维度来看，男性和女性在服用药物时的发病率均高于未服药，但从整体来看，结论却相反，主要由于同维度值前后分布存在较大差异所导致。

这里需要注意，在日常分析场景下，一般很少出现此种情况。因此，在输出结论过程中，不要将所有解释不了的问题都归属到辛普森悖论上。

2. 展示闭坑点

在汇报过程中，数据可视化可以帮助听众更好地理解想要表达出来的结论。然而，有些时候数据是会"撒谎"的，在可视化展现的时候，需要避开以下几点问题。

1）谨防数据撒谎

在描述趋势或者对比的时候，有些汇报者为了夸大效果、体现成绩，往往会将量级轴进行截断展示，带给听众更为爆炸性的感官体验。如图 10-14 所示，描述同样一个数据情况，图 10-14（b）由于截断了纵坐标轴，MAU 增长趋势被放大。

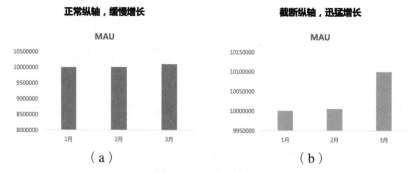

图 10-14　量级轴截断

2）避免图表疑云

有些人在汇报的时候，喜欢用炫酷的图形来展示，如图 10-15 所示。图 10-15（a）和图 10-15（b）的数据是一样的，虽然 3D 展示的效果会更加炫酷，但从理解角度出发，却远远不如 2D。因此，建议图表聚焦简洁、通俗、易懂，站在听众角度去思考如何展示及汇报。

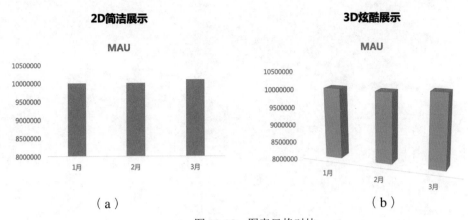

（a）　　　　　　　　　　（b）

图 10-15　图表风格对比

10.3.4　小结

希望通过本节的学习，你可以掌握项目制分析汇报的技巧，并在日常工作中将数据作用发挥到极致。

10.4　本章小结

老姜：小白，通过本章的学习，可以解决你最初遇到的问题吗？

小白：嗯，我觉得可以，并且很多技巧能直接拿来应用。

老姜：那就好，这里我们还是总结一下本章的核心内容吧。

- 针对日常工作总结汇报，周报中优先突出核心工作进展，在此基础上增加详细工作内容，最后可以对当前业务和团队发展提出一些自己的想法和建议。
- 针对部门级周会月会汇报，首先要明确汇报对象是谁，然后从数据角度描述清晰当前的业务发展状况，同时，定期做一些探索性分析，给予业务前置性推动。
- 针对项目制分析汇报，需要前置数据结论，并将重心放在对业务的建议上，同时，可以结合图表的方式进行讲解，降低业务方的理解难度。

第 11 章

工作中的困惑：数据分析师如何破局

小白：老姜，不知不觉，我从事数据分析也有一年有余了，但仍然遇到一些困惑，不知道如何解决，想听听您的意见。

老姜：没问题，说出你当下的困惑，我们一起看看如何解决。

小白：目前在工作和学习中，我主要遇到以下这些疑问。

- **分析思维困惑**。做了一段时间的数据分析，发现分析过程中会存在很多思维误区，很迷惑人，不知道还有哪些是我没有遇到过的，希望您能帮忙总结一下。

- **方法应用困惑**。数据分析会应用到很多统计学知识及算法知识。一方面，内容太多了，不知道从何开始下手学习；另一方面，也不是很了解学习的这些内容在哪些场景中可以落地应用，想听听您的见解。

- **工具应用困惑**。在当下工作中，常用到的工具主要是 SQL 和 Excel，其他方面工具应用比较少。但听说很多公司的岗位要求中，需要掌握 Python、R 等语言，所以想了解一下还有哪些工具是我需要学习的。

- **工作经验困惑**。当前的工作内容，70% 的时间在处理临时需求，30% 的时间在搭建底层数据，感觉自己所做的事情没有什么成就感，热情也渐渐消退了，逐渐沦为了取数的工具人。希望看看有什么方法，可以破局。

- **职业上升困惑**。最后，就是针对职业发展的困惑，一方面，看不清晰五到十年后的发展方向，不知道未来在哪里；另一方面，也困惑如何让自己快速提升，在职场中多赚点钱。

老姜：明白，小白，针对你当前的困惑，下面我来逐一为你解答，希望通过本章的学习，可以帮助你看得更高、看得更远。

11.1　思维困惑：数据分析常见的八大思维误区

老姜：针对第一个思维困惑，分享一些我在工作中常遇到的八大思维误区，这些误区往往是我们在工作中不经意间触犯的，会导致分析结果出现偏差，因此需要重点关注。

小白：嗯嗯，那具体涵盖哪些方面呢？

老姜：根据方向类型，可以划分为数据获取环节、数据分析环节、数据挖掘环节这三大环节的问题，希望能够帮助你有意识地避开。

小白：太好了，我会好好做笔记。

老姜：那我们开始吧。

11.1.1　数据获取环节误区

数据获取环节中，作为数据分析师，容易陷入以下三大误区，如图 11-1 所示。

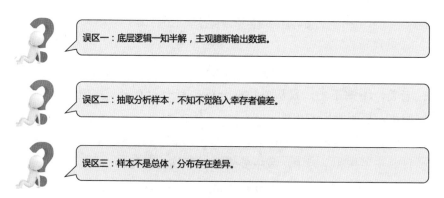

误区一：底层逻辑一知半解，主观臆断输出数据。

误区二：抽取分析样本，不知不觉陷入幸存者偏差。

误区三：样本不是总体，分布存在差异。

图 11-1 数据获取环节的误区

误区一：底层逻辑一知半解，主观臆断输出数据。

在刚刚接手新业务，对于底层数据还不是很了解的情况下，经常犯此类错误。

> **案例讲解**
>
> 业务需要你输出主页 PV 数据，通过 A 表发现有一个字段为主页 PV，于是在不假思索的情况下，使用了该数据，却未发现，这两个主页 PV 含义并不一致。

解决方案：数据侧，通过表的血缘关系，熟悉核心表的生成逻辑，确保每个字段都了然于心；业务侧，与业务聊需求时，要将需求细化到每个指标的逻辑含义，并得到业务方的认同。

误区二：抽取分析样本，不知不觉陷入幸存者偏差。

幸存者偏差在上文也有提到过，通俗来讲就是分析的抽样样本被人为地主动或被动筛选，导致样本无法代表总体，如下案例。

> **案例讲解**
>
> **案例 1**：小白需要对某 App 做用户满意度调研，于是抽取了某日的活跃用户发放调研问卷。
>
> **案例 2**：小白需要分析 C 功能是否能带动用户活跃度，这里 C 功能入口比较深，于是，小白用 App 大盘用户与应用 C 功能用户做对比，发现应用过 C 功能的用户活跃度明显高于大盘，于是得出 C 功能对用户活跃有明显正向作用。

以上两个案例，是我们日常工作中经常遇到的，相信大家也看出来了，均存在幸存者偏差。

案例 1：调研结果偏向于活跃用户，因为非活跃用户可能当日就没有应用 App。

案例 2：可能并非是 C 功能导致的用户活跃，而是能够进入如此深的入口，用户自身就更为活跃。

解决方案：筛选用户的时候，尽量避免出现与预期调研不一致的用户群体。如果是对照内容，两对照组之间的用户在各维度上需尽量打平，可通过 PSM（倾向性得分）进行对齐，在此基础上，再进行各类分析应用。

误区三：样本不是总体，分布存在差异。

在一些分析场景中，由于总体数据量级较大，常常使用随机抽样的方式，用样本结果代替总体结果。但往往由于样本与总体的分布存在差异，导致结论有偏，AB 实验则是最常遇到的场景之一。

实验过程中，由于指标在不同量级上的稳定性存在差异，因此，会出现实验全量上线后的效果与实验期效果存在差别。

解决方案：控制抽取样本的完全随机性，以及通过假设检验方式，判断需要的最小样本量，保证样本结论与总体结论尽可能方向一致。

11.1.2　数据分析环节误区

在获取完所需数据后，进入核心分析环节，在此环节中，同样会遇到一些困惑的地方，如图 11-2 所示。

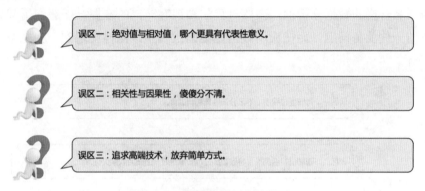

误区一：绝对值与相对值，哪个更具有代表性意义。

误区二：相关性与因果性，傻傻分不清。

误区三：追求高端技术，放弃简单方式。

图 11-2　数据分析环节的误区

误区一：绝对值与相对值，哪个更具有代表性意义。

在给出数据结论时，经常会利用指标的绝对变化和相对变化进行度量。一般在对整体指标进行前后时间段对比时，相对值会更直观一些。那抛出一个问题，如果是多维度及多维度值，评估指标对大盘的影响，用绝对值好，还是相对值好呢？下面我们来分析一下。

通过绝对值来表现：量级越大的维度值，指标绝对变化普遍偏大，不足以得出结论。

通过相对值来表现：量级越小的维度值，指标波动往往较大，相对差异普遍偏大，同样不足以得出结论。

解决方案：引入贡献度的概念，将维度值变化情况归总到整体，评估对整体的影响程度，其中核心内容，在本书第 5 章归因分析中有详细讲述。

误区二：相关性与因果性，傻傻分不清。

相关性与因果性这对"亲戚"，在数据分析日常工作中会经常碰到，并且不止一次混淆众人。经典案例：冰激凌销量与溺水人数成正比，两者并没有任何因果关系，只是由于天气热这个共同因素，导致销量与溺水数量呈同趋势上涨，两者呈现相关关系而已。

解决方案：判断两者是否有相关性，可通过相关系数等方式进行验证，在本书第 8

中有详细讲解；判断两者是否有因果性，可通过 AB 实验等方式，具体应用场景，在本书第 7 章中有详细讲解。

误区三：追求高端技术，放弃简单方式。

这一点一般是刚入行的新人经常会陷入的误区。即在解决问题的过程中，过于追求复杂的技术，重技术本身，轻业务价值，通常体现在以下三个方面上。

分析追求高端：能够用简单方法解决的，非要用复杂且不好解释的技术。

算法追求高端：在准召一致的情况下，能够用处理效率更高的树模型解决的问题，非要用占用 GPU 资源的深度学习模型来解决。

展现追求高端：能够用一张简单线性图表达的，非要加入很多立体且不实用的元素。

解决方案：化繁为简原则，能用简单方式更快、更好解决的，绝不采用复杂方式处理。

11.1.3 数据挖掘环节误区

作为一名合格的数据分析师，需要对算法知识有一定的掌握，能够利用基础算法去解决当下的一些业务问题，而在应用数据挖掘的过程中，同样会遇到一些思维误区，如图 11-3 所示。

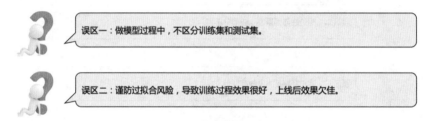

误区一：做模型过程中，不区分训练集和测试集。

误区二：谨防过拟合风险，导致训练过程效果很好，上线后效果欠佳。

图 11-3　数据挖掘环节的误区

误区一：做模型过程中，不区分训练集和测试集。

在做模型算法过程中，为了验证模型的优劣，常常将现有样本剥离出一部分作为测试样本，评判预测效果，这一点也是很多新人常常忽略的环节。

解决方案：在特征处理后、模型搭建前，将样本一分为二，采取交叉验证，训练集与测试集比例一般为 8∶2 或者 7∶3，依据总样本量大小而定。

误区二：谨防过拟合风险，导致训练过程效果很好，上线后效果欠佳。

过拟合是影响模型线上预测效果的一大因素，也是很多人忽略的问题。过拟合指创建的模型，在训练过程中表现很好，但一旦到了上线预测环节，准确性却不尽如人意。其中，主要由于训练模型过于与训练样本吻合，从而将很多极端点的行为学习在内，影响真实预测效果，这一点在树模型中体现得较为直观。

解决方案：可通过交叉验证、缩减特征、控制训练深度、增加正则化等方式进行解决。

11.1.4　小结

以上这些思维误区，作为数据分析师会经常遇到，希望可以帮助你少踩坑。除此之外，在工作中还会遇到各种各样的问题，要善于总结，不要重复犯同样的错误。

11.2 应用困惑：数据分析常用到的十种统计学方法

小白：老姜，我看在数据分析的工作中，很多时候会用到统计学方法，那统计学在其中充当着什么样的角色呢？以及是否一定要学习呢？

老姜：这个问题问得好，从起源角度来看，数据分析是统计学与计算机的交叉学科，固然需要参考一些统计学原理；而从工作角度来看，应用统计学知识，可以更为科学地度量业务。由此可见，对于数据分析人员，掌握一定的统计学原理是很有必要的。

小白：明白了，那对于像我这种入行没多久的小白来说，需要重点学习哪些统计学知识呢？

老姜：下面，分享十种数据分析中常用的统计学方法，你可以有倾向性地进行学习。

小白：太好了！

11.2.1 描述性统计（常用指数：★★★★★）

描述性统计指通过概括性的数学方法及图表方式，描述业务数据及其分布现状，在日常数据分析的工作中最为常用。其核心内容如图 11-4 所示。

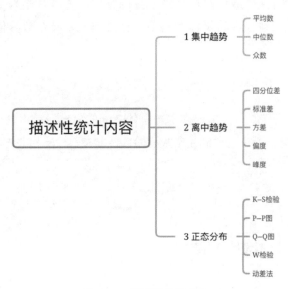

图 11-4 描述性统计内容

集中趋势：大多数数据趋近于的水平，平均数是最常见的集中趋势指标。

离中趋势：数据之间的变异程度或离散程度，标准差是最常见的离中趋势指标。

正态分布：又称高斯分布，是数学、物理等领域非常重要的概率分布，在统计学诸多方向均可看到其身影。

在日常工作中，描述性统计主要应用在以下场景中，如图 11-5 所示。

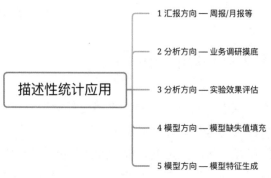

图 11-5　描述性统计应用

汇报方向—周报/月报：全方位描述产品表现，通过量化手段监控产品健康度。

分析方向—业务调研摸底：在做业务分析前，首先要知道业务当前的整体表现，而描述性统计恰巧可以帮助业务人员看清现状，在分析前置环节起到摸底、调研的作用。

分析方向—实验效果评估：在本书的第 7 章，我们一起了解了小流量实验的方式以及评估手段，而描述性统计则作为实验数据展示的方式媒介。

模型方向—模型缺失值填充：在做模型挖掘前，需要对已有数据进行特征处理，而数据是通过埋点等方式获取的，会出现缺失的情况。这个时候，往往会采用均值、众数等描述性统计方式来填补缺失值，从而帮助模型取得更好的效果。

模型方向—模型特征生成：同样是模型挖掘领域，有些时候为了度量指标在时间序列中趋势波动的变化，往往会将指标的斜率、标准差、变异系数等值作为特征，引入模型的训练及预测中。

11.2.2　假设检验（常用指数：☆☆☆☆☆）

假设检验用于判断样本与样本、样本与总体之间的差异，是由抽样误差所导致的，还是由于本身就存在差异。其中主要涵盖参数检验以及非参数检验相关内容，如图 11-6 所示。

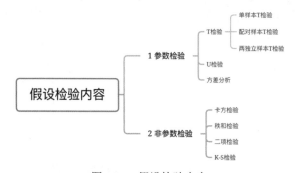

图 11-6　假设检验内容

参数检验：假设数据服从某一分布，例如上面提及的正态分布，通过样本参数的估计量对总体参数进行检验，常见方式有 T 检验、U 检验、Z 检验等。

非参数检验：不考虑总体分布形式，直接对数据的分布进行检验，常见方式有卡方检验、秩和检验等。

在日常工作中，假设检验主要应用在以下场景，如图 11-7 所示。

图 11-7　假设检验应用

分析方向—异动分析异常维度挖掘：在指标异动分析过程中，通过卡方检验等方式，判断各维度不同时间周期分布是否存在差异，从而探查异动本质原因。

实验方向—AB 实验显著性效果度量：在小流量实验过程中，通过 T 检验或 U 检验，判断 AB 实验分组指标变化差异是否显著，从而推断实验效果。

11.2.3　列联表分析（常用指数：⭐⭐⭐）

列联表分析用于判断离散型变量之间是否存在明显的相关性。例如，绩效的等级与性别是否存在相关性。其核心内容如图 11-8 所示。

图 11-8　列联表分析内容

在日常工作中，列联表分析主要应用在以下场景，如图 11-9 所示。

图 11-9　列联表分析应用

11.2.4　相关分析（常用指数：⭐⭐⭐⭐⭐）

相关分析用于判断现象之间的某种关联关系以及关联程度，例如正相关、负相关，在探索性分析中应用较为频繁。其核心内容如图 11-10 所示。

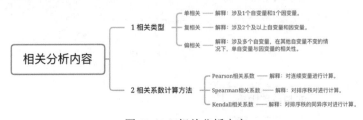

图 11-10　相关分析内容

在日常工作中，相关分析主要应用在以下场景，如图 11-11 所示。

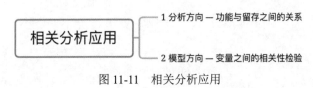

图 11-11　相关分析应用

分析方向—功能与留存之间的关系：在产品分析过程中，分析行为 A 与目标 B 之间的相关性，用于探索出有价值的信息。例如，签到与用户留存之间存在正相关，是否可以突出该功能，提升用户留存。

模型方向—变量之间的相关性检验：在模型搭建前，需要解决多重共线性问题，共线性会导致模型权重参数估计失真，而多重共线性的发现，则可以通过相关性来挖掘。

11.2.5 方差分析（常用指数：★★）

方差分析又称 F 检验，用于度量 2 个及 2 个以上样本均值差异的显著性检验。其核心内容涵盖以下方向，如图 11-12 所示。

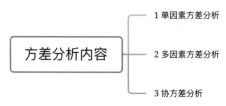

图 11-12　方差分析内容

单因素方差分析：分析一个因素与响应变量的关系。

多因素方差分析：分析多个影响因素与响应变量的关系。

协方差分析：排除协变量的影响后，再对修正后的主效应进行方差分析。

在日常工作中，方差分析主要应用在如图 11-13 所示场景。

图 11-13　方差分析应用

11.2.6 回归分析（常用指数：★★★★★）

回归分析用于日常指标拟合，以及未来趋势预测，在数据分析工作中应用较为广泛。核心内容涵盖以下方向，如图 11-14 所示。

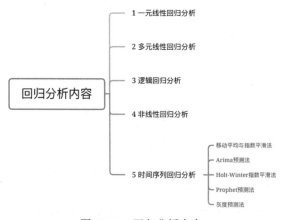

图 11-14　回归分析内容

一元线性回归分析：只有一个自变量 X 影响着因变量 Y，X 与 Y 均为连续型变量。

多元线性回归分析：多个自变量 X 影响着因变量 Y，X 与 Y 均为连续型变量。

逻辑回归分析：适用于因变量为离散值的情况。

非线性回归分析：曲线形式，至少有一个自变量 X 的指数不为 1，例如幂函数、指数函数、抛物线函数、对数函数等。

时间序列回归分析：用于具备时间趋势的序列回归，例如 Prophet 预测法、Arima 预测法等。

在日常工作中，回归分析主要应用在如图 11-15 所示场景。

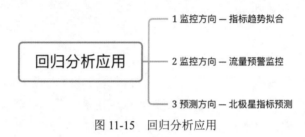

图 11-15　回归分析应用

11.2.7　聚类分析（常用指数：⭐⭐⭐⭐）

聚类分析用于将用户、内容在没有先验性指引的情况下，分门别类进行划分。其核心内容涵盖以下方向，如图 11-16 所示。

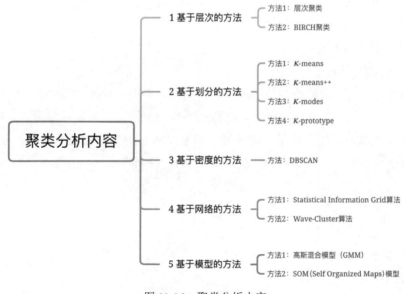

图 11-16　聚类分析内容

1. 基于层次的方法

层次聚类包含两种方式，凝聚型层次聚类和分裂型层次聚类。凝聚型层次聚类是层次聚类中较常用的方式，其核心原理为，初始假设每个个体都是一类，每一次迭代会合并最相近的点，当所有点都合并成一类或者满足停止条件时，则终止模型迭代，是一种自下而上的方式。与之相对应的分裂型层次聚类，则是以自下而上的方式进行迭代，最终输出结果。

（1）方法优势：

● 模型解释能力较强。

● 无须设定 K，可作为 K-means 聚类探索 K 的先验算法。

● 对于 K-means 不擅长的非球形点处理得较好。

（2）方法劣势：

● 时间复杂度较高，运行慢。

● 无法解决非凸对象分布。

2. 基于划分的方法

其思想有一些类似于凝聚型层次聚类，但在开始模型之前，需要预先输入最终聚类簇的个数 K，然后初始挑选几个点作为质心，再接着将相近的点进行合并，并形成新的质心，迭代的原则为"类内点距足够近＋类间点距足够远"，直至最终符合簇的数量。至于 K 的选择，可以通过肘部法则、轮廓系数等方式进行评估。

（1）方法优势：

● 时间复杂度及空间复杂度较低，运行快。

（2）方法劣势：

● 对于初始质心的选择较敏感。

● 对噪声较敏感，会被带偏。

● 容易出现局部最优解的情况。

● 无法解决非凸对象分布。

3. 基于密度的方法

以上两种方式均无法处理不规则形状的聚类，而 DBSCAN 基于密度的方法可以很好地解决，并且对于噪声数据比较友好。其核心原理通俗讲，就是通过每个点画圈的方式，与周边的点发生联系，如果满足一定规则则将其纳入本类中，直至满足迭代要求。此方式需要设置两个参数：一个是圆圈范围的最大半径（EPS）；另一个是圈内最少应容纳点位（MinPts）。

（1）方法优势：

● 满足任意形状的聚类。

● 对于噪声不敏感。

（2）方法劣势：

● 聚类结果与初始设定值有直接关系。

● 由于值是固定的，因此对于稀疏不同的对象分布不太友好。

在日常工作中，聚类分析主要应用在以下场景，如图 11-17 所示。

图 11-17　聚类分析应用

画像方向—用户画像群体划分：产品用户画像标签建设的方法之一，将用户划分为具有明显特征属性的细分群体，例如时尚达人、儒雅书生、职场精英、家庭宅男等标签。

分析方向—产品组合营销：随着公司产品的丰富，将产品按照价值和变现能力划分为不同组合，针对不同组合制订营销策略。

底层数据方向—流量反作弊判断：在底层数据处理环节，通过聚类将异常用户行为进行归类，挖掘规律，清理异常流量。

11.2.8　判别分析（常用指数：☆☆☆☆）

判别分析又称分类问题，通过样本对象的特征判断其所属类别。判别分析与聚类分析的差异在于，聚类分析在分析前，不知道类别有几类以及是什么，而判别分析则是在原有样本类别已知的情况下，对新样本进行判断。其核心内容涵盖如图 11-18 所示的方向。

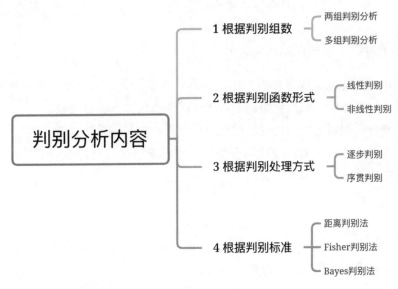

图 11-18　判别分析内容

在日常工作中，判别分析主要应用在如图 11-19 所示场景。

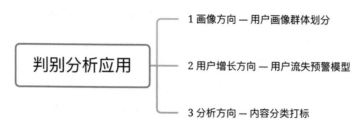

图 11-19 判别分析应用

11.2.9 主成分分析（常用指数：⭐⭐）

主成分分析（Principal Component Analysis，PCA）是将一组可能的相关性变量，转化为一组线性不相关的变量，转化后的这组变量叫作主成分。

主成分分析最大的作用在于降维，也可用于探索变量之间的关系。简单解释一下，在搭建模型过程中，往往会选择诸多变量作为特征，而这些变量之间也往往存在着相关性，这会引起多重共线性问题。因此，需要一种方式将这些变量转化为相对独立且尽可能多地涵盖原始变量的信息，主成分则是其中一种方式，将原始变量转化为一些相互无关的新变量。

> **扫盲**
>
> 多重共线性：自变量特征之间由于存在相关关系，从而使得模型估计失真，导致结果不稳定。例如，如果特征之间存在多重共线性，在利用随机森林计算特征贡献度时，多次运行出来的结果会存在较大差异。

11.2.10 因子分析（常用指数：⭐⭐）

因子分析的作用同主成分分析一样，同样是为了降维。原理是在多自变量之间，寻找潜在的因子，相似变量归为一个因子，通过因子替代原有的自变量。

与主成分分析相同之处：起到清理原始自变量中内在关系的作用。

与主成分分析不同之处：主成分分析重在归总变量的信息，而因子分析重在解释变量的信息，主成分分析是因子分析的子集。

11.2.11 小结

以上 10 种统计学方法在工作中较为常见，但统计学方式绝不止于此，还包括信度分析、生存分析、多重响应分析、距离分析等，有待你在日后工作中不断探索、发掘。

11.3 应用困惑：数据分析结合算法的七种应用场景

小白：在日常工作中，除了应用统计学之外，有时候还需要借用模型算法，来解决一些业务场景问题，就像我之前会用到一些简单的分类模型、聚类模型等。但由于接触的业务比较浅显，应用场景比较少，想问问您在一般工作中，都有哪些场景可以利用算法解决问题呢？

老姜： 小白，理解你的困惑！数据分析师与算法工程师虽然是两个方向的工种，但作为数据分析师，确实有些场景是需要通过算法解决问题的，掌握一定模型知识是一个很好的加分项。下面分享七种利用算法解决业务问题的应用场景，希望能够帮助你扩展思路。

小白： 太好了！

11.3.1　反作弊场景

数据分析结论是否可用，很大程度依赖源头数据是否准确，在数据采集入库后，数据研发人员往往会在 ODS 层做一步离线反作弊处理，目的是把刷量的假用户数据剔除，有助于下游数据的准确性。虽然数据分析一般不会亲自负责反作弊的工作，但作为数据的应用方，反作弊的准确性以及剔除的量级波动情况，还是需要有所了解的。

反作弊的方式有很多，对于数据量不大的公司，有些甚至会直接采用统计规则进行识别，例如 PV > 500 且 CTR < 0.3 的用户在某些场景可能认为是作弊用户。而对于数据量较大的公司，用户的作弊手段更加隐蔽化、多样化，引入算法挖掘是非常有必要的，其中图模型、树模型都是常见的方式。在实战中，往往采用多种模型的组合，形成一个庞大的反作弊系统，这里简单说明一下图模型、树模型的应用方式，帮助你增加理解。

图模型方式： 基于 Swing 二部图算法，计算用户之间相似度，结合图聚类将用户分簇，假设某个簇中疑似作弊用户大于一定阈值，则判定该簇中的全部用户均有作弊嫌疑。

树模型方式： 根据用户的各种行为特征，采取有监督学习，训练模型挖掘异常用户的能力。当然，有监督学习的缺点是，没有那么多作弊数据供模型训练，同时，当有新的作弊手段出现时，发现得也比较滞后。

11.3.2　异动分析场景

针对北极星指标日常的数据异动监控，是数据分析人员绕不开的工作内容。然而，在真实的业务场景中，指标的变动往往牵扯到较多的维度，那么如何科学、高效地在诸多维度中，找到可能的异动原因，定位到问题，算法会辅助进行排查。可以利用树模型或相对熵的方式挖掘异常维度，提升排查效率。

此方面内容，在本书的第 5 章异动分析中有详细的讲述。

11.3.3　预测分析场景

预测分析是利用业务过往的数据，通过统计学、机器学习、深度学习等算法，根据历史的数据趋势，来预测未来的结果及走向。其核心作用，主要表现在对于未来目标的制订以及业务趋势的监控。

时序预测的常见场景：日常预测、节假日预测、特殊时点预测（例如"双十一"）等。

时序预测的方式：同环比、Arima、Holt-Winters、Prophet、LSTM 等。

此方面内容，在本书的第 6 章时间序列预测中有详细的讲述。

11.3.4 用户增长 Aha Moment 场景

在新用户分析场景中，经常需要度量功能对用户价值的大小，如果功能对用户有显著正向效果，产品则会考虑通过引导手段，提升用户在此功能的应用频次，也就是用户增长中常说的 Aha Moment。

挖掘 Aha Moment 的方式有很多，其中功能与留存的 Pearson 相关性、随机森林特征贡献度，均是较为常用的方法。通过树模型等方式可以辅助挖掘，提升分析的效率及结论的准确性。

此方面内容，在本书的第 9 章用户增长中有详细的讲述。

11.3.5 用户增长用户流失预警场景

同样是在用户增长架构下，当用户过了成熟期后，往往会出现衰退、流失的情况，如果能在用户即将流失之前加以干预，挽留住用户，相比获取同等数量的新用户要划算得多。

用户流失预警模型，利用用户的各种特征创建分类模型，预测用户未来流失的可能性，从而通过策略手段提前干预，尽可能留住这些用户。

此方面内容，在本书的第 9 章用户增长中有详细的讲述。

11.3.6 因果分析场景

因果分析的目的主要是度量某个干预项对目标的影响程度，我们经常用的 AB 实验就是为了解决因果问题。而在某些场景下，受限于无法应用 AB 实验，或者没来得及开发 AB 实验的时候，便可以通过一定算法手段进行挖掘探索。DID 双重拆分法、Granger 因果检验、因果树等，都是比较常用的方式。

此方面内容，在本书的第 7 章因果推断中有详细的讲述。

11.3.7 用户分群场景

在用户画像中，有些标签是人工加上去的，可以辅助业务进行推广，实现千人千面，例如时尚达人、职场精英、家庭宅男等。这些标签是通过用户多种特征进行分群，并加以提炼的，其中，聚类算法可以辅助进行分群及标签的建设。

此方面内容，在本书的第 9 章用户增长中有详细的讲述。

11.4　工具困惑：数据分析师掌握工具的程度

小白：老姜，我从事数据分析师这个岗位也有一年左右的时间了，用到的工具基本就是 Excel 和 SQL，很少接触其他。但看身边有些同事，还会用到 Python、R 语言等。想了解一下，作为一名合格的数据分析师，需要掌握哪些工具技巧，才能让自己的工作不受限于工具呢？

老姜：嗯，明白你的问题。数据分析这个岗位从横向来看，属于计算机与统计学的交叉学科；从纵向来看，始于数据、终于业务。因此，需要掌握的工具技能跨度较大，我们从数据流转的角度梳理，涵盖数据仓库、数据提取、数据分析、数据汇报等几个模块。下面我们逐一来看，这几个方向上，需要掌握的工具技能都有哪些。

11.4.1　数据仓库技能

数据分析师一般不会涉及全链路数据仓库的搭建及维护，但由于需要自己创建 ADS 层的数据表，因此对于数据仓库的知识及技能要有一定的了解。其中，主要涉及的工具技能包括 SQL、Python、Java、Flink 等。

SQL：搭建数据仓库、提取数据最重要的语言技巧。

Python、Java：数据处理层经常会用到，Python 相比于 Java，应用场景更广，Python 需要掌握基础的语法及掉包方式。Java 了解入门知识能够大体看得懂代码即可。

Flink：处理实时流时会应用到，同样是了解入门知识即可。

11.4.2　数据提取技能

数据提取是数据分析的首个环节，将数据从数据库中按照指定的格式提取到本地。在这个过程中，SQL 是必备工具，建议熟练掌握增、删、查、改等基础语句。

- 熟练掌握基础函数，在遇到问题时，能够快速检索出用什么函数来解决问题。
- 熟练掌握语法结构，能够写出相对复杂的嵌套语句。
- 有清晰的代码逻辑，在遇到不同类型需求时，能够快速在脑海中形成输出结构。

11.4.3　数据分析技能

数据提取后，分析是数据分析师日常工作的核心环节，将数据加工处理，探索其中的业务价值。这里涉及的工具就比较多了，包含但不限于 Excel、Python、R、SPSS、Eviews、SAS 等。

1. Excel（重要性：☆☆☆☆☆）

Excel 虽然不高端，但仍然是数据分析最好用、最常用的工具。建议掌握程度如下。

- **熟练掌握常用函数**。例如，sum、average、vlookup 等。
- **熟练掌握常用操作技巧**。例如，行列转置、选择性粘贴等。
- **熟练掌握常用快捷键**。例如，快速删除行列、快速筛选内容等。

- 了解 VBA，**能够简单实现 Excel 自动化**。这一点不是必须，但对提高工作效率会有很大帮助。

2. Python（重要性：☆☆☆☆☆）

Python 并不是数据分析必备工具，但却能够决定你的发展上限。主要应用场景涵盖创建 SQL 中应用的 UDF 函数、通过脚本快速产出分析报告、通过数据挖掘产出模型。建议掌握程度如下。

- 熟练掌握 Python 基础语法、函数，能够看懂别人写的代码。
- 熟练掌握分析及挖掘常用工具包。例如，Numpy、Pandas、Matplotlib、Sklearn 等。
- 熟悉通用的 Python 项目目录结构。

3. R（重要性：☆☆☆）

从功能角度来说，R 与 Python 很多功能是交叉的。R 更偏向于统计分析与绘图，一般在学术研究中应用较多。而对于数据分析人员，Python 与 R 二选一即可，个人推荐前者，应用面更广。

4. SPSS（重要性：☆☆☆）

SPSS 是一款数据统计与应用软件，**在处理"离线＋少量数据"的统计分析时比较好用**。通过"可视化界面＋点选方式"选择不同类型的统计分析，例如概率统计、相关分析、回归分析等，甚至还包含了机器学习算法与文本分析等，应用方向较广，建议掌握程度如下。

- 熟练掌握常用的统计学原理，并了解各原理中的参数含义。
- 了解工具能解决哪些问题，至于具体的操作细节，可在用到的时候搜索查询。

5. Eviews、SAS（重要性：☆☆）

Eviews 和 SAS 在非经济学领域出现频次不太高。Eviews 主要在时间序列分析中有较多应用；而 SAS 主要在银行及金融业应用较多，属于付费软件。这两个工具你了解就好，用到的时候再深入研究。

11.4.4 数据汇报技能

数据输出结论后，往往需要配合图表方式展示，Excel、Python Matplotlib 可以满足基本需求。但如果希望配置成例行图表，则需要通过 BI 软件来完成。一般公司内部会有自己的 BI 平台，而至于外部软件，Tableau 应用较为广泛。

BI 平台操作相对比较简单，但如果之前没有应用过，可以下载一个开源的软件，了解一下 BI 平台的基础功能，并能够实现一些简单的看板搭建。一般来说，所有 BI 平台的建设思路都是大同小异的。

另外，针对数据汇报，PPT 是长盛不衰的工具，在写 PPT 的过程中，需要注意"**思路清晰＋内容简洁＋突出结论**"。

11.4.5　小结

工具作为数据分析师"吃饭的家伙"，需要在入行前或者入行初期多加练习，这样可以大大提升后续工作的效率，将更多时间花在做有价值的事情上。

11.5　工作困惑：如何改善工作中的三大被动局面

小白：老姜，在从事数据分析的这段时间中，原以为很高大上的岗位，做的却是一些琐碎的事情，在工作中得不到提升，逐渐迷失了自我。

老姜：这种情况并不罕见，很多从事数据工作的人员都遇到过，你可以将遇到的详细困惑说出来，我们一起来看看有什么办法可以解决。

小白：好，最近工作中，主要遇到以下三种类型困惑。

- 困惑 1：数据埋点问题多，查询费时又费力，埋点逻辑不清晰，还需协助帮查询！
- 困惑 2：数据需求天天催，所有需求全高优，加急产出已交付，一看业务全未读！
- 困惑 3：项目分析是重点，聚焦目标出数据，业务反馈有作用，最终一个没落地！

老姜：你说的这些问题，我也经历过，分享一些经验，希望可以帮助到你。

11.5.1　困惑 1：数据埋点困惑如何解？

要想解决一个问题，首先要摸清楚问题的本质，下面，我们一起从问题表象、问题本质、解决方式三个角度分析一下。

1. 问题表象

数据不准确的问题，往往需要数据分析人员负责排查，然而不准确的原因中，80%是由于底层埋点所导致，而埋点又不是数据分析人员负责，导致查询的过程耗时耗力。与此同时，在应用数据分析的过程中，由于对埋点不清楚，需要经常咨询研发人员，效率很低。针对这些问题，其本质又是什么呢？

2. 问题本质

本质原因 1：没有一整套监控机制，导致数据问题发现往往是滞后的，并且每次排查问题都非常紧急，对于业务和数据人员都很被动。

本质原因 2：数据分析人员没有参与埋点设计，以至于对埋点逻辑并不了解，存在问题的时候，才去单点咨询。

3. 解决方式

理想情况：形成一套"埋点→监控→修复"的半自动化体系，将工具与人有机结合。

方式 1：参与埋点设计。埋点不熟悉是绝大多数数据分析人员会遇到的问题，无论是问题查询环节，还是处理需求环节，都会非常被动。因此，参与到埋点设计中，对每一个新功能的埋点有基础了解，是十分有必要的。埋点的设计方案可以参考本书的第 2 章内容。

方式 2：**搭建监控体系**。在埋点验证无误上线后，为防止后续改版出现问题，需要配置监控工具，一般由埋点研发人员主导配置、数据分析人员辅助验证，便于后续数据问题的快速发现。

方式 3：**问题排查系统化**。当监控发现数据存在较大波动时，仍需要一个系统性的排查方式。这里需重点关注两点：其一，排查思路需要做沉淀，保障相同问题第二次遇到时，可以大大缩减排查时间；其二，排查工具建设，将思路落地到工具中，实现问题排查的半自动化。

以上三点可以解决埋点中的大多数的问题，减少你在埋点应用、问题排查上的时间成本。

11.5.2 困惑 2：数据需求困惑如何解？

1. 问题表象

- 需求业务方催得很紧，提的需求中，十有八九都是 P0 优先级。
- 需求好不容易做完了，发给业务方，业务方反而不着急看。
- 业务方看完之后，发现还需加一些内容，于是又返工处理。
- 常常处理相似需求，花费很多时间在烦琐的临时需求跑数上。

2. 问题本质

- 业务方提给你的需求，大概率是业务方领导委派给他的，因此他需要一些 Buffer 去整理，所以常常会催促你。
- 业务方给你提的需求，有时他自己也未必想得非常清楚，领导需要什么，他就传达什么。
- 业务方没有合适的工具和看板，自己无法解决，导致每次相似的需求都要找到你。

3. 解决方式

理想情况：横向建立一套需求处理流程体系，纵向归并需求并以工具化形式输出。

方式 1：制订需求规范（短期）。需求规范涵盖业务提需求规范以及需求处理规范两个方向。

其一，业务提需求规范。规定业务方以标准模板输出需求文档，内容涵盖需求背景、需求目的、预期收益、需求详情等。这样做的目的，一方面，强制业务方将需求梳理清楚，减少后续频繁返工；另一方面，起到明确责任的目的。

其二，需求处理规范。对于真正紧急的需求，可以插队处理，除此之外，每周统一时间对新增需求进行排期，并将需求截止时间统一同步给业务方。如果部门有每周的需求评审，那就更好了，会上由业务方对需求进行说明，再由各方领导评判优先级。以上方式，可以避免数据分析人员处理需求被动的局面。

方式 2：与业务达成默契（短期）。业务方是需要磨合的，包括但不限于：沟通方式、提需方式、数据理解等。达成默契的好处在于，其一，让业务方从数据角度思考问题，慢慢你们的思考和沟通方式会逐渐走到一条线上；其二，双方对于优先级有共同的认知，在不紧急的情况下，业务方也不会过多催促你。

方式 3：工具化支持（中长期）。 在业务发展初期，需求多是很正常的，因为产品处于快速发展阶段。而随着业务的发展，逐渐步入稳定阶段后，临时性需求如果还是很多，往往就存在一些问题了。建议你将做过的需求分门别类进行归总，总结需求共性，通过工具或看板加以满足。将低技术含量的工作内容逐步收敛，更多时间聚焦在核心能力的输出上。

11.5.3　困惑 3：项目分析困惑如何解？

1. 问题表象

- 项目分析报告经常要花很多时间去做，但结论往往就是看看，无法落地。
- 对于有些有价值的报告，会得到业务方的认可，但最终取得的成绩却和自己无关。

2. 问题本质

- 输出的报告不是业务想要的，解决不了目前的问题。
- 对领导来说，谁给业务带来增益，谁的价值就更大，而数据分析师天然偏支持性岗位，功与过相对涉及少一些。

3. 解决方式

方式 1：项目分析规划阶段。 不要着急下手，建议先花 1 天左右的时间，了解"分析背景 + 业务目标 + 梳理分析"框架，与业务沟通预期结论方向达成共识后，再开展详细分析。

方式 2：项目分析处理阶段。 项目分析之所以会花费很多时间，主要由于分析方向很难一次性摸对，在分析过程中很可能经常调整分析角度。因此，需要数据分析具备快速摒弃错误思路、探索新方向的能力。说起来简单，但需要你具备多种分析思路以及多种技能，例如应用算法。

方式 3：项目分析汇报阶段。 如果是较重要的项目，在完成分析后，建议在汇报时，拉上业务领导以及大部门领导。让部门的大领导看到你做的事情，如果输出了有价值内容，对于你个人发展会有很大帮助。

方式 4：项目分析沉淀阶段。 分析阶段性完成后，要养成复盘的习惯，哪里走了弯路，在以后的分析中尽可能避免。

方式 5：日常充电阶段。 掌握更多分析思路，可以让你的分析框架更为丰满，同时也是数据分析进阶的核心能力。

项目分析是最能让数据分析人员成长的工作内容，要好好把握每一次机会，即便最终没有落地，只要你的思路能够有所提升，就是有价值的。

11.5.4　小结

由于数据分析天然属于支持性岗位（除战略分析），往往会遇到各种被动的局面，同时也会让很多人对此失去兴趣，这里给大家几点建议。

建议 1：清晰定位。数据分析属于下限很低、上限很高的岗位，绝不只是写两行 SQL、做两个 Excel 这么容易，要不然也不会存在"数据科学家"这样的头衔。清晰定位，摆正态度，多提出意见，指引业务迭代。

建议 2：提升兴趣。当你从事一个行业一段时间后，往往会遇到瓶颈期，相似的工作内容，让你对工作提不起兴趣。这里建议大家可以在工作的业余时间增加一些挑战性的事情，例如如果你不会算法，可以在业余时间学一学，并在工作中输出有业务导向的内容。

11.6　工作困惑：数据分析团队可自主推动的八件事情

小白：老姜，对于数据团队，除了日常接收需求，还有哪些事情是我们可以自己去推动做的呢？

老姜：还是有很多的，本节我来帮你总结一下作为数据分析师可以自主推动的几件事情。

小白：太好了，感觉又可以拓宽思路了。

老姜：嗯，不过在此之前，我会先说说自主推动的价值是什么。

11.6.1　数据分析团队自主推动的价值

作为数据分析师，日常工作中相信你一定或多或少遇到过下面这几个烦恼。

烦恼一：疲于应付临时需求，总感觉所做之事对于自己和团队没有增量价值。

烦恼二：重复性工作内容较多，工作热情逐渐被削减。

遇到上述问题并不罕见，重要的是，我们要如何解决，以及可以通过主动推动哪些事情，更好体现出数据分析师的价值所在。

总的来看，**数据分析师的价值主要体现在对于公司的价值以及对于合作方的价值上**，为了达到这样的目的，需要从以下两个方面来调整我们的工作重心。

其一，**对内提效**。提效不是指我们日常工作的提效，而是通过自动化工具的支持，帮助业务方提效。传统的工作方式，往往是业务方给数据人员提需求，数据人员排期处理，这之间的沟通和处理，都会给双方带来时间成本。如若能通过自助化工具，让业务方自行获取，对于双方都有很大增益。

其二，**对外增值**。增值指数据人员通过科学的方式，探索数据价值的边界，输出业务方无法看到的一些内容，对产品的迭代产生价值。

下面将从这两方面出发，一起来看看数据分析团队可自主推动哪些事情，提升团队的价值。

11.6.2　数据仓库方向

数据分析的上游为数据仓库，虽然数据仓库内容主要由数据研发人员负责，然而有些时候，为了数据能够准确、及时地输出，一些事情往往需要数据分析人员介入，主动推动项目的开展。

方向 1：推动数据集市建设（目的：自助分析基础）。

要实现下游业务的自主分析，数据层的设计是不可或缺的。通过 ADS 层数据集市的建设，将底层数据分门别类地整合成各种主题表，供各方业务应用。方便下游平台对接，实现自助化分析，即便暂时无 BI 平台，也可供业务方通过简单的 SQL 语句查询所需内容。

方向 2：推动实时数据建设（目的：扩充分析场景）。

根据数据仓库的加工类型，可分为离线计算与实时计算。一般情况下，离线数据仓库的应用较为普遍，然而在一些偏即时的业务场景中，实时数据对于分析及挖掘还是非常有必要的。

> **案例讲解**
>
> 活动效果即时分析、大促期间即时分析等，在此应用场景下，如果数据分析团队可以根据所需内容，推动数据仓库接入实时数据，并将其通用化，对于业务的价值还是非常大的。

方向 3：推动数据预警建设（目的：保障数据质量）。

日常数据变化可划分为正常变化和异常变化。

异常变化指由于数据埋点或者 ETL 过程，人为造成的数据收集或者解析错误，这类问题会直接污染下游数据，因此，需要从数据源头重视起来。

在此背景下，数据分析团队可推动数据研发人员在数据接入环节增加预警机制，通过设定阈值等方式，对异常数据进行报警，实时关注数据异常现象。

11.6.3 数据分析方向

数据分析方向可划分为防守型和进攻型。

防守型：数据滞后于业务，发现业务问题，侧重于服务好业务需求，偏支持性分析。例如，异动分析等。

进攻型：数据超前于业务，通过数据探索哪些业务方向是可做的，侧重于自发探索数据价值的边界，偏指导性分析。例如，探索分析等。

下面先来看看防守型分析，数据分析团队可以推动哪些事情。

方向 4：主导异动分析工具搭建（目的：快速发现业务问题）。

日常指标经常会出现各种各样的波动，有些是正常的，有些则是异常的。针对指标异动的排查，是数据分析师常规性的工作内容，但往往由于方式不够系统化，导致效率较低，时效性无法保障。

在这样的背景下，搭建一套科学的异动分析工具，快速找出指标异动原因，将结论自动推送给业务方，则可以很好地体现出数据分析的价值所在。

方向 5：推动实验工具搭建（目的：快速评估实验结论）。

小流量实验是产品全量迭代前的必备环节，新版本是否优于老版本，主要通过各种评估指标来判定，主要涵盖样本量、指标值、点估计、区间估计、P 值、MDE 等。如果以上内容均通过手动输出，效率会非常低，因此，可以联合实验研发人员搭建一套实验评估工具，为产品的快速迭代带来增益价值。

方向 6：主导即时查询工具搭建（目的：自助化支持日常需求）。

日常我们遇到业务所提的数据需求，虽说内容多种多样，但其中仍然可以总结出很多共性，将这些共性内容通过可视化即时查询平台方式实现，后续如业务再遇到类似需求，便可自行查询。

要完成这样的工具建设，首先，需要将现有需求汇总到一起，总结出需求共同点；其次，拉动平台研发人员共同设计一个即时查询工具或者一个 BI 平台功能。

该工具的目标是解决 80% 以上的临时取数需求。一方面，它可以提高业务方取数的效率；另一方面，它可以减少数据方在临时需求上花费的时间成本，从而将更多时间花在进攻型分析上。

下面，我们一起来看看进攻型分析数据分析团队可以推动的事情。

方向 7：发起探索性分析（目的：直接推动产品改进）。

探索性分析往往是业务抛出一个命题，由数据分析人员牵头，通过科学的分析方式，探索其中的价值点，并将结论输出的业务方。其中往往需要用到较多的分析方法及模型，从数据的角度找到问题本质。这方面的工作，可以很好地体现出数据分析师的价值，提升数据团队的影响力，下面举一个案例，帮助你更好地理解。

> **案例讲解**
>
> 现状问题：近期发现产品新用户付费率降低了，是什么因素导致的？
>
> 分析思路：通过漏斗分析等方式，发现在付费流程前，需要用户绑定支付平台，该流程阻挡了较大比例的用户群体。其中"50 岁以上"群体最为明显，推测是由于最新版本文案过于复杂，导致年长群体较难理解。建议业务尝试调整成简明文案，通过实验方式进行验证。

11.6.4 数据展示方向

站在业务角度，对于 BI 工具的要求主要体现在两个方面：**易用性和高效性**。其中，高效性主要依赖底层的数据存储与计算架构，对这方面，数据分析人员很难插手；在易用性方面，数据人员可以根据业务所提意见推动平台改进，方便业务方自助查询，提升效率。

方向 8：推动普适化 BI 工具建设（目的：提供快捷分析工具）。

如若要实现业务方自行搭建 BI 看板，平台就需要支持较为简洁的生成方式，例如推、拉、拽等方式。数据分析师作为最懂数据的人，需要担任平台与业务的中间方，推动平台改进，体现数据分析团队在业务部门中的影响力。

11.6.5　小结

希望通过本节的学习，你可以主动突破数据分析的价值边界，提升自身的发展空间，为业务带来更多的价值。

11.7　职业困惑：数据分析师的职业上升通道

小白：老姜，从事数据分析的这一年中，我的岗位一直都是初级数据分析师，但看同组内很多同事都是高级数据分析师、数据分析专家。比较疑惑的是，我要达到什么样的水平才可以晋升呢？以及作为数据分析师，完整的上升通道又是什么？

老姜：明白你的困惑，而且相信很多刚入行的新人都有你这样的疑惑，针对你提出的这两个问题，我们一起来聊一聊。

11.7.1　数据分析师职业上升通道

对于数据分析师的主线上升通道，在一些招聘网站上也可窥探一二。根据招聘信息对工作年限的要求，大体可划分为四档：1～3年内、3～5年、5～10年、10年以上。与之相对应的职级大概是，初级数据分析师、高级数据分析师、数据分析专家、数据科学家。虽然年限与能力不一定完全匹配，但整体的上升通道可以参考，如图11-20所示。

图 11-20　数据分析师职业上升通道

下面我们来分析一下，每个阶段职级的要求，以及可以从哪些方面发力进行升职。

11.7.2　初级数据分析师（数据能力：☆☆；业务能力：☆）

1. 阶段状态

这个阶段的新人一般是刚刚毕业，即便在校期间学习的是大数据专业，也刚开始将所学到的知识应用到实战过程中，经验不足是在所难免的，此阶段欠缺的是技术的熟练性以及对于业务的理解。

因此，在这个阶段往往会做一些领导指派的基础性工作，例如提取数据，做一些简单的分析及展现。久而久之，有些人可能会迷茫，逐渐觉得自己就是一个工具人的角色。

2. 阶段要求

那么这个阶段有什么要求呢？我们以某公司职位招聘描述为例，如图11-21所示。其中，将职位职责、职位要求分别通过红色部分、蓝色部分进行重点标注。

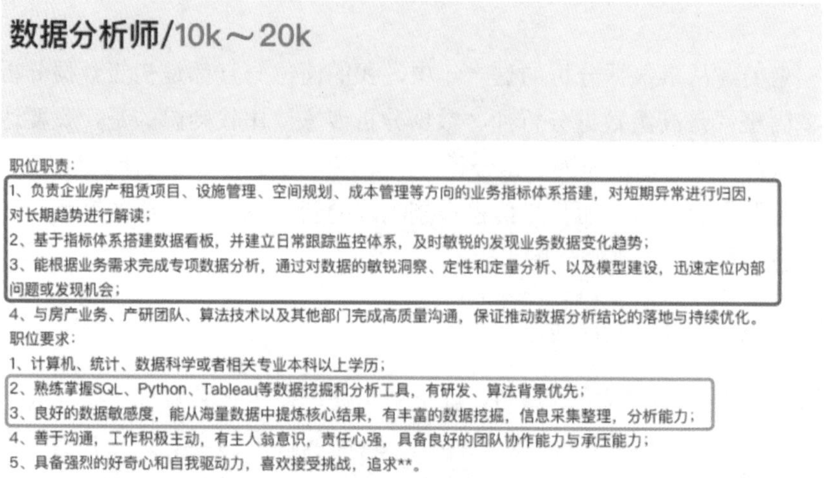

数据分析师/10k～20k

职位职责：
1、负责企业房产租赁项目、设施管理、空间规划、成本管理等方向的业务指标体系搭建，对短期异常进行归因，对长期趋势进行解读；
2、基于指标体系搭建数据看板，并建立日常跟踪监控体系，及时敏锐的发现业务数据变化趋势；
3、能根据业务需求完成专项数据分析，通过对数据的敏锐洞察、定性和定量分析、以及模型建设，迅速定位内部问题或发现机会；
4、与房产业务、产研团队、算法技术以及其他部门完成高质量沟通，保证推动数据分析结论的落地与持续优化。
职位要求：
1、计算机、统计、数据科学或者相关专业本科以上学历；
2、熟练掌握SQL、Python、Tableau等数据挖掘和分析工具，有研发、算法背景优先；
3、良好的数据敏感度，能从海量数据中提炼核心结果，有丰富的数据挖掘，信息采集整理，分析能力；
4、善于沟通，工作积极主动，有主人翁意识，责任心强，具备良好的团队协作能力与承压能力；
5、具备强烈的好奇心和自我驱动力，喜欢接受挑战，追求**。

图 11-21　职位描述

（1）职位职责。

指标体系、归因分析、业务需求往往是这个阶段职位职责的热门词。由于此阶段工作内容相对比较零散，因此对于涉及的分析方法，要在工作中多加梳理总结，将零散的内容规整化。

（2）职位要求。

技术层面：这个阶段对于技能的要求往往不会很高，能够利用 SQL 提取数据，并通过 Excel 做一些数据加工，基本就够用了。即便用到 Python，一般也就是调用 Numpy、Pandas、Matplotlib 等数据包，加工一些底层数据。虽然要求不高，但是提高技能的熟练度以及扩宽技能的广度，是本阶段最重要的事情。

业务方面：由于此阶段接触的往往是偏零散的需求，项目内容会相对偏少，因此建议你做好以下两点。

其一，需求够深。事前多了解背景，事中多提出自己的见解，事后沉淀复盘。

其二，参与够广。多看业务文档，多参加会议，多与业务方沟通。

3. 升职发力点

发力点 1：加强技术的熟练度及广度，包括但不限 SQL、SPSS、Python、R 等。

发力点 2：补充统计学知识，为后面的工作做准备。

发力点 3：熟悉业务，涵盖"公司业务 + 行业行情"，后者可通过研读财报的方式获取。

11.7.3 高级数据分析师（数据能力：★★★★；业务能力：★★）

1. 阶段状态

随着年限及能力的逐步提升，数据分析师慢慢会蜕变到第二个阶段。在这个阶段会开始参与一些中大型项目，在支持好日常数据的前提下，主动挖掘一些分析点，产出分析结论。对于数据分析方法、数据敏感度，都会有更加高的要求。

2. 阶段要求

仍以某公司招聘描述为例，来看看对于这个阶段的要求，如图 11-22 所示。

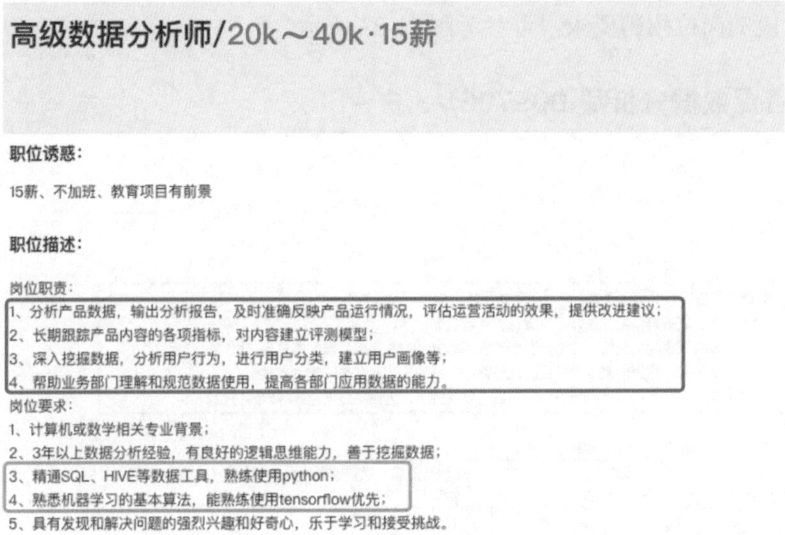

高级数据分析师/20k～40k·15薪

职位诱惑：

15薪、不加班、教育项目有前景

职位描述：

岗位职责：
1、分析产品数据，输出分析报告，及时准确反映产品运行情况，评估运营活动的效果，提供改进建议；
2、长期跟踪产品内容的各项指标，对内容建立评测模型；
3、深入挖掘数据，分析用户行为，进行用户分类，建立用户画像等；
4、帮助业务部门理解和规范数据使用，提高各部门应用数据的能力。

岗位要求：
1、计算机或数学相关专业背景；
2、3年以上数据分析经验，有良好的逻辑思维能力，善于挖掘数据；
3、精通SQL、HIVE等数据工具，熟练使用python；
4、熟悉机器学习的基本算法，能熟练使用tensorflow优先；
5、具有发现和解决问题的强烈兴趣和好奇心，乐于学习和接受挑战。

图 11-22 职位描述

（1）职位职责。

相比初级阶段，**输出分析报告、提出改进建议、建立评估模型**，这些内容往往是此阶段职位职责的热门词。对于业务的主动赋能，以及分析报告的深度上，要求会更高。分析汇报对象，也逐渐从一般的产品经理，上升到小领导层级。

（2）职位要求。

相比初级阶段，增加了对于机器学习的要求。这里可能你会问，我们做的是数据分析，为什么要了解算法呢？

这里并不是让大家去研究机器学习算法，而是能够利用机器学习去解决分析中的问题，例如流量预测问题、异动发掘问题、因果关系问题等。并且，随着分析的深入，工作重心也会逐步从防守方向转变为进攻方向，防守方向需要算法帮助我们解放双手，而进攻方向需要算法帮助探索发现。

3. 升职发力点

发力点 1：方法体系化，生成自己的知识树。

发力点 2：加强技术深度，以及遇到问题的解决能力。例如，SQL 遇到数据倾斜如何解决？ Excel 如何通过快捷键提高工作效率？等等。

发力点 3：补充机器学习知识，重点关注“算法知识 + 代码实现 + 调参经验”。

11.7.4 数据分析专家（数据能力：☆☆☆☆；业务能力：☆☆☆☆）

1. 阶段状态

这个阶段，往往对分析方法、工具技能已经有了一定的沉淀，在数据能力方面也足以解决日常的分析问题。因此，这个阶段需要更加贴近业务，逐步从数据分析师转变为业务的“军师”，参与更多进攻方向的探索性分析中。

2. 阶段要求

这个阶段的岗位招聘要求，可参考图 11-23 所示。

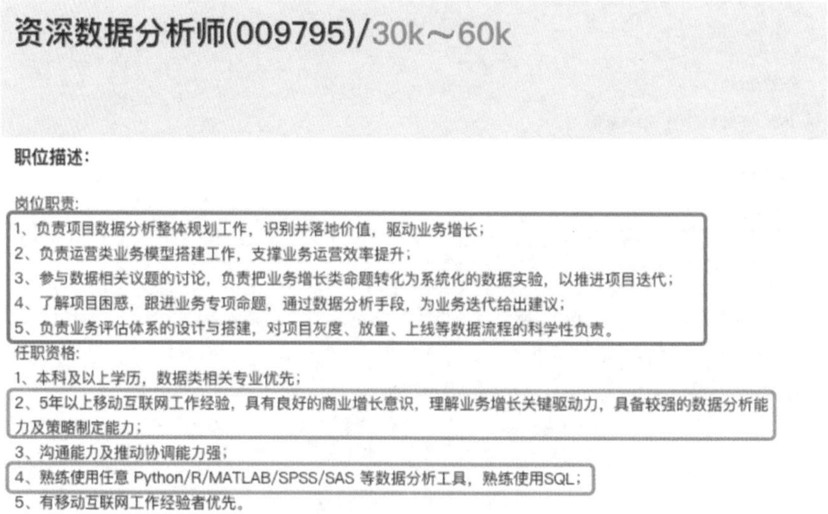

资深数据分析师(009795)/30k～60k

职位描述：

岗位职责：

1、负责项目数据分析整体规划工作，识别并落地价值，驱动业务增长；
2、负责运营类业务模型搭建工作，支撑业务运营效率提升；
3、参与数据相关议题的讨论，负责把业务增长类命题转化为系统化的数据实验，以推进项目迭代；
4、了解项目困惑，跟进业务专项命题，通过数据分析手段，为业务迭代给出建议；
5、负责业务评估体系的设计与搭建，对项目灰度、放量、上线等数据流程的科学性负责。

任职资格：

1、本科及以上学历，数据类相关专业优先；
2、5年以上移动互联网工作经验，具有良好的商业增长意识，理解业务增长关键驱动力，具备较强的数据分析能力及策略制定能力；
3、沟通能力及推动协调能力强；
4、熟练使用任意 Python/R/MATLAB/SPSS/SAS 等数据分析工具，熟练使用SQL；
5、有移动互联网工作经验者优先。

图 11-23　职位描述

（1）**职位职责。**

相比高级阶段，**规划、驱动、推进**往往是这个阶段职位职责的热门词。此阶段，开始负责一些中小型项目，在其中担任的角色也更加多元化，主动提出业务见解、通过数据进行验证、输出量化的业务结论，做到数据中最了解业务的人以及业务中最了解数据的人。

（2）**职位要求。**

开始更加强调策略制订能力，能够逐渐主导业务的发展方向。

3. 升职发力点

发力点 1：补充产品知识，和业务方更紧密地接触，了解产品最新进度。

发力点 2：探索最新的数据分析方法，多看业界论文。

11.7.5 数据科学家（数据能力：☆☆☆☆☆；业务能力：☆☆☆☆☆）

1. 阶段状态

这个阶段的人员也就是我们尊称的“大佬”，需要技能娴熟，有一套属于自己的分析体系，对于业务很了解，可以通过探索提出自己的见解。这个阶段往往可以接触到公司战略级别的分析，并在其中担任关键角色。另外在团队中，他也有一定的影响力，可以指导同组人员，开展知识分享等。

2. 阶段要求

这个阶段的岗位招聘要求，可参考图 11-24 所示。

资深数据分析专家/40k～70k

职位描述：

1. 负责公司的各项数据分析相关工作；
2. 深刻理解公司业务方向和战略，及时准确地提供有洞察力的分析结论和策略建议；
3. 针对业务发展的重点问题，主动探索并设计研究专项，通过各种手段帮助业务看清楚业务发展的趋势，给出诊断预期；
4. 深度分析电商「人货场」数据，描述现状、发现规律，找出业务和产品的实际可落地的问题；通过销售预测来提前做销售计划和预警；通过假设及检验、通过各类A/B实验设计与效果分析 指导用户增长和业务决策；
5. 构建全面的、准确的、能反映主站运营的整体指标体系，并基于业务监控指标体系，及时发现与定位业务问题；
6. 建立数据分析的流程、规范和方法，沉淀分析思路与框架，提炼数据产品需求，与相关团队协作并推动数据产品的落地和应用。

任职要求：

1. 数学/经济学/统计学/计算机等相关专业，硕士及以上学历，数据分析或挖掘领域有 7 年或 以上实践经验；
2. 熟练使用不限于Hadoop、SQL、Excel、Tableau等数据处理和分析工具，熟练掌握但不限于Python、R等常用分析工具，熟练掌握定性、定量分析方法，熟练掌握统计分析方法（相关分析、线性和逻辑回归、决策树）；
3. 具有很强数据意识和敏感度，逻辑清晰，自我驱动，能从海量数据提炼核心结果；
4. 具有结构化的分析思考能力、商业洞察力和业务敏锐度，清晰了解业务重点和状况，形成清晰的业务观点，独立撰写商业数据分析报告，并讲的明白深刻；
5. 具有数据挖掘/推荐系统/机器学习/统计背景、有较强的建模能力并解决实际业务问题的经验者优先；
6. 具有互联网公司数据分析、数据挖掘，用户增长/产品优化/商业分析方向等多方面经验者优先；
7. 有过成功业务优化经验者、或曾推动落地并对业务产生了明显的促进作用的经验者，或能创造性的用新分析优化方案者优先；
8. 独立思考，好奇心强，求知欲强，学习能力强，抗压能力强，有数据钻研探索精神，性格严谨细致认真，善于沟通和表达；
9. 拥有良好的团队协作能力，具有跨团队的推进项目的能力，能为团队同学的成长和发展负责，有分析师团队管理经验优先。

图 11-24　职位描述

（1）**职位职责。**

相比专家阶段，"人刀合一"是这个阶段的境界，工作职责不再是单一简单的内容，而是去关注一个问题的解决方案，寻找可能的市场突破口，通过数据手段验证策略的可行性。

（2）**职位要求。**

对于技术要求更高，但是重点却不再聚焦于具体的技术或者工作流程上面，而是侧重于是否可以高效、低成本地辅助决策，推动业务迭代。

3. 升职发力点

发力点 1：如何高效、低成本解决实际问题的经验逻辑。

发力点 2：探索性分析方法论的沉淀。

11.7.6　小结

职场进阶就像游戏中的升级打怪，需要不断坚持、循序渐进，才能最终达到你的目标。希望本节内容可以帮你厘清数据分析的上升通道，有的放矢地去提升自身能力。

11.8 职业困惑：数据分析师提升能力的方式

小白： 听了您上一节的讲述，让我了解了数据分析师的职业上升通道，也感受到了自己还有很多的不足之处。那您觉得像我这样的"小白"，如何在学习和工作中快速进阶，尽快达到下一个阶段呢？

老姜： 能问出这个问题，说明你是很上进的。和你分享一些如何在学习、工作中快速进阶的经验方式，希望可以帮助到你。

小白： 好啊！

11.8.1 学习累积阶段

对于刚刚入行数据分析或者即将入行数据分析的人来说，如何开展学习，一定是最为困惑的一件事情。以下三个问题，对于初期的你来说，相信一定不会陌生，如图 11-25 所示。

图 11-25　三个问题

为了解决这样的迷茫，很多人会选择去找各种课程、报各种所谓的"*N* 元学会数据分析""*N* 天进阶为数据分析专家"等，这些课程鱼龙混杂，其中确有质量较高的课程，但需要去甄别。**这里建议不要跟风，多思考，找到属于自己的学习方法。** 下面给大家分享一个通用的学习思路，可以参考借鉴。

步骤一：梳理学习计划。

要想达到目的地，方向是最重要的。同理，要想进阶，首先要清楚需要学习哪些内容，往哪个方向发力，尽量少做无用功。

建议梳理一个详细的学习计划图，其中的"骨架"搭建，可以通过百度、知乎、**公众号等渠道多看看，从多种渠道获取内容相互补充，转化成属于自己的学习框架，并制订学习优先级。** 这里分享一个学习框架以供参考借鉴，如图 11-26 所示。

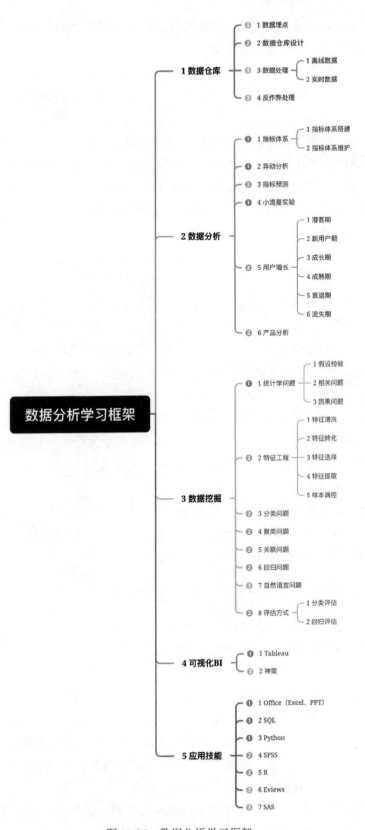

图 11-26　数据分析学习框架

由于数据分析这个岗位对上下游依赖性很强，因此需要掌握的内容既要深、又要广，数据仓库、数据挖掘的内容都需要了解。

在时间有限的情况下，可以根据图 11-26 所示优先级着重学习所需内容。

- P0（红色）：最高优先级。需要 3 个月内攻破，4 ～ 12 个月在工作中实践，沉淀经验。
- P1（黄色）：次高优先级。需要 4 ～ 12 个月攻破，作为面试环节的加分项。
- P2（蓝色）：普通优先级。根据自己计划，按部就班安排学习即可。

除了制订学习框架外，这里建议将计划细化，从年到月，从月到周，从周到日。人都有惰性，通过对计划的细化，可以增加学习过程中的紧迫感，提升效率。

步骤二：攻破核心知识点。

在制订计划后，就需要开始逐步执行了。千里之行，始于足下，在学习过程中有以下几点建议。

学习方式：对于知识要不断深挖，不要只局限于表面内容，多问自己几个为什么，因为在面试的过程中，面试官也会问得非常细。

学习内容：针对各个方向的内容，可以找一些文章或者课程来看。这里建议你在百度、知乎上搜索，选择讲解较细致的几篇着重学习。同时，当内容掌握后，可以找一些相似的面试题，问自己一句，如果在面试过程中遇到这个问题，我是否可以应答自如。

设置阶段目标：由于学习过程往往是枯燥的，需要自己给自己增加动力，不然很难坚持下去。设置阶段性目标，当完成一个方向内容的学习后，在框架中"插上旗帜"，当你发现框架上的内容都插上小红旗后，还是很有成就感的。

步骤三：多沟通多交流。

当对某方向知识掌握透彻之后，可以找一些同行沟通交流一下。一方面，通过别人的表述，看看你理解得是否准确；另一方面，也能认识更多志同道合的朋友。现在找同行的方式还是挺多的，如同事群、微信群、脉脉等。

11.8.2　工作实战阶段

职场不比学校，学到的东西如果没有应用，是很难在面试中应对自如的。因此，当你对知识有了一定理解后，一定要想办法在工作中加以应用。以下五个习惯可以帮助你在工作中快速提升数据分析能力。

第一项：多参考优秀员工的代码及工具配置。

这一点主要针对初入数据岗位的新人，当你的理论知识以及工具应用还不是很娴熟的时候，通过学习前辈的代码，照猫画虎自己实现一遍，提升效率是非常高的。一方面，可以参考代码思路；另一方面，可以在短时间内对底层数据有一个很深刻的摸底。

第二项：充分了解业务，与业务方多沟通。

在你刚刚接手业务，对于其中的背景还不是很了解的时候，谈数据分析就是空中楼阁。即便接了需求，也常常是被动处理，很难有自己的思考。因此，在初期阶段，要花较多的时间去了解现阶段业务情况，在了解后，再逐步开展分析工作。另外，与业务方关系也是十分重要的，偶尔约个饭、遛个弯，可以让你获得很多意想不到的收获。

第三项：需求从被动转主动，自主思考与业务的结合点。

数据分析最郁闷的事情之一，莫过于无休止地被动接需求。当我们对业务有了充分了解后，对于日常需求，我们可以从数据角度给出一些建议，主动思考数据与业务的结合点，不必完全被业务带着走。这样做，一方面，可以在业务侧建立专业性形象；另一方面，可以提升自己将数据与业务结合的能力，对于数据思维的提升有很大帮助。

第四项：总结需求共性，推动工具沉淀。

你有没有发现，当你面试的时候，面试官不会关心你做了多少个需求，而是关心你每个需求沉淀了什么，通俗来说，深度＞广度。因此这就要求我们在做完一系列需求后，能够将相似内容做一些归总，思考是否可以用相对通用的工具和技能，解决未来遇到的相似问题。例如，异动归因分析工具、实验分析工具等。

第五项：工作中逐步沉淀体系化思维。

最后一点也是至关重要的。由于我们工作内容往往偏点线状，很难形成一个体系的面，导致我们的知识是割裂的。这就需要我们在工作中，将日常需求和项目的分析思路提炼出来，整合成属于自己的知识体系。

为了帮助你提升认知，这里举一个案例。

案例讲解

步骤一：在接到新业务时，花 1～2 天时间，过一遍产品文档，这期间遇到不明白的先整体记录在一起，等过完后系统性咨询业务人员。同时，让业务人员将产品现状及近期 OKR 同步出来，反复沟通 2～3 次后，把产品摸清。

步骤二：前期先被动接一些数据需求，这个阶段会比较难受，更多地是被推动去做些东西。由于刚开始接触，很难给出合理的业务见解。当然，也不用着急，这个阶段更多是去了解学习，并逐步通过一些分析方法，更科学地解决所处理的事情。

步骤三：随着项目需求接触越来越广，会将其中的共性方法、思路整理到一个文档上，并尝试通过工具化方式进行整合开发。缩减后续需求成本，将更多时间拿来主动思考，做一些对自己、对业务有意义的分析项目。

步骤四：空闲时间与产品约个遛弯，了解一下产品要做的事情，然后主动结合步骤三，通过一些分析方法去实现分析落地，例如发现近期新用户留存一直在下跌，就可以从数据角度进行分析，给出产品改进建议，主动推动事情的落地。

步骤五：将近些年的工作经验形成知识图谱，沉淀到个人的知识库内。

11.8.3　小结

能力提升方式是很多初入岗位的新人疑惑的问题，希望通过本节的讲解，可以给你一些思路体系，并能在日常工作学习中，找到属于自己的晋升节奏。

11.9 本章小结

老姜：至此，本章的内容就分享完了，不知道通过本章的学习，你是否有一些收获呢？

小白：嗯，我觉得对于刚入行的我来说，收获还是挺大的，没有之前那么迷茫了，不过很多内容，还是需要在后续的工作学习中实践下才好。

老姜：是的，进阶的过程还是需要靠自己一步步努力！

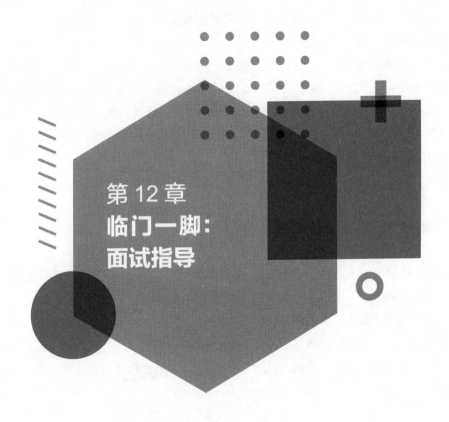

第 12 章
临门一脚：
面试指导

小白：从入行到现在，一晃也两年多了，当前所做的事情也早已驾轻就熟，对于自身的发展已经没有太大价值，同时岗位的上升空间也不大，思来想去，准备换一份工作。但毕业之后，就没有换过工作，对于面试没有什么经验。老姜，你的经验比较多，可否给我讲一讲要如何去准备面试吗？

老姜：当然可以，面试是一门学问，里面有很多的技巧和方法。如何让面试官在短时间内对你产生兴趣，并且能够在诸多应聘者中选择你，是十分重要的。

小白：嗯嗯，那我要如何做呢？

老姜：本章依照面试的流程进行展开。首先，介绍面试简历的修改技巧，以及面试前需要做的准备工作；其次，下钻到面试的核心环节，看看如何让面试官对你产生好感，以及其中有哪些注意事项；再次，面试结束当你拿到多个 Offer 时，分析一下如何做抉择，以及如何评估岗位是否有坑；最后，分享一些面试常问的题目，以及作答的完整思路。

小白：我觉得这正是我当前所需要的，那我们开始吧！

12.1　数据分析师面试简历修改技巧

老姜：想要面试有一个好的结果，首先要制作一份优质的简历，通过 HR 的简历初筛环节。简历是一个人过往经历的缩影，同样也是拿到 Offer 的首个敲门砖。

小白：明白，那简历要如何写呢？其中涵盖哪些内容？有哪些技巧？

老姜：总的来看，简历内容可以分为五个模块，如图 12-1 所示。下面我们将渗透到简历的每个模块中，分析一些修改技巧，帮助你顺利通过简历初筛环节。

12.1.1　基本信息

基本信息是简历的"门牌"，用于介绍自己，**核心在于"简洁清晰 + 突出优势"**。内容涵盖姓名、联系方式、邮箱、照片、现职位、突出点等。其中需要注意以下几点。

照片：可能很多人认为最好把照片加上，但在真实的简历筛选场景中，照片不一定会起到正向作用，因人而异。如果要放，也最好使用修过的证件照，干净、干练即可。

突出点：可以考虑将个人突出的表现加在基本信息阶段，让面试官对你的第一印象产生好感，例如党员身份、获奖经历、晋升信息等。

城市、年龄、居住地：类似这种个人隐私的信息，不建议放在简历上，有可能会影响面试官对你的初步判断。

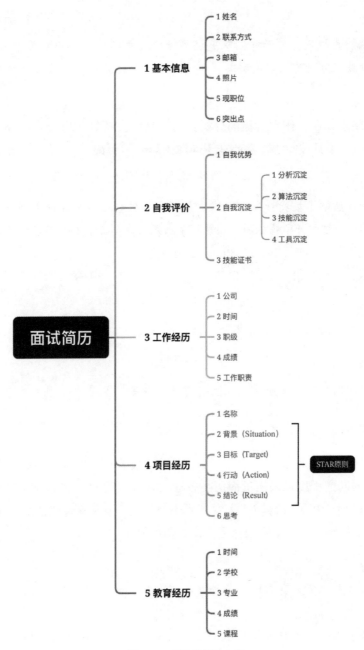

图 12-1 面试简历内容

12.1.2 自我评价

自我评价是对自我的认知，也是面试官判断你是否符合岗位的关键，其内容涵盖以下几个方面。

1. 自我优势

向面试官展示你区别于其他人的优势所在，内容涵盖工作技巧优势、组织能力优势、思维方式优势、性格优势等，核心在于"**突出优点 + 逻辑清晰**"，下面举一个例子。

> **案例讲解**
>
> 组织协调能力较强，曾带领团队完成多项中大型项目；工作中善于思考，落地分析方法论；对数据分析有浓烈的兴趣，拥有扎实的理论基础，并在工作中加以实践。

2. 自我沉淀

向面试官展示你在工作中沉淀的分析方法、技能技巧等。内容涵盖分析技能、算法技能、语言技能、工具技能等，**核心在于"深入思考＋沉淀"**，下面举一个例子。

> **案例讲解**
>
> **分析技能：** 熟练掌握指标体系搭建、归因分析排查技巧、各种实验分析体系等。
>
> **算法技能：** 熟练统计学基础原理、熟练掌握基础分类模型（树模型、模型融合）等。
>
> **语言技能：** 熟练应用 Hive、Python、PHP 等。
>
> **工具技能：** 熟练应用 Excel、SPSS 等。

3. 技能证书

如果你有比较突出的证书，也会成为简历的加分项，下面举一个例子。

> **案例讲解**
>
> 研究生期间通过英语专业 8 级、注册会计师证等。

12.1.3 工作经历

对于非应届毕业生来说，工作经历会是面试官最关心的部分。面试官会通过过往经历与现有岗位的匹配程度，来衡量简历是否通过初筛。因此，这部分内容是简历中最需要详细阐述的，**核心在于内容的"深度＋逻辑性"**，工作内容建议按照一定的逻辑去阐述。下面举一个从数据流转角度来介绍工作经历的例子。

> **案例讲解**
>
> （1）数据埋点：负责页面埋点设计及数据验证，推动建设体系化流程，提升埋点效率。
>
> （2）数据仓库：负责数据仓库从 ODS 至 ADS 层的数据建设，保证数据准确性、时效性。
>
> （3）指标体系：负责指标体系的设计及构建，以业务评估为出发点提炼北极星指标。
>
> （4）归因分析：负责北极星指标日常异动分析，快速定位问题并输出量化结论，方案落地日常例行工作。
>
> （5）产品分析：负责电商产品优化分析，涵盖功能分析、产品链路分析等，以数据为出发点，给出产品改进建议。
>
> （6）数据展示：负责搭建核心数据工具，以报表及 Dashboard 等方式呈现，度量监控数据问题及发掘业务机会。

12.1.4　项目经历

项目经历是对工作经历的展开，建议采用 STAR 方式进行阐述，即背景（Situation）、目标（Target）、行动（Action）、结果（Result）四部分，此方式会在下面章节中详细讲述。同时，在介绍项目经历时，需要注意以下几点信息。

其一，最近几份工作挑选 1～2 个项目进行详细讲述，项目不用太多，但是选择的项目需要深入讲解，并且每个步骤都需要一定的关联性。在面试环节，面试官会着重了解你做项目的深度，并且会针对其中的点进行询问，因此，需要你对简历中所写的项目有足够深的了解。

其二，由于一个项目经历会占用较大篇幅，因此建议制作两份简历。

精简版简历：不涵盖项目经历，在投递简历时用。一般 HR 在筛选简历时，"匹配 + 精简"往往是比较看重的，内容太多，反而适得其反。

完整版简历：涵盖项目经历，在面试环节时用。在介绍项目的时候，让面试官更为清晰地了解项目经过。

12.1.5　教育经历

教育经历是放置在简历的首部还是尾部，**取决于是否刚毕业及学校是否突出**。如果这两点都没有，建议将教育经历放在简历的最下方。

对于毕业很多年的人来说，工作经历、成绩往往是面试官更为看重的。如果在校期间取得过不错的成绩，也是一个很好的加分的，例如荣获校级一等奖学金、优秀毕业生等。

12.1.6　注意事项

在编纂简历的过程中，以下几点内容是需要重点关注的。

其一，排版。网上有很多付费的简历模板，但我认为意义不是特别大。只要你的简历清晰、美观、易于阅读，就足够向面试官展示你的专业性了。排版建议适当缩窄页边距，将简历内容缩减到一页以内。

其二，内容。简历上所写的内容，一定是真实存在的。另外，提及的内容需要在面试前多加准备，任何一个点都可能被展开询问，如果了解得不是很透彻，建议就不要写了。

其三，基调。投简历是为了有机会拿到面试的"入场券"，因此需要将你的"专业性 + 逻辑性"展现出来，多些"硬货"、少些"口水话"。

12.1.7　小结

面试中的各环节就像一个漏斗，只有经过层层关卡，才能拿到 Offer。简历决定着你是否有机会参加面试，是漏斗的首个环节，因此在面试前，需要花大量时间去修改，并在每次面试过程中思考不足点，不断优化简历。

12.2 面试前必须要做的准备工作

小白： 老姜，在面试之前，除了需要修改简历外，还需要做哪些准备工作吗？

老姜： 小白，这个问题问得好，在面试之前，还有很多预备工作需要提前准备，以保证能够选择出合适的岗位以及在面试中应对自如，具体需要做的内容及链路步骤如图 12-2 所示。其中，修改简历部分在 12.1 节已经有详细讲述，本节就不再冗余。下面对其他四个环节进行分享说明。

梳理知识 → 修改简历 → 面试练习 → 了解行情 → 投递简历

图 12-2　面试准备工作

12.2.1 梳理知识

作为面试准备的第一个环节，将过往工作经验有逻辑地梳理出来，是非常有必要的。然而，很多人面试准备的第一个环节往往是直接修改简历，这样做你会发现，在修改简历的过程中，很多内容都是单点从脑海中输出，然后逐一拼接到简历，往往导致简历需要重复修改，且逻辑性不强。

这里建议你先将自身过往工作项目及掌握的知识面，做一个系统化的梳理，将单点的内容编织成网状结构。这样做有两个方面的好处：其一，完整的体系化思路，有助于简历的修改，减少修改频次；其二，网状的思路体系，有助于面试过程中的思维切换，同时当面试官询问一些开放性问题时，也可以有逻辑性地作答。

12.2.2 面试练习

在简历修改完成后，就可以开始准备现场面试了，现场面试准备可以分为四个步骤，整体环节需要 1 ～ 2 周的时间。

步骤一：定型自我介绍。 自我介绍是面试绕不开的环节之一，需要在面试前，将自我介绍完整定型，多多练习，并在过程中不断优化，遵循"抓重点 + 有逻辑 + 总分总"原则。关于如何开展自我介绍，如何快速抓住面试官的眼球，在下面章节中会详细介绍。

步骤二：简历问题模拟作答。 面试环节的绝大部分时间，是围绕你的简历内容开展的，因此对于简历中提到的内容，尤其是项目经历，你需要烂熟于心，内容要经得起推敲。

步骤三：整理开放性问题。 开放性问题更多偏向于数据分析方法论，以及延伸出来的一些内容，例如针对某些问题场景要如何进行分析？当被问到一个未知问题时，要快速在你的知识库中搜索相似的解决方法，并有逻辑性地给予输出。这个时候，第一步的知识体系梳理就显得尤为重要了。关于开放性问题的作答技巧，也会在下面的章节中进行介绍。

步骤四：代码练习。 大多数企业面试会考核应聘者的代码能力，SQL 必考、Python 选考，在面试之前，将常用代码内容多加练习，问题一般不大。针对各企业 SQL 常考的面试题，会在下面的章节和你分享。

12.2.3　了解行情

在对面试有了一定体系化的准备后，便可以进入简历投递环节。而在投递简历前，你还需要考虑清楚投递哪些公司、哪些部门、哪些岗位，这决定了未来当你成功拿到 Offer 后，是否会去这家公司。

可以通过一些渠道了解当下的整体行情，以及想去公司及部门的情况。了解行情的方式有很多，可以通过朋友、第三方网站来获取。这一点很有必要，尽量避免从一个坑跳到另外一个坑，后悔莫及。针对如何判断岗位是否靠谱的方式，也会在后面的章节中分享。

12.2.4　投递简历

投递简历是准备面试的最后一个环节，不同类型行业倾向于使用不同的招聘软件。
- **互联网行业：** 拉钩、BOSS 直聘、脉脉等。
- **传统行业：** 智联、猎聘等。
- **银行：** 官网等。
- **国企：** 官网、中公国企、国聘网等。

建议在面试意向公司之前，先找几家公司来练手，原因有以下两点。

其一，面试需要找感觉，而状态也需要在面试中提升。

其二，前期面试既可作为争取更高薪资的基础，也可作为后期沟通薪资的筹码。

12.2.5　小结

面试成功的关键在于细节，面试前的准备阶段至关重要，直接决定面试成功的概率，因此需要在此环节多下些功夫。

12.3　数据分析师完整面试流程及应答技巧

老姜： 小白，听说你的简历通过了几家公司的筛选。

小白： 是的，正在约后续面试的时间。

老姜： 恭喜你，正式进入面试的核心环节。

小白： 嗯嗯，不过还是想让您给我讲讲面试的详细流程，以及其中需要注意的事项。

老姜： 没问题。附上数据分析面试的完整框架，如图 12-3 所示。下面针对框架内的核心内容进行详细讲解。

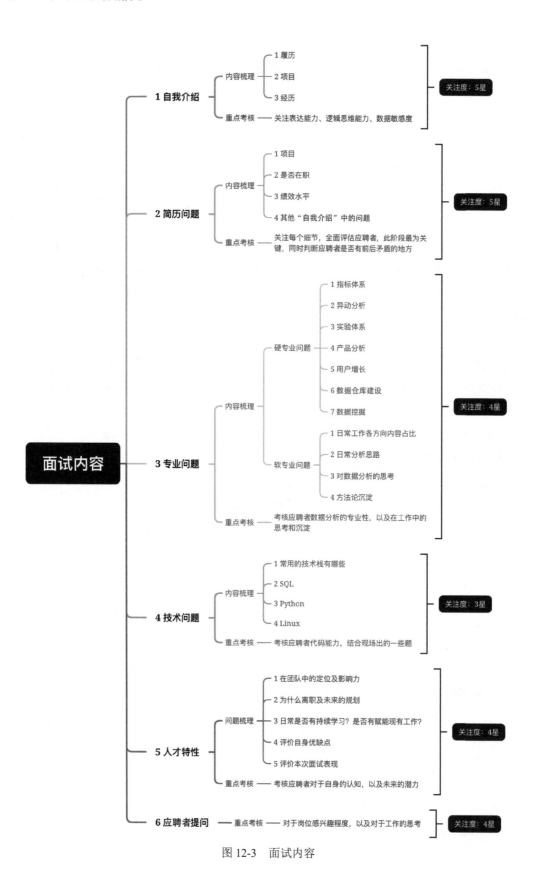

图 12-3　面试内容

12.3.1　环节一：自我介绍（关注度：★★★★★）

自我介绍大多是面试的首个环节，是你给面试官的第一印象，非常重要，但由于形式相对比较固定，只要在面试前多加准备，一般问题不大。

（1）**重点考核**：沟通表达能力、逻辑思维能力，以及对数据的敏感度。

（2）**内容涵盖**：

其一，**优势介绍**。过往履历，突出取得的成绩，你有但别人没有的地方。

其二，**工作经历**。重点讲一讲近一份工作的内容和收获，如果近一份工作时间比较短，则挑一段收获较大的工作经历来讲。

其三，**项目经历**。宏观介绍一下做过的项目，对于细节方面，面试官一般会在简历问答环节让你详细展开。

其四，**个人思考**。向面试官展示你对面试部门及业务的思考。

其五，**匹配程度**。向面试官展示你与这份工作的契合度，需要在面试前仔细研究一下职位需求，让自己有的放矢。

12.3.2　环节二：简历问题（关注度：★★★★★）

做完自我介绍后，面试官一般会花大量时间来询问你简历中的问题，询问的方式往往会是一环扣一环，深入每一个细节，从方法挖掘到实现流程。

这就需要应聘者对简历中提到的内容了如指掌，千万不要夸大其词，甚至作假，不然很容易露馅儿。

（1）**重点考核**：了解应聘者的每一个细节，挖掘工作的深度和广度，同时也验证简历的真实性。

（2）**内容涵盖**：

其一，**目前状态是否在职**。如果每份工作时间均比较短，可能还会询问原因。

其二，**核心项目经历**。这里可采用"STAR 流程"进行介绍，下面会详细介绍此种方式。

其三，**工作近期的绩效成绩**。这个会直接展示应聘者的工作状态，甚至影响到后续的谈薪环节。

其四，**简历中提及的其他细节问题**。例如，技能掌握程度中，如果写了熟练应用 Python，则可能会出几道代码题，让你在线产出。

其中，项目经历介绍最为重要，往往是面试官最为关心的内容之一，而阐述的方式可以参考 STAR 流程。

- S：Situation。项目在什么情况下发生，所处背景是什么。
- T：Task。项目最终任务是什么，为什么要开展。
- A：Action。针对这个目标，你采取了哪些行动，具体的工作内容是什么。
- R：Result。项目带来了什么结果，对业务有哪些推动价值，收获有哪些。

案例讲解

面试官：我看你在简历上提到了 DAU 提升专项，可否详细介绍一下？

应聘者：没问题。

这个项目的背景是去年国庆之后，由于福利策略的调整，导致 DAU 三周内缓慢下降 5%（Situation）。

在这样的背景下，我们希望通过推送、端内的优化，提升老用户的留存（Task）。

我在其中主要做了两件事情：其一，协同产品人员，开展推送策略实验，调整推送分发周期，跟进从实验设计到实验评估完整环节；其二，对端内的功能进行数据调研，发现登录、互动等环节有提升空间。针对互动功能，提出功能改进点，根据用户在功能的参与度，预估可提升留存的上限为 7%，通过 AB 实验进行验证，并最终输出分析报告（Action）。

项目开展 1 个多月，推送实验开展了 3 个，其中 2 个实验效果正向；端内实验开展了 2 个，其中互动功能改版实验，使得用户次日留存提升 5%，符合预期。实验全量上线后，效果同小流量近似，最终将 DAU 稳定在下跌前的水平（Result）。

以上就是一个完整的 STAR 流程，其中有以下四点需要格外注意。

其一，不可仅谈理论。 有些人习惯性地只谈及表面的方法理论，而对于细节实操则是一笔带过。这样会给面试官一种感觉，就是这个项目不是你做的，或者你在其中只是一个小角色。如果面试官很注重量化结论，以及实际的分析步骤，那么你说的项目大概率会被挑战。

其二，不可仅说假设。 有些人在输出结论的时候，会习惯性地说："项目预计带来 10 万用户增量。"这个时候，面试官一定会追问，那这个项目最终效果是多少？这个预估量级是如何得出来的？作为数据分析师，得出的结论需要有迹可循，不可只是假设。

其三，内容描述不可一带而过。 在 STAR 中，Action 模块是面试官最感兴趣的，同时也是需要你花大量时间介绍的，但是有些人在介绍的过程中往往会忽略其中的重要性，介绍过于简单。

其四，最好不用"我们"代替"我"。 有些人在说话的时候习惯用"我们"而不是"我"，模糊行为主体，这在工作中无可厚非，但在面试环节中，这样的表达会让面试官产生歧义，他会思考这个项目你是不是只负责了其中的一小部分。这个时候，面试官常常会问："你在其中担任了什么样的角色？"

12.3.3 环节三：专业问题（关注度：★★★★☆）

专业问题主要考核应聘者的数据分析思维能力，以及在工作中的思考和沉淀，其中涵盖硬专业问题以及软专业问题。

1. 硬专业问题

主要考核应聘者的数据技能，内容涵盖以下方面。

数据分析问题：指标体系、异动分析、AB 实验、产品分析、用户增长等。

数据仓库问题：数据分析离不开取数，有些岗位还需要自己维护数据仓库，因此，针对数据仓库的一些基础性能力，会在考核范围以内。

数据挖掘问题：对于部分分析思路，需要通过模型的方式去实现，因此，针对统计学、机器学习、深度学习等知识，有时候会被询问到。

这里列举几个例子供参考。

> **案例**
> - 指标体系是按照什么思路搭建的？
> - 日常监控异常维度是如何挖掘的？
> - AB 实验你们是如何做的？如何评估的？
> - 应用层数据仓库一般如何设计？
> - 决策树的原理可否简单介绍下？

2. 软专业问题

考核应聘者日常工作中的思考以及未来潜力，内容主要涵盖以下方面。

日常工作内容占比问题：考核与当前招聘岗位的契合度，做的内容是否相吻合。这里建议在面试之前，详细研究一下岗位介绍，将自己工作内容往上面靠。

开放性思维问题：面试官可能会给出一个假设场景，让应聘者针对这个场景给出分析思路。遇到这种问题也不要慌，在面试前梳理的知识图谱中，快速检索贴近方式，利用迁移学习，将整体答案串联起来。这里需要注意，内容需要有逻辑性，切勿单点输出。

对于日常工作的思考：主要体现在工作中主动发现问题的能力。例如，你觉得这个项目还可以如何改进？对于当前团队中遇到的一些问题，你有什么好的解决方案？

数据分析方法论沉淀：这点一般也是面试官比较关注的，因为做这个行业，往往会被需求压得喘不过气，日常的知识落地，以及将方法和知识转化为属于自己的东西，是非常重要的能力。

12.3.4　环节四：技术问题（关注度：★★★）

技术要求一般都会在职位中有所体现，对于数据分析师，SQL、Python 都是面试环节会重点考察的。一般面试官会出几道题，让应聘者现场来做，正确作答能得 4 分，多种方式正确作答则能得 5 分，所以这里不要吝惜你的方式。

此环节关注度 3 星，并不是说不重要，而是针对一般岗位，只要符合代码的一般要求就可以了，毕竟技术是服务于业务的，遇到不熟悉的搜索一下就好，一般面试官的要求不会特别苛刻。

12.3.5　环节五：人才特性（关注度：★★★★☆）

此阶段会重点考核应聘者的潜力、稳定性、性格等，用以评估是否适合这份工作以及能否融入当前团队，具体内容涵盖以下几个方向。

其一，**在现有团队中的定位及影响力**。主要考察应聘者在团队中的融合能力，以及对于团队的贡献。如果之前组织过团建等活动，可以在这里体现一下。

其二，**为什么离职以及未来的规划**。主要考察应聘者的稳定性，以及是否想清楚自己想要什么，同时也匹配与当前岗位的契合度，建议在面试之前想清楚，一方面是为了面试，另一方面也是为了自己的长期发展。

其三，**日常是否有持续学习，同时赋能工作**。主要考察应聘者自我提升能力，并且是否能够带动团队一起去提升，建议以一个实际的案例进行说明。

其四，**评价自身优缺点**。这是个比较好回答的问题，但是不要给自己挖坑。可以参考以下思路：优点是与现有岗位的要求相契合；缺点是与高一级岗位的要求相契合。

> **案例**
>
> 应聘者目前是阿里 P6，优点是在工作中思考得较多，产出的效率比较高；缺点是没有太多带人的经验，这方面还有待提高。

其五，**评价本次面试的表现**。这里面试官主要想确定自己对于应聘者的感受，与应聘者自身的评价是否一致，如果不一致，就要打一个问号，一般还会继续追问为什么。

12.3.6　环节六：应聘者提问（关注度：★★★★☆）

有些人到这一步就开始放松下来了，觉得面试结束了。然而，在应聘者提问环节，如果提出的问题很有价值，是一个很好的加分项。虽然问题可以随便提，但面试官更希望听到你对这份工作感兴趣的问题，并且有逻辑性地表达出来。此环节重点考核应聘者对于岗位感兴趣的程度，以及对于工作的思考。问题可以从以下几个方面展开。

行业问题：据我了解……，我们公司后续的应对策略如何？

团队问题：团队在部门中的定位？常接触被动 / 主动的需求？人员构成如何？稳定性如何？

岗位问题：招聘岗位是如何空出来的（开拓新业务 / 部门壮大 / 员工离职）？岗位具体做的内容是什么？未来的发展方向如何？

日常问题：工作强度如何？薪资构成如何？晋升及调薪如何？

12.3.7　注意事项

面试前——做好充足准备：面试前多看看别人的面试经验，以及细抠一下简历中可能会被问及的问题。

面试中——全程注意力集中：面试过程全程注意力集中，如果有些问题没有听懂，可以追问"这个问题我这样理解，您看对吗？"千万不要走神。

面试中——态度真诚：建议你像对待朋友一样对待面试官，不卑不亢、态度真诚。即便有时候你的能力有一些欠缺，但是让对方感受到你对工作积极的态度，往往可能有意想不到的结果。

面试中——不要紧张：这个相信大家都知道，但有时会控制不住。这一点没有太好的办法，只有多去面试多找感觉，才能更快进入状态。

面试后——总结面试经验：要在面试中不断进步、不断成长，每次面试之后要总结本次面试的经验，最好把面过的问题记录下来，重新梳理一遍。千万不要每次面试都犯同样的错误。

12.3.8　小结

希望通过本节的学习，可以帮助你提升面试成功的概率，找到一份理想的工作。

12.4　让面试官快速对你产生好感的自我介绍方式

小白：老姜，12.3 节中您有提到，自我介绍是面试的首个环节，那我如何在首个环节就留给面试官一个好的印象呢？自我介绍又有何技巧呢？

老姜：确实有的。自我介绍在面试的整体环节中相对固定和简单，只要好好准备，一般都能稳定发挥。

小白：太好了，求一些经验！

老姜：没问题。本节首先分析一下自我介绍环节，这一般是面试官重点考核的内容；其次，在此基础之上分别对社招、校招两种招聘方式，提供一种相对通用的自我介绍模板；最后，分享一些其中的注意事项。希望你可以在此环节中，快速抓住面试官的眼球。

小白：好啊，那我们开始吧！

12.4.1　重点考核点

一般自我介绍环节，面试官主要考核应聘者三个方面的能力，如图 12-4 所示。

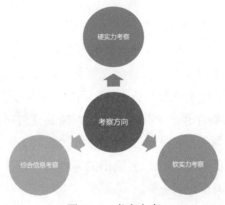

图 12-4　考察方向

1. 硬实力考察

硬实力主要指你的专业技能，对于数据分析师来说，主要是工作经历匹配度、分析思路成熟度、相关知识储备以及在工作中的主导能力。

工作经历匹配度：考察应聘者过往工作内容与当前工作内容的匹配程度，这里的匹配度一般包括横向的行业匹配度和纵向的工作内容匹配度。

> **案例讲解**
>
> 应聘者从事电商行业，但面试的是游戏行业，这个时候从行业匹配角度就不是很吻合；但应聘者在之前的工作中，主要做指标体系、归因分析、小流量实验，这些内容恰巧与当前的工作内容相吻合。面试官会综合考核判断。

分析思路成熟度：考察应聘者在面对过往分析场景时，会采用何种分析思路来解决问题，其中主要涵盖以下几个部分。

首先，在面对一个分析场景时，会如何进行梳理，将业务目标转化为可实现的数据目标，同时将需要做的内容根据优先级进行划分。

其次，分析的过程中，当遇到一些问题导致走进死胡同的时候，对待问题的态度是什么样，以及如何找到突破口。

最后，如何对分析出来杂乱的数据结论进行整理，将零散的分析结论拼凑成一个有逻辑、有优先级的数据分析报告。

相关知识储备：考察应聘者数据方面的能力，其知识储备是否满足该岗位的基本要求。内容包括但不限于统计相关基础知识、算法相关基础知识、软件相关应用技能等。

工作中的主导能力：考察应聘者在过往经历的项目过程中，所担任的角色，是主导项目的进行，还是只参与了其中的一个小环节。

2. 软实力考察

软实力考察主要是在自我介绍环节，通过倾听应聘者的表达，考察其自身的基础属性能力，例如通过沟通的流畅性，考察应聘者的沟通表达能力；通过介绍过程中内容的前后关联性，考察应聘者的逻辑思维能力；通过介绍核心的工作内容，考察应聘者的概括总结能力；通过应聘者在以往工作中的进步速度，考察应聘者的自我提升意愿及行动力。

3. 综合信息考察

主要考察应聘者工作、学习能力以外的其他方面。

判断简历真实性：通过应聘者对项目的理解程度，以及其在表达过程中输出的深度和广度，来判断项目是否是应聘者真实负责的，同时评估简历真实性。

判断性格：通过应聘者的语速、肢体表达，判断其性格与岗位是否匹配。如果领导是一个说做就做、干练、急性子的人，其希望寻找的应聘者，大概率与其性格相符。因此，在面试过程中，除了要表达自己想要输出的内容外，还要尝试快速了解面试官的表象性格，从而有针对性地调整面试方针。

判断品行： 通过应聘者的行为、沟通角度，初步判断人品如何，这往往是很多面试官所在意的。

12.4.2　沟通流程模板

在分析了面试官核心考察方向后，可以开始着手将自我介绍有条理地串联起来。

自我介绍重点遵循两个原则：**层次感 + 节奏感。** 内容体系能够层层递进、语速适中，让面试官能够跟上你的节奏，并且理解你在工作中的核心价值。

对于社招生和校招生来说，自我介绍的侧重点会有些许不同。下面针对社招、校招分别提供一套通用的自我介绍流程以供参考。其图中颜色越深的环节，越需要重点阐述。

1. 社招自我介绍

社招自我介绍流程，如图 12-5 所示。

图 12-5　社招自我介绍流程

步骤一：基础信息（一句带过）。例如：面试官好！我叫 ×××。

步骤二：学校经历（一句带过）。如果是名校或者在校期间取得过傲人成绩，可以重点提及一下。例如：我是 ×× 年毕业于 ×××，荣获过优秀毕业生。

步骤三：工作经历（重点阐述）。重点介绍最近或者收获较多的 1 ～ 2 份工作，不需要把所有经历铺开，简历上有详细内容，面试官都会自行查看。另外，工作内容最好按照一定逻辑输出出来，例如按照项目重要度、按照数据上下游关系等。

步骤四：项目经历（一句带过）。后续的提问环节会重点让你介绍，自我介绍阶段不用过多深入，以防时间太长，引起面试官反感。

步骤五：个人沉淀（重点阐述）。由于社招看重的是应聘者的工作经历，因此面试官会比较注重你肚子中有多少货，这里要重点突出一下。

步骤六：个人优势（简单阐述）。一般面试都是从 N 个应聘者中择优录取，虽然你是一对一在面试，但是你的竞争对手一直都在，因此你可以表明你的长处，增加面试官的好感度。

步骤七：匹配程度（简单阐述）。简单谈谈你与岗位的匹配度，让面试官知道，你是经过思考才投递的这个岗位，而不是广撒网。

2. 校招自我介绍

校招同社招整体思路一致，但是流程略有不同，如图 12-6 所示。

图 12-6　校招自我介绍流程

相比于校招区别在于，校招同学往往还没有进入社会，学校经历会是面试官比较关心的，例如获得过的成绩、参加过的社团等。

另外，如果你有实习经历，那一定是个很好的加分项，要多多表达出来，但如果你没有，这里一句带过也没有什么问题。

12.4.3　注意事项

最后，总结一下自我介绍阶段需要避开的一些坑。

其一，**控制时间**。自我介绍最好控制在 3 ～ 5 分钟，时间不要太久，会造成面试官疲劳，降低好感度。我曾经面试过一些人，自我介绍说了快 10 分钟，最后不得不通过善意的话进行指引。

其二，**表达清晰**。要想控制好时间，同时将核心内容表达出来，就需要在内容上进行整合压缩，串联思路。

其三，**突出深度**。不要读简历！表达的广度可以低于简历，但是深度一定要高于简历。这其实是一个期望问题，一般面试官在面试之前都看过你的简历，而自我介绍就是要看看你是高于预期，还是低于预期。

其四，**换位思考**。思考下面试官最希望得到什么信息，突出自身与岗位的契合度，体现出你有但别人没有的东西。

其五，**多加练习**。多多练习，逐步在面试中找感觉。

12.4.4　小结

自我介绍是面试最简单的环节，只要在面试前多加准备练习，一般问题都不大。

希望通过本节的学习，可以帮助你形成一套相对成熟的自我介绍流程，在面试的首个环节中，快速抓住面试官的眼球。

12.5　面试环节回答开放性问题的几点技巧

小白：老姜，在前段时间面试的时候，面试官在咨询完简历问题后，又问了很多假设的开放性问题，由于之前没有经历过类似问题场景，回答得不太好。想问问您之前遇到此类问题，都是如何作答的？有什么技巧吗？

老姜：在开放性问题环节，面试官最想考察的是你的知识迁移能力，以及在短时间内思考出方案的能力。

小白：那我要如何做呢？

老姜：下面分享一些回答开放性问题的技巧，希望可以在面试环节中帮助到你。

12.5.1　什么是开放性问题

在面试的环节中，为了考核应聘者的分析能力，会从简历中抽取一些问题，同时，也会假设一些分析场景，让应聘者来作答。

其一，**简历问题**。针对你简历上所写内容进行深挖，判断过往经历的深度和广度。

其二，开放性问题。问你一些场景问题，希望听听你对此类问题的看法及解决思路。这类问题，往往是日常工作中遇到的，通过这种方式，判断你对过往知识的迁移性，以及思维逻辑性，通盘考虑与岗位的匹配度。

下面举几个常见的开放性问题。

> **案例**
>
> 问题一：产品指标下跌了，如何进行排查？
>
> 问题二：产品上线了一个运营活动，如何评估活动收益？
>
> 问题三：产品近期流失用户较多，如何分析其中的原因？
>
> 问题四：你觉得这个产品功能做得好不好？如果是你，会如何分析并进行迭代？

12.5.2　开放性问题回答技巧

针对此类开放性问题分享五点技巧，供你参考应用，如图 12-7 所示。

图 12-7　回答问题的五点技巧

技巧一：获取思考时间。

很多人在听到面试官的问题后，会在第一时间作答，如果是一些简单的问题，这固然可以，但如果遇到一些比较复杂、需要思考的问题，草率地作答会给面试官很不好的印象。

建议：遇到复杂问题时，二次确认面试官的问题及痛点，并请求获得 30 ～ 60 秒的思考时间。

> **案例**
>
> 您的问题我觉得问得很好，和您再确认一下，看我理解得是否正确：……同时，可否给我 30 秒整合思考的时间。

技巧二：逻辑层次清晰。

回答此类问题最忌讳的就是想到什么说什么，前后无逻辑性，单点输出。

建议：在组织表达的过程中，将方法步骤进行封装，以总—分—总的形式进行输出。

案例

此类问题涉及×××个方面的内容，一般我会这样处理。

第一步：……

第二步：……

第三步：……

归总结论：……

技巧三：知识迁移作答。

此类开放性问题很多时候是过往工作没有涉及的，会触及一些知识盲区。

建议：遇到此类情况不要慌张，先将问题在脑海中拆解，并将拆解内容与之前的工作内容进行匹配，迁移经验并寻求问题的解决思路。

案例讲解

针对"产品上线了一个运营活动，如何评估活动收益？"这个问题进行分析。

首先，拆解问题。运营活动收益，可以拆解为两个方面：一方面是运营活动本身是否符合预期；另一方面是运营活动对于产品一段时间的收益情况。

其次，度量运营活动本身是否符合预期。在活动前期制订活动北极星指标的预期值，通过与真实值进行比对，评判活动是否达到预期的效果。

最后，结合AB实验评估运营活动长期收益。通过因果推断进行评估，并结合ROI计算活动长期收益。

技巧四：数据量化输出。

很多大型互联网公司对于量化的要求很高，针对此类问题，他们除了希望知道思路以外，还需要看到你在其中量化产出的结果。

建议：将结果加入量化成分，将方法与数据相结合。

案例

在做小流量实验前，需要调研实验的预期收益；在评估效果时，需要将数据与预期或经验值进行比对，综合判断效果。

技巧五：善于总结结论。

最后，针对此类问题，除了有过程外，还需要加上对结论的输出。

建议：将可能的情况与结论相匹配，哪些数据表象是结论A，哪些数据表象是结论B。

案例

针对"产品上线了一个运营活动，如何评估活动收益？"这个问题进行分析。根据我们之前的经验，通过小流量等方式，当某些指标表现为A时，认为显著正收益；为B时，认为轻微正收益；为C时，认为无收益；为D时，认为负收益。

12.5.3　小结

此环节在面试中的难度相对较大，需要你有足够多的经验以及快速检索问题的能力。对于前者而言，需要在日常的工作中多做、多思考、多沉淀；对于后者而言，建议在面试前将过往经验串联起来，将点线状内容形成面，有助于面试中知识的快速检索。

希望通过本节的学习，可以帮助你形成一套开放性问题回答思路，并在面试中多多体验进阶。

12.6　面试环节必知的软技巧

老姜：小白，你知道在面试的过程中，面试官除了要考察你的专业技能，还会考察哪些方面的内容吗？

小白：应该还会考察性格，以及和团队的适配程度吧？

老姜：是的，对于应聘者而言，专业过硬是能够胜任岗位的关键，但是否能够最终拿到 Offer，还与你在面试中所展现出来的优秀特性息息相关，而这些自身内在的特性，需要通过面试中的一些软技巧展现出来。

小白：那您觉得我在面试过程中，可以注重哪些软技巧呢？

老姜：下面分享一些面试官比较看重的内在特性，以及你可以通过何种方式封装表达出来。

小白：非常期待！

12.6.1　面试软技巧——基础项

此部分内容之所以称为基础项，主要由于大多数公司都会将其作为人才引入的考核标准。对于应聘者而言，如何在面试过程中自然展现出来是至关重要的。其中主要涵盖以下四个方面，如图 12-8 所示。

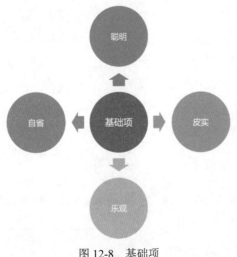

图 12-8　基础项

1. 聪明

聪明往往是很多面试官比较看重的，主要考核应聘者的学习能力、沟通协调能力。

1）学习能力

在这个知识快速迭代的时代，持续的学习能力是至关重要的，因此也是大多数面试官比较看重的。其中主要涉及的问题及应答技巧如下。

常见问题： 举一个通过自身学习，将知识应用到工作中的案例。

回答建议： 除了面试官主动提出的问题，还可以考虑在自我介绍阶段，加上在业余时间充电的计划及进程，如果恰巧将其应用到工作中，会是一个不错的加分项。

2）沟通协作能力

沟通协作能力要重点关注"善于抓住重点 + 高效协作"。

常见问题： 说一个你协同其他部门同事共同开展项目的经历。

回答建议： 这个给你两点建议可以参考。

其一，沟通侧。在面试中能够跟上面试官的节奏，并且不给其带来压迫感，做到到位、不越位，尽量不要反问。

其二，项目侧。建议在面试前，将做过的项目梳理透彻，并将关键结论分点列举出来，提升面试时回答问题的逻辑性。

2. 皮实、乐观

皮实、乐观放在一起，主要都是考核应聘者在困难面前表现出来的态度，主要考核应聘者的抗压能力。

之所以这两点会如此关注，也和当前的外部环境有一定的关系，如何能够在困难中脱颖而出，便成了是否会获得面试官青睐的关键。

常见问题： 说一个你曾经面临的最困难的任务。

回答建议： 面试官希望看到你在压力面前是如何克服的，并且最终取得不错的成绩。因此在讲项目的时候，可将你走过的弯路融合在里面，并重点说明你是如何解决的。

3. 自省

自省主要考察应聘者的心态是否开放，是否能接受不同的观点。

在工作中，有时我们的观点会与他人相左，当我们不对的时候，是否可以接受别人的观点，并对自己的问题加以反思，一般面试官会问以下问题来考核这个特性。

常见问题： 分享一个通过不断自我反思促进工作进步的例子。

回答建议： 性格除了在项目中有所体现，在面试中的表现同样可以让面试官从侧面感受出来，当面试官提出一些建议时，你要虚心接受，注意不要下意识反驳。

12.6.2　面试软技巧——加分项

除了以上的基础考核特性外，还有一些沟通软技巧可对面试起到加分的作用，看看你符合其中的几条，如图 12-9 所示。

图 12-9 评估方向

1. 自信

在面试过程中，展现出对这份岗位的势在必得，是至关重要的，要让面试官觉得你行。另外，面试是一个双向选择的过程，面试官在选择你的同时，你也在选择他，所以不要紧张，也许他比你还紧张，做到不卑不亢即可。

2. 主人翁精神

在工作中有时候是需要一些英雄主义精神的，即我行我上，在遇到困难的时候，也能顶上去。因此在描述你所做项目的时候，如果项目是你在主导，沟通时用"我"而不是"我们"，让面试官知道这是你做的，而不只是参与。

3. 规划和思考

有逻辑、有想法往往是面试官比较看重的，对于规划和思考主要有两个方向。

其一，对于自身职业发展的规划。"你未来希望往哪个方向发展？""你对于未来有什么样的计划？"类似这样的问题，在面试中还是比较常见的。对面试官而言，如果你对自己都没有规划，那么在工作中的条理性也会存疑。

其二，对于行业的思考。"你对这个行业了解多少？""你觉得这个行业未来会如何发展？"类似这种开放性的问题，你有没有遇到过呢。在面试之前可以好好准备一下，如果回答得好，是很好的加分项。

4. 寻找独特点

最后，在面试之前，最好围绕职位需求梳理一下你的发光点，即你有但别人没有的东西。这里大家可能会存疑，什么是"我有"但别人没有的呢？给大家举三个方向，可以参考。

其一，**项目价值升华**。当介绍项目的时候，很多人会这样表达"我参与了×××项目，产出了×××数据，分析出了×××结论"。这个时候面试官可能会追问："那最终这个结论对产品有什么影响？产品为之做了什么改动？"因此，当我们在总结项目结论的时候，要将数据结论升华到对产品的价值上。

其二，**个人知识图谱沉淀**。绘制属于自己的知识图谱，能够让你在面试中快速检索到需要的知识点，并可以向面试官加以展示，这会是一个不错的加分项。当然，知识图谱并不是为了面试，而是自我知识持续扩充的过程。

其三，**性格上的优势**。对于数据分析岗位，如果你具备踏实、好奇心强的性格，会对你有不小的帮助，如果面试官问："你觉得你适合这个岗位吗？"其中一部分回答的内容，便可以从性格上面着手。

12.6.3　小结

希望通过本节的介绍，可以帮助你在面试过程中，下意识地注意自身的属性特性，给面试官留下一个好印象。

12.7　面试环节一定要问的几个问题

小白：面试过程中，面试官都会留一些时间让我提问，每到这个环节我都不知道要问些什么。老姜，作为应聘者的我们一般要问哪些问题呢？以及其中是否有什么讲究？

老姜：当然，面试是一个双向选择的过程，面试官考核你的同时，你也在考核这个岗位，但有些人为了尽快拿到 Offer，常常会忽略这一点，导致评估不充分，入职之后再后悔。因此，在提问环节，需要将你最为关心的问题以合适的方式提出来。下面分享一些需要在面试过程中咨询的问题，希望可以帮助到你。

12.7.1　面试阶段需要咨询的问题

在面试过程中，建议你咨询以下问题，如图 12-10 所示。

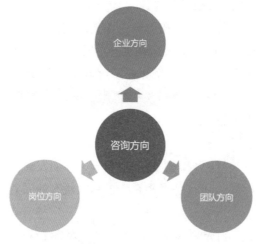

图 12-10　咨询方向

1. 企业方向

如果当前企业的规模不是很大，首先要关心的是公司的发展，覆巢之下无完卵，如果企业经营不善，那么对于未来你的发展一定是有影响的。其中，需要重点问面试官三个方面的问题。

其一，**企业现阶段发展情况**。企业的发展情况，可以从外部的一些信息中获取到，但仍然可以咨询面试官。一方面，可能从中了解到一些不同的信息；另一方面，也可以判断面试官对于大方向的了解情况。

其二，**企业现阶段主营业务情况**。主营业务情况往往可以反映企业在中短期内的发展情况，判断是朝阳行业还是夕阳行业。

其三，**企业未来发展计划**。目的是要了解企业未来的规划，一个有发展的企业，对于未来一段时间会有比较清晰的规划，也可考量未来发展的潜力。

2. 团队方向

在一个公司工作得是否舒服，很大程度取决于团队的情况。因此，在面试过程中，需要重点咨询团队相关的问题。

其一，**岗位属于什么团队**。对于数据分析师而言，大多数岗位隶属于数据团队，但也有部分岗位直接设置在业务团队内。对于工作内容来说，后者的工作内容往往偏临时性需求，对于个人发展不是很友好。

其二，**团队的定位如何**。对于数据团队而言，团队的领导是否强势、团队的产出是否常常有业务价值，往往可以决定数据部门在跨部门中的定位。对于个人发展，最好能够去到一个相对强势的数据团队，能够主导一些日常的分析项目。

其三，**人员构成如何**。团队是由人员组成的，需要了解团队有多少数据人员，以及人员之间是如何进行分工的。通过此问题获取两方面的信息：

一是团队的规模，规模越大，团队的稳定性越强，注意，这里指的是团队稳定性，而不是个人稳定性。

二是团队分工是否存在交叉，交叉的团队分工往往意味着分工不明确，扯皮的事情相对较多。

其四，**人员稳定性如何**。直白来说就是团队的平均在职时长，这一点非常重要，稳定性强的团队往往在某些方面是非常友好的。

其五，**人员是否都在本地**。重点要关注直属领导是否在本地，如果是异地的话，就要考虑能否在远程与领导搞好关系。如果不能，在未来企业变动时，裁员的风险往往是比较大的。

3. 岗位方向

咨询完了团队问题后，就该关心对应岗位的一些问题，这决定了未来你会以什么样的状态度过每一天。

其一，**岗位是如何空缺出来的**。岗位问题中，首先要咨询岗位是如何空缺出来的，空出原因无非业务扩张、人员换血、人员离职。

对于业务扩张而言，需要了解扩张的是什么业务，业务的发展潜力如何，这决定着未来工作强度，以及如果业务做不成时，是否会有裁员的风险。

对于人员换血而言，一方面需要了解以后你是否也会慢慢成为高成本的人员，另一方面如果你恰巧通过了面试，在谈薪阶段要考虑是否具有大的提升空间。

对于人员离职而言，需要了解人员离职的原因是什么，这些原因你是否能接受。

其二，岗位具体的工作内容。需要咨询面试官，此岗位的具体工作内容是什么，同时可以让面试官量化一下。例如，此岗位具体工作内容有哪些，其中各自的占比是多少。

其三，工作强度如何。"不卷"往往是近几年职场人的心声，因此，对于工作强度也是需要重点咨询一下的，"996""007"的工作制度，也要衡量自己是否可以接受。

12.7.2 谈薪阶段需要咨询的问题

当你已经通过了所有的面试，到了和 HR 谈薪的环节，一般 HR 都会很专业地给你介绍岗位的各种情况，这个时候你可以重点关注以下三个方向的问题，如图 12-11 所示。

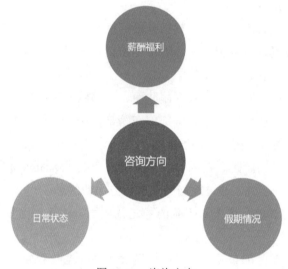

图 12-11　咨询方向

1. 薪酬福利

薪资：薪资结构如何？对于销售类岗位，"底薪和提成"各是多少？对于业务类岗位，底薪和绩效各是多少？一般绩效部分的完成情况如何？

股票：如果有股票，股票的授予时间、价格各是多少？归属时间是何时？

福利：除了薪资外，是否有额外的补助，例如房补、餐补、电话补贴、团队经费等。

社保：缴纳社保、公积金的基数、比例各是多少？

调薪：每年是否有调薪？是普调还是晋升调薪？调薪的浮动一般是多大？调薪的周期是多久？

转正：入职后试用期有多长？试用期工资如何？

2. 假期情况

假期数量：每年的年假、带薪病假等各有多少天？随着工龄的增长，如何调整？

福利假期：是否还有其他的福利假期？

3. 日常状态

工作时间：规定上下班时间是几点？一般大家的上下班时间是几点？是否需要打卡？

加班情况：日常加班或者周末加班是否有加班费或者调休？是否有大小周？

12.7.3　小结

面试是双向选择的过程，希望通过本节的学习，可以帮助你知晓问答环节需要咨询的内容及其对应的目的，谨慎入职每一家公司。

12.8　面试前后判断岗位是否靠谱的几点技巧

小白：老姜，在面试的过程中，我把你罗列的问题都询问了一遍，但总感觉面试官说了很多的套话，没有获得到太多的信息。除了面试中询问面试官，还有哪些方式可以评判岗位是否靠谱？

老姜：确实，对于一名应聘者，面试 80% 时间都处于被问问题的环节，想在短短几十分钟内将岗位了解透彻，还是比较困难的。因此，想要全方位了解一个岗位，除了在面试过程中，还要在面试前后下一些功夫。像做分析一样，有条理地逐步展开。

12.8.1　面试前判断岗位方式

面试前环节，往往是已经得到了面试邀约，在这个时间点，可以通过脉脉等软件，查阅公司内员工对该职位的看法及观点，甚至可以加一些该职位的员工为好友。虽然这种方式成功率不高，但只要沟通上，获得的信息会是最准确的。如果得到以下这些信息，就要谨慎考虑了。

其一，公司业务处于下坡阶段，资金投入减少，用户量级下降。

其二，公司业务处于第二梯队及之后，头部竞争对手已经瓜分了 80% 以上的市场，生存空间不大。

其三，公司风评很差，虽然说网络上的吐槽不一定完全属实，但是通过聚类的手段找到共通性，还是能够窥探一二的。

12.8.2　面试后判断岗位方式

面试通过后，很多人往往就坐等入职了，而这个时候也是最能感受到这个团队是否合适的时候，因为无论是 HR 还是你的直属领导都已经将你作为团队中的一分子，这个阶段，可以做两方面的事情。

其一，**关注 HR 与你定入职时间的态度**。一般入职时间都在 1 个月左右，如果 HR 催促你尽快入职，甚至就给你 1～2 周的时间交接，再甚者用 Offer 来要挟，那你就要谨慎考虑了。这种现象一般有两种情况。

● 业务部门近期非常缺人，在非理性的情况下选择招聘，当度过最忙的阶段后，可能又会以种种原因将你优化掉。

● 公司氛围就是这样，不讲人情味，只要我需要你做什么，你就要做什么。如遇到这种情况，最好敬而远之。

其二，在入职前加直属领导的微信，与他沟通一些思路和想法。一方面，判断一下性格，看彼此是否能沟通到一起；另一方面，看看他对于一些事情的看法，判断一下其综合能力。

最后多说一句，以上谈及的方法都是从理性角度出发的，但面试过程往往会受到"想要快速找到下家"的着急心态的影响，这是比较正常的。但是开弓没有回头箭，如果草率入职，再想换工作，成本就比较高了，所以还是建议你，在换工作的时候，多方面考虑利弊，再做决断。

12.9　同时拿到多个 Offer 时如何进行选择

小白：老姜，我最近面试拿到了几个 Offer，有大企业也有小企业，薪资也有一定的差异，有点儿犹豫不知道如何选择，想让您帮我评估下，不知道是否可以。

老姜：当然可以，下面和你讲讲评估 Offer 的一些方向及技巧。

小白：太好了！

12.9.1　评估方向

选择适合自己的机会，首先要将 Offer 的各维度信息拆开分析，再综合评估。对于一般求职者来说，可以从以下六个角度权衡 Offer 的利弊，如图 12-12 所示。

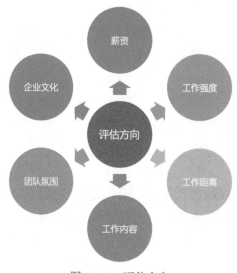

图 12-12　评估方向

1. 薪资

无论你从事什么行业，薪资永远是考量 Offer 的关键因素之一，薪资主要涵盖以下几个组成部分。

基础薪资：没有过多可分析的，越多越好。

提成：如果有提成，并且在薪资中占比很高，则要考虑五险一金的基数是否算提成部分。对于数据分析岗位的人员来说，一般不会涉及。

股票：注意一下是股票还是期权。如果是股票，则要关注是直接给你多少股，还是给你多少钱，然后按照钱折算成股票。如果是后者，则要明确折算时间点的股价及汇率情况，这决定着你入职的时间。再来说说期权，如果是期权，则要考虑当前的行权价，以及未来价格的预期，同时，要留意行权的周期及时间点。

福利：一般公司的福利相差不会很大。但如果有些公司可以提供"房补＋三餐"，那一个月下来也能有个小几千，需要加到考量范围内。

2. 工作强度

工作强度与薪资往往是成正比的，因此要权衡来考虑，在身体能支持的范围内选择，不建议用健康换钱。单说工作强度，也有三点要考虑。

工作饱和度：这一点决定工作时间内的密度，同时如果工作内容过多，大概率会加班到很晚，建议你在面试的时候多问几个面试官，同时在脉脉等第三方平台多查阅一些信息。

工作日上下班时间：在面试时，建议问一下大家通常的上下班时间。划重点，是"通常"不是"规定"，例如规定下班时间是 18 点，但是大家都会干到 22 点，那么 22 点是通常情况。在互联网公司，问规定上班时间有意义，但问规定下班时间是没有意义的，一般大家都无法准点下班。

周末加班情况：需要咨询一下周末是否加班。如果加班，频次是多少、是否有调休或者双倍工资。

3. 工作距离

考虑单位离家的距离。一方面，时间上的成本，省下路上的时间能做很多事情；另一方面，金钱上的成本，无论是开车还是打车，一个月下来也会是不小的开支，当然，有些公司晚上 N 点后下班是可以报销打车费的。

4. 工作内容

不出意外的话，当下这份工作，只是你职场进程中的一部分。因此，需要考虑这份工作能为你带来的东西，是否与长期发展方向吻合。这里，主要考虑两点：一个是横向工作的内容，另一个是纵向业务的类型。

工作内容：主要指岗位的核心工作事情，建议在面试的时候，问一下工作内容的分布占比情况。例如，40% 时间负责数据仓库建设、30% 时间负责问题排查、30% 时间负责业务分析等。对于数据分析人员而言，在刚入职场时，可以多做一些偏基建层的工作，熟悉基础流程；而对于从业有一段时间的人来说，项目分析相关内容会更加有价值一些。

业务类型：有些人会说，只要工作内容吻合，做什么业务无所谓。其实不然，C 端、B 端、G 端产品存在很大差异；视频类产品与游戏类产品存在很大差异。选择适合自己的赛道是非常重要的，半路更换，成本和难度都会比较大。

5. 团队氛围

团队情况直接影响未来工作中的舒适度，可以从两个方面来评估。

领导： 一方面是领导的能力，这决定着未来你能从其身上学习的广度及深度；另一方面是领导的风格，"话不投机半句多"在与领导的沟通中也是适用的，因此要谨慎选择。

团队： 团队的氛围情况好坏，对于工作的开展及舒适度，都是至关重要的。

这里可能你会问，这两点在我入职之前要如何评估呢？给你一个建议，除了在面试环节中获取信息外，还可以在入职前私下请领导吃个饭，线下详细了解一些情况，在这种相对轻松的环境下，也许会有不一样的收获。

6. 企业文化

这一点对于刚毕业的同学来说，可能会比较看重，但经过一段时间社会的洗礼，看到的、接触到的事情越来越多后，可能就不会太关注了。这方面信息在第三方网站上会有很多，可以在上面进行了解。

12.9.2　当前状态

说了这么多选择 Offer 需要考虑的因素，那是否它有一个标准答案呢？

非也！对于不同阶段、不同性格的人而言，侧重点会有所不同。

这里建议将各个 Offer 上面提及的几个因素罗列出来，并根据自己关注点设置权重，通过一个总的分数，决定 Offer 的排名。

一般来说，对于刚毕业的人而言，可能会更加关注工作内容、团队情况、企业文化；而对于工作了一段时间有家有室的人而言，可能会更加关注薪资、工作强度、工作距离。

12.9.3　小结

Offer 选择至关重要，就像人生中的交叉路口，选择正确与否直接影响自身未来发展。希望通过本节的分享，可以给你一些思路，谨慎选择自己未来的道路。

12.10　汇总面试常考的 SQL 题

小白： 在最近面试的过程中，遇到了一些笔试题目，让当场做几道 SQL 代码题，有一点紧张。老姜，你有没有面试常考的 SQL 题目，可否参考一下？

老姜： 可以的。面试中考核的 SQL 题目往往综合性较强，里面含有较多的知识点。这里我们将核心知识点拆开，看看其中考核的内容都是什么。

小白： 那太好了，不过常考的知识点会不会非常多啊？

老姜： 不会，下面分享的这 7 道题目，涵盖了 80% 左右的常考知识点，所以你需要全部弄明白。

小白： 我会的！

12.10.1 案例原始表介绍

在开始出题目之前，先来介绍一下下方题目应用到的底层数据表，以电商类消费场景为例，其中主要涵盖用户表、购物消费流水表。

用户表：ubs_user_profile_di

当日活跃用户，"ds+uid" 为唯一 Key，每个用户每日仅有一条数据，结构如表 12-1 所示。

表 12-1 用户表

字段名	ds	uid	is_new	age	gender	city
字段类型	string	string	bigint	bigint	string	string
字段含义	日期	用户ID	是否新用户(0/1)	年龄	性别(M/F)	城市
字段示例	20220501	asdfasd8asdf8asdf9asdf	1	28	F	上海

购物消费流水表：ubs_sales_di

当日用户消费详细数据，每一条代表用户购买一次商品，用户每日可购买多次商品，结构如表 12-2 所示。

表 12-2 购物消费流水表

字段名	ds	uid	report_time	category_first	category_second	money
字段类型	string	string	string	string	string	double
字段含义	日期	用户ID	下单上报时间戳	一级品类	二级品类	消费金额
字段示例	20220501	asdfasd8asdf8asdf9asdf	1650423541483	电子设备	手机	28

12.10.2 面试常见的 7 道 SQL 题

1. 单表处理类问题（难度系数：☆）

题目：计算 2022 年 5 月 1 日各年龄活跃用户数，筛选用户数 >10000 的年龄，并按照用户数降序排列。

输出样式：如表 12-3 所示。

表 12-3 各年龄活跃用户数

字段名	age	uv
字段含义	年龄	用户数
字段示例	25	312412
	39	301255
	41	273881
	...	...

参考代码：

```
select
    age
    ,count(*) as uv
from
    ubs_user_profile_di
where
    ds = '20220501'
group by
    age
having
```

```
    uv > 10000
order by
    uv desc
;
```

2. 多表关联类问题（难度系数：⭐⭐）

题目：计算 2022 年 5 月 1 日及往前 90 日，新用户每日人均消费金额，且保留 2 位小数（四舍五入）。

输出样式：如表 12-4 所示。

表 12-4 新用户每日人均消费金额

字段名	ds	money_per_user
字段含义	日期	人均消费金额
字段示例	20220429	104.32
	20220430	205.11
	20220501	156.77
	...	...

参考代码：

```
select
    tmp1.ds as ds
    ,round(avg(money), 2) as money_per_user
from
    -- 筛选用户
    (
    select
        ds
        ,uid
    from
        ubs_user_profile_di
    where
        ds between date_add('20220501', -90) and '20220501'
        and is_new = 1
    )tmp1
inner join
    -- 关联用户消费情况
    (
    select
        ds
        ,uid
        ,sum(money) as money
    from
        ubs_sales_di
    where
        ds between date_add('20220501', -90) and '20220501'
    group by
        ds
        ,uid
    )tmp2
on
    tmp1.ds = tmp2.ds
    and tmp1.uid = tmp2.uid
group by
    tmp1.ds
;
```

3. 嵌套类问题（难度系数：★★）

题目：计算 2022 年 5 月用户消费天数分布，以及人均消费金额。

输出样式：如表 12-5 所示。

表 12-5　用户消费天数及人均消费金额

字段名	days	money_per_user
字段含义	消费天数	人均消费金额
字段示例	1	77.32
	2	242.11
	3	401.82
	...	...

参考代码：

```
select
    days
    ,avg(money) as money_per_user
from
    (
    select
        uid
        ,count(distinct ds) as days
        ,sum(money) as money
    from
        ubs_sales_di
    where
        substr(ds, 1, 6) = '202205'
    group by
        uid
    )tmp
group by
    days
;
```

4. 窗口函数类问题（难度系数：★★★）

题目：计算 2022 年 5 月 1 日，用户第一次购买的一级品类分布量级，按照量级降序排列。

输出样式：如表 12-6 所示。

表 12-6　一级品类的用户数

字段名	category_first	uv
字段含义	一级品类	用户数
字段示例	3C	61221
	饮食	51220
	母婴	47921
	...	...

参考代码：

```
select
    category_first
    ,count(*) as uv
from
    (
    select
```

```
        uid
        ,category_first
        ,row_number()over(partition by uid order by report_time asc) as rank --
分组排序
    from
        ubs_sales_di
    where
        ds = '20220501'
    )tmp
where
    rank = 1
group by
    category_first
order by
    uv desc
;
```

5. 窗口函数类问题（难度系数：★★★）

题目：计算 2022 年 4 月 1 日至今，用户第一次购买与第二次购买相差天数，没有第二次购买则不输出。

输出样式：如表 12-7 所示。

表 12-7　第一次购买与第二次购买相差天数

字段名	uid	first_sales_day	second_sales_day	date_diff
字段含义	用户ID	第一次购买日期	第二次购买日期	相差天数
字段示例	asdfasd8asdf8asdf9asdf	20220405	20220407	2
	asdfsadfsadfawegasdgs	20220407	20220408	1
	egasegsadfeasdfseawaa	20220426	20220430	4
	...	...	...	...

参考代码：

```
select
    uid
    ,ds as first_sales_day
    ,ds_next as second_sales_day
    ,datediff(to_date(ds_next, 'yyyymmdd'),to_date(ds, 'yyyymmdd')) as date_diff
from
    (
    select
        ds
        ,uid
        ,row_number()over(partition by uid order by report_time asc) as rank --
用于筛选首次
        ,lead(ds, 1, 'NULL')over(partition by uid order by report_time asc) as
ds_next -- 用户获取下次购买日期
    from
        ubs_sales_di
    where
        ds >= '20220401'
    )tmp
where
    rank = 1
    and ds_next != 'NULL'
;
```

6. 留存 / 复购类问题（难度系数：⭐⭐⭐⭐⭐）

题目：计算 2022 年 4 月 1 日—30 日，每日用户量级、次日留存率、3 日留存率、7 日留存率。

输出样式：如表 12-8 所示。

表 12-8　留存率

字段名	ds	uv	1_retention_rate	3_retention_rate	7_retention_rate
字段含义	日期	用户数	次日留存率	3日留存率	7日留存率
字段示例	1	1233110	51.42%	32.11%	21.44%
	2	1130421	53.12%	35.31%	24.20%
	3	1402311	51.23%	29.15%	23.11%
	…	…	…	…	…

参考代码：

```
select
    ds
    ,count(*) as uv
    ,count(if(1_remain>0, 1, null))/count(*) as 1_retention_rate
    ,count(if(3_remain>0, 1, null))/count(*) as 3_retention_rate
    ,count(if(7_remain>0, 1, null))/count(*) as 7_retention_rate
from
    (
    select
        user_now.ds as ds
        ,user_now.uid as uid
        ,count(if(datediff(to_date(user_after.ds, 'yyyymmdd'),to_date(user_now.
ds, 'yyyymmdd')) = 1, 1, null)) as 1_remain -- 计算用户未来第 1 日是否能匹配上
        ,count(if(datediff(to_date(user_after.ds, 'yyyymmdd'),to_date(user_now.
ds, 'yyyymmdd')) = 3, 1, null)) as 3_remain -- 计算用户未来第 3 日是否能匹配上
        ,count(if(datediff(to_date(user_after.ds, 'yyyymmdd'),to_date(user_now.
ds, 'yyyymmdd')) = 7, 1, null)) as 7_remain -- 计算用户未来第 7 日是否能匹配上
    from
        -- 当日用户
        (
        select
            ds
            ,uid
        from
            ubs_user_profile_di
        where
            ds between '20220401' and '20220430'
        )user_now
    left join
        -- 匹配用户未来是否来
        (
        select
            ds
            ,uid
        from
            ubs_user_profile_di
        where
            ds between '20220402' and '20220507' -- 注意时间
        )user_after
    on
```

```
        user_now.uid = user_after.uid
    group by
        user_now.ds
        ,user_now.uid
    ) tmp
group by
    ds
;
```

7. 连续消费 / 登录类问题（难度系数：★★★★★★）

题目：计算 2022 年 4 月 1 日至今，连续消费 3 日及以上的用户占比。

输出样式：如表 12-9 所示。

表 12-9　连续消费 3 日及以上的用户占比

字段名	3days_uv_rate
字段含义	连续消费3日及以上用户占比
字段示例	21%

参考代码：

```
select
    count(distinct if(ct>=3, uid, null))/count(distinct uid) as 3days_uv_rate
from
    -- 步骤 4：计算用户每次连续消费的天数，例如用户在 0401 开始连续 3 日、在 0415 开始连续 2 日
    (
    select
        uid
        ,base_ds
        ,count(*) as ct
    from
        -- 步骤 3：计算基准时间，通过基准时间的数量判断连续几日消费，例如用户在 [0401. 0402.
0403 消费 ]，[rank 为 1. 2. 3]，[ 计算的 base_ds 为 0401 往前 1 日、0402 往前 2 日、0403 往前 3 日，
均为 0331，则连续 3 日 ]
        (
        select
            *
            ,date_add(ds, -rank) as base_ds
        from
            -- 步骤 2：按照用户消费日期升序排序
            (
            select
                *
                ,row_number()over(partition by uid order by ds asc) as rank
            from
                -- 步骤 1：将用户每日多消费记录去重（单天多条会影响计算）
                (
                select
                    ds
                    ,uid
                from
                    ubs_sales_di
                where
                    ds >= '20220401'
                group by
                    ds
```

```
                    ,uid
                )tmp1
            )tmp2
        )tmp3
    group by
        uid
        ,base_ds
    )tmp4
;
```

12.10.3　小结

最后和大家谈谈针对面试中遇到的 SQL 问题面试官的关注点。由于是面试，面试官重点关注的是思路，因此在忘记某些函数的情况下，可以将思路输出给面试官，函数是工具，可以随时查询，而思路才是你掌握这个知识的关键。另外，针对某些问题，如果你有多种解答方式，就不要吝惜全部输出给面试官，这会是很好的加分项。

以上这 7 道题目需要你全部掌握，均是面试中高频出现的题目。

12.11　汇总面试常考的 AB 实验题

老姜：小白，除了代码题之外，在面试过程中你还遇到过其他一些比较棘手的问题吗？

小白：我面试的方向基本都是 C 端用户侧，而小流量实验是面试中最常被问到的，貌似产品的大小迭代前，都需要通过实验的方式进行验证，作为上线前的先验探索。而遇到这些问题时，有时候会不知道如何回答。

老姜：确实，实验在产品迭代中的作用不言而喻。下面我们从实验的流程出发，分享其中 7 个方向共 22 道常考的 AB 实验题目，希望可以帮助你通过此关。

小白：太好了！

12.11.1　实验理解类问题

题目 1：实验有哪些类型？对应原理是什么？各有何优劣？

考核点：单层 AB 实验、层域 AB 实验、网络效应实验、MAB 实验、Interleaving 实验的理解，重点关注 AB 实验。

难度系数：⭐⭐☆

解答思路：

单层 AB 实验：最常见的实验类型，解决策略迭代因果问题。适用于单一实验，非系列性。

层域 AB 实验：针对一系列相似实验，既可以度量单层实验的效果，又可以度量一系列实验整体的效果。适用于解决多相似实验基线桶策略冲突问题。

网络效应实验（Switchback Design 实验）：通过时间 / 空间切片，实现 AB 桶的用户相对独立，核心在于选择合适的切片，以满足样本独立性。适用于解决双边 / 三边具有网络效应市场，用户之间相互干扰的问题。

MAB 实验（Multi-Armed Bandits 实验）：MAB 核心是实现动态流量分配，在实验过程中实时收集用户反馈，从而动态分配实验过程中各策略的流量。适用于实验失败成本较高的场景、对于时效性敏感的场景、需要持续优化的场景。

Interleaving 实验：针对搜索排序场景，通过搜索架构调整让用户的一次请求变成对后端两种不同排序策略的请求，同时通过一定的排序机制让用户在无感知的情况下同时看到两种排序结果的混合。适用于推荐排序策略场景，对于长尾内容评估更友好。

题目2：AB 实验整体流程是什么样？你在其中主要负责哪些内容？

考核点：是否了解 AB 实验的全景，对于数据分析在其中的定位是否有一个清晰的认知。

难度系数：★★

解答思路：

实验一般分为5个阶段，分别为实验设计阶段、实验运行阶段、实验评估阶段、实验放量阶段、实验归档阶段，数据分析人员在各阶段均有涉及，重点在实验评估阶段给予实验结论。

12.11.2　实验设计类问题

题目3：AB 实验的常规实验单元有哪些？采用何种方式进行分组？

考核点：对于实验对象是否了解？对于实验的分流机制是否知道？

难度系数：★★

解答思路：

实验单元指实验的最小单位，常见的有三种：用户、会话、页面，其中用户粒度是最常见的。

当用户进入 App 或者进入某个页面时（具体根据实验策略决定），后端会对用户随机打上属于哪个分组的标签，标签在实验期是不会改变的。

随机方式一般通过哈希算法，常见的哈希算法方式涵盖 BKDR、MURMUR3、MD5 等。

题目4：AB 实验选择哪些方面指标进行评估？指标是否越多越好？为什么？

考核点：指标的选择直接影响结论的科学性，考核应聘者对于 AB 实验了解的深度。

难度系数：★★★★

解答思路：

根据评估方向，一般选择4类指标进行实验评估，如图 12-13 所示。

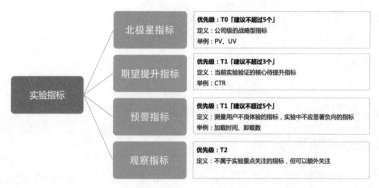

图 12-13 实验指标

主要评估实验自身局部影响以及实验对大盘的影响。指标选择不宜过多，当指标过多时，实验犯第一类错误的概率增加，即实验本身无差别，而误判为有差别。

案例讲解

假设犯第一类错误的概率为 5%，实验选择 3 个指标进行评估，则至少有一个指标犯第一类错误的概率为：1-(1-5%)×(1-5%)×(1-5%)=14.2%。

随着指标数量的增加，这个值会逐步增大。

题目 5：AB 实验需要多少样本量？是否越多越好？如何量化计算？

考核点：样本量直接影响结论是否置信，考核应聘者对于 AB 实验假设检验是否熟悉。

难度系数：☆☆☆☆☆

解答思路：

样本量不是越多越好，过多的样本量会造成实验资源浪费、影响迭代效率；同样，样本量不是越小越好，过少的样本量会导致实验不置信。因此，科学度量实验样本量是至关重要的。

计算方式均采用正态分布的假设检验方式，检验统计量使用 T 统计量或者 Z 统计量。不同类型指标的计算方式略有不同，划分为以下几种类型。

● 均值类指标：如人均时长。

● 用户比例类指标：如 UCTR。

● 比率类指标：如 CTR。

具体计算方式在第 7 章中有详细讲解，这里就不再展开了。

题目 6：AB 实验周期如何选择？需要考虑哪些因素？过长或者过短会有什么影响？

考核点：同样本量考核题，这两道题一般是打包在一起的。

难度系数：☆☆☆☆☆

解答思路：

实验周期选择需要考虑三方面因素。

其一，考虑最小样本量。实验周期内累计样本量，需要大于最小样本量要求。

其二，考虑周末效应。一般产品周中和周末用户行为表现会存在差异，因此实验至少需要运行完整一周。

其三，考虑新奇效应。重点针对老用户，改版会对用户产生非持久性的行为驱动，这段时期的数据是缺乏置信度的，因此需要适当拉长实验周期。

在考虑以上因素的前提下，制订实验周期，时间过长会影响实验迭代的效率，而时间过短会导致实验的不置信。

12.11.3 实验运行类问题

题目 7：AA 空跑实验是什么？目的是什么？如何评估 AA 实验是否通过？

考核点： 考察应聘者对 AA 实验的理解。

难度系数： ☆☆☆☆☆

解答思路：

AA 空跑实验是在 AB 实验上线前进行的，其原理是在即将上线的 AB 实验分组中，均不采取任何新策略，验证分组是否存在显著性差异。保证 AB 实验评估收益仅是由策略差异带来的。

AA 实验的数据，可以采用空跑一段时间或回溯过往时间两种方式，建议采用后者，可以缩短实验周期，提升效率。

AB 实验的核心是假设检验，因此评估 AA 实验是否通过，也是通过假设检验方式（T 检验 /Z 检验），计算对应的 P 值是否拒绝原假设，来判断 AA 分组是否存在显著差异。同最小样本量计算方式一样，不同类型指标计算方式存在一定区别。

题目 8：AA 实验出现显著差异，可能是什么原因？如何解决？

考核点： 考察应聘者对 AA 实验的理解，以及遇到指标差异显著时的解决方案。

难度系数： ☆☆☆☆☆

解答思路：

由于 AA 实验是在相同策略下进行的，因此分组指标差异理论上是不显著的。但如果某些指标差异较大，则一般情况下可能有以下几点原因，如图 12-14 所示。

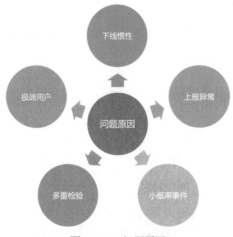

图 12-14   问题原因

原因 1：下线实验惯性所导致。

出现原因：当分组流量不足时，新分组配置的流量恰巧是之前实验释放的流量，导致用户有偏，引起 AA 波动较大。

解决方案：Hash 分桶数量提升，尽可能将用户打散。

原因 2：打标上报异常所导致。

出现原因：该原因是 AA 存在差异最可能的原因，由于 SDK 调用方式不当，上报错误所引起的用户非完全随机。

解决方案：对实验进行样本均衡性检验，提早发现用户不平的问题。

原因 3：碰到小概率事件所导致。

出现原因：目前小流量实验一般显著性水平设置为 5%，即 100 个实验中，大约有 5 个实验在 AA 实验过程中会出现指标显著的情况。

解决方案：如果业务流量足够，可以将显著性水平下降为 1% 或 0.5%（微软建议 0.01%），通过空跑期判断实验组与对照组是否存在显著差异，为后续上线实验做保障。

原因 4：多重检验问题所导致。

出现原因：同第四道面试题，指标数量越多，检验的次数就越多，至少有一个指标显著的概率就越高。

解决方案：重点关注与本次实验最为密切的指标，是否出现显著性结果。

原因 5：极端用户所导致。

出现原因：各个产品均存在某些极端的高销用户，这类用户的消费水平远远高于一般用户，而量级又很小，很难均匀地分配到各分组中，干扰分组均衡性。

解决方案：有两种解决方式：第一种，设置实验黑名单，将该类用户直接加入黑名单中，不参与实验分桶；第二种，根据百分比截断用户，对于指标值大于 95% 或 98% 的极端用户给予剔除。

题目 9：AA 实验如何判断样本量是否均衡？一般不均衡造成的原因是什么？

考核点：考察应聘者对于 AA 实验的理解，是否了解开展实验的前提条件。

难度系数：★★★★☆

解答思路：

AA 实验样本量不均衡，指观测到的流量比例不符合预期配置的流量比例，可通过卡方检验的方式评估比例是否符合预期。

样本量不均衡，90% 以上是实验配置或上报阶段的问题所导致。

12.11.4　实验评估类问题

题目 10：AB 实验一般是如何评估的？是否有一套完整的流程？

考核点：对于实验评估环节是否了如指掌，评估流程是否体系化、科学化。

难度系数：★★★☆☆

解答思路：

常规 AB 实验评估一般分为以下三个步骤。

步骤一：整体指标分析。通过指标的点估计、区间估计、P 值、最小检测变化（MDE）、指标趋势、指标差异趋势，评判策略效果是否显著。

步骤二：下钻指标维度。当实验重点关注部分群体时，分析中需要对用户进行下钻，聚焦用户评判效果。同时，当实验效果不及预期时，也会对维度进行下钻分析。

步骤三：Case 抽取分析。当遇到实验正负向较明显时，可以将极端 Case 单拎出来，评估可能的原因。例如，通过 Case 发现某些之前没关注到的维度表现非常差，则可以有针对性地调整实验触发。

题目 11：在进行 AB 实验评估时，选择指标的"累计去重口径"还是"非累计去重口径"更为科学呢？

考核点：对于实验科学性评估的考察。

难度系数：☆☆☆☆☆

解答思路：

首先，解释一下什么是累计去重口径（多日累计去重口径），什么是非累计去重口径（多日非累计去重口径）。

> **案例讲解**
>
> 第一日来了 100 个用户，第二日来了 100 个用户，两日中有 50 个用户是重复的。
>
> 两日累计去重口径用户数 = 100+100-50=150 人；
>
> 两日非累计去重口径用户数 = 100+100=200 人。

回到指标上来，假设实验上线两日，评估指标为"人均时长 = 总时长 / 总人数"，分子总时长直接加和即可，分母总人数选择累计去重口径还是非累计去重口径更为科学呢？

答案为累计去重口径。在分组用户均衡的情况下，累计去重口径可以保证样本量的均衡，不会受到实验策略对留存的干扰，避免用户出现有偏的情况。如果觉得不好理解，可以参考图 12-15 所示。

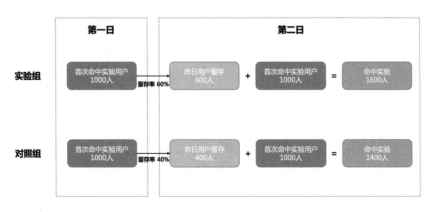

图 12-15　累计用户数

由于实验组与对照组是 1：1 流量，因此每日首次进入分组的用户量级一致，假设均为 1000 人，但受到策略影响，实验组留存高于对照组，两种口径计算的累计用户数如下。

采取非累计去重口径，两日用户数求和。

实验组：1000+1600=2600

对照组：1000+1400=2400

采取累计去重口径，两日用户数求和。

实验组：1000+1000=2000

对照组：1000+1000=2000

随着实验的进行，非累计去重口径用户数偏移会越来越严重，因此在 AB 实验评估中采用累计去重口径更为科学。

题目 12：在进行 AB 实验评估时，通过哪些值来评判指标是否显著？

考核点：评估指标的指标有哪些？如何评估策略是否显著？

难度系数：★★★★★

解答思路：

在题目 10 中也有所提及，通过点估计、区间估计、P 值、最小检测变化（MDE）、指标趋势、指标差异趋势，这些值来评估指标是否显著。

同时，针对不同类型指标的计算方式有所不同，在第 7 章中有所提及。

题目 13：在进行 AB 实验评估时，选择指标中，表现有正有负怎么办？实验策略是否可以上线？

考核点：实验指标表现大概率非完全一致，在这样的情况下，应聘者会如何做。

难度系数：★★★★

解答思路：

评估实验过程中，指标关注优先级为部门核心北极星指标＞实验期望提升指标，具体实验决策可参考表 12-10 所示。

表 12-10　指标放量建议

北极星指标	期望提升指标	放量建议
有正无负（有显著正向指标，无显著负向指标）	无显著负向指标	可放量
有正有负（有显著正向指标，有显著负向指标）	任何情况	理论上不可放量，需结合业务进行判断
无正无负（无显著正向指标，无显著负向指标）	有显著正向指标	可放量
无正有负（无显著正向指标，有显著负向指标）	任何情况	不可放量

题目 14：实验关注指标有显著提升，且提升幅度达到实验预期，能否说明策略全量之后一定好？

考核点：考核应聘者对于抽样和全量的理解，以及周期长短对评估的影响。

难度系数：★★★

解答思路：

不一定，原因有以下三点。

其一，假设检验原因。AB 实验本质上是假设检验，而假设检验是存在一定犯错概率的，一般设定犯第一类错误的概率为 5%，即策略本身没有效果，但实验判断为有效果。

也就意味着，可能出现实验显著，但全量不显著的情况。

其二，样本量原因。实验抽样即便满足了最小样本量的要求，但不同量级用户在指标上的稳定程度是不同的，样本量越大，波动越小。因此实验全量上线后的效果，与实验期可能存在一定差异。

其三，时间原因。一般业务都希望策略能够快速迭代上线，实验的上线周期 60% 小于两周、90% 小于 1 个月，这样会导致部分长期效应在实验期间无法检测出来。

> **案例讲解**
>
> 短视频平台购券策略迭代，重点要评估线下消费的情况，由于购券到线下消费存在一定时间 Diff，因此较短的实验周期往往无法评估这种中长期的影响。
>
> 解决方案：降低显著性水平、适当延长实验周期、策略上线后保留小流量反转组。

12.11.5 实验放量类问题

题目 15：AB 实验通过后，是否可以直接放量到 100%？需要考虑哪些因素？

考核点：考核应聘者对于科学放量方式是否了解。

难度系数：☆☆☆☆

解答思路：

不可以。实验放量需要综合考虑"效率 + 质量 + 风险"三方面因素，因此需要阶段性放量，保障线上策略不会出现漏洞等情况。一般实验放量为三个阶段，分别为小流量阶段、放量阶段、长期存放阶段。

题目 16：策略全量上线后，业务方希望评估实验长期影响，要如何做？

考核点：考核应聘者对于评估实验长期影响的理解。

难度系数：☆☆

解答思路：

配置实验长期对照组，保持较小比例的用户长期维护原始策略，从而度量策略的长期效应。

12.11.6 特殊实验类问题

题目 17：实验第一天在满足样本量的前提下，策略指标表现均显著提升，可否直接得出结论？如何判断是否有新奇效应？以及如何剔除影响？

考核点：考核应聘者对于新奇效应的理解。

难度系数：☆☆☆☆

解答思路：

不可以得出结论。一方面，实验需要一个完整自然周，避免周期因素影响；另一方面，由于策略的改动可能引起用户的新奇效应。

判断是否存在新奇效应，主要有以下两个方式。

其一，指标趋势逐步趋稳。观察指标差异是否随着时间持续，逐步趋于稳定。有新奇效应的实验，往往实验前期波动较大，后期逐步趋于稳定。

其二，策略新用户占比。由于新奇效应主要出现在策略新用户上，因此策略新用户占比越高，新奇效应的可能性也就越大。这里需要注意一下，策略新用户≠产品新用户，例如老用户第一次看到新策略，这种用户算作策略新用户，但并非产品新用户。

当发掘有新奇效应后，要如何在评估中克服呢？同样有以下两种方式。

其一，拉长实验周期。待指标趋势平稳后，再产出实验结论。

其二，用户分层分析。重点关注产品新用户或策略老用户，因为新奇效应主要出现在产品老用户且策略新用户上。

题目 18：针对存在网络效应的产品，要如何设计实验？有哪些注意点？

考核点： 考核应聘者对于网络效应的理解。

难度系数： ☆☆☆☆☆

解答思路：

针对多边市场存在的网络效应，可以通过以下两个步骤进行克服。

步骤一：将用户按照地理位置、社会群体等方式进行用户群体切割，AB 分组分别选择相对独立的两个群体。

步骤二：由于群体之间存在差异性，因此需要尽可能选择相似的用户，结合 PSM 等方式进行评估。例如，按照地理位置划分，假设北京和上海在重点关注的特征上比较相近，则可以结合 PSM 筛选相似用户，作为实验的 AB 组。

题目 19：在没有做 AB 实验的前提下，如何评估策略迭代的优劣？

考核点： 考核应聘者对于替代 AB 实验类问题处理方式的理解。

难度系数： ☆☆☆☆☆

解答思路：

AB 实验的本质是为了解决因果推断问题，在没有做 AB 实验的情况下，可以通过 DID（双重拆分法）、传递熵、因果森林等方式进行替代。

不过总体来说，AB 实验仍然是处理因果问题最简单、最直接的方式。

12.11.7　实验概念类问题

题目 20：为什么说 AB 实验的本质是假设检验？如何理解假设检验？

考核点： 考核应聘者对于 AB 实验本质的理解。

难度系数： ☆☆☆

解答思路：

AB 实验其实是对实验组 A 与对照组 B 做出的某种假设，计算两组差异是否存在统计意义上的显著性，最终根据显著结果做出判断。

在假设检验的过程中，逻辑上采用的是反证法，通过原假设与备择假设进行判断，针对实验而言，原假设为策略对产品没有效果；备择假设为策略对产品有效果。

题目 21：如何理解第一类错误和第二类错误？

考核点：考核应聘者对于 AB 实验本质的理解。

难度系数：★★★

解答思路：

第一类错误（弃真）：原假设正确，但误判为错误。即实验策略没效果，但误判为有效果。

第二类错误（存伪）：原假设错误，但是没有被发现。即实验策略有效果，但是没有检测出来。

题目 22：P 值是什么？MDE 是什么？

考核点：考核应聘者对于 AB 实验本质的理解。

难度系数：★★★

解答思路：

P 值（P-Value）：对于实验而言，指的是实验组 A 和对照组 B 在没有差异的前提下，仍然检测出来差异的概率，即出现极端事件的概率。

MDE（Minimum Detectable Effect，最小可检测变化）：实验能有效检测出来的指标差异幅度。一般在实验过程中，通过 MDE 来评判实验的灵敏度，在评估实验结论的过程中：

- MDE ＜真实提升率：指标评估置信。
- MDE ＞真实提升率：指标评估缺乏置信。可通过扩大样本量，降低检测的 MDE 值。

12.11.8　小结

AB 实验是数据分析师必须掌握的知识，同样也是面试常考的方面，因此需要你对上面提及的这 22 道题了如指掌，才能在面试中更有底气。

12.12　汇总面试常考的业务题

老姜：除了代码题以及定向的分析类问题外，在面试环节，还常常会被问到一些与业务贴近的数据思维类问题，小白，不知道你在面试中是否有遇到过呢？

小白：是针对一个指定的业务场景，提出相对开放的问题？

老姜：是的。主要是希望你利用日常的数据知识，解决一些现实业务场景。

小白：基本每次面试都会被问到，但总感觉回答得不是很好。

老姜：本节与你分享 10 道常见的数据分析思维类业务题，希望你可以有方向地进行准备。

小白：太好了！

12.12.1　常见的 10 道数据分析思维类业务题

题目 1：某产品 App 需要你设计一个指标体系，你要如何做？

考核点： 对于指标体系设计思路的掌握程度。

解答思路：

业界指标体系设计思路有很多，例如 GSM、HEART、PLUSE 等，同时需要结合业务进行搭建，常见的指标体系搭建思路分为以下几步。

步骤一： 充分了解业务目标，明确业务希望评估的场景，并将场景按照"域"进行划分，例如用户域、平台域、直播域、搜索域、商业域等。

步骤二： 各个域的内部可以参考一些通用的模型思路由上至下拆分指标，思路如图 12-16 所示。

图 12-16　拆分指标思路

步骤三： 判断指标设计是否全面，需与业务方二次确认，达成共识。

步骤四： 将指标设计维护进数据 Meta 平台，或者维护至指定文档，保障指标定义、计算方式的唯一性。

题目 2：北极星指标是什么？你会如何选取？

考核点： 对于北极星指标的理解程度。

解答思路：

北极星指标顾名思义是指可以指引产品方向的指标，又称唯一关键指标，设计过程中需要遵循以下几点原则。

原则一： 北极星指标需与业务共同制订，双方达成共识。

原则二： 北极星指标一定是能反映产品 / 业务线健康度的指标。

原则三： 产品 / 业务线北极星指标数量一般为 1 个。

原则四： 北极星指标并非一成不变，产品不同周期会存在差异。

> **案例讲解**
>
> **产品初期：** 重点关注拉新效果，注册用户会成为核心关注点。
>
> **产品稳定期：** 重点关注用户消费及活跃，留存率、活跃 PV、活跃时间会成为核心关注点。

题目3：某日 DAU 同比大幅下降，你会如何进行问题排查？

考核点：对于异动分析方法论的掌握程度，是否在实战中有较多沉淀？

解答思路：

异动排查往往通过"数据结论＋业务经验"结合进行判断，核心步骤如下。

步骤一：优先判断基线周期与当前周期是否有明显的异常问题，需要先和业务拉齐数据情况，如果能知晓是何原因，就可以有针对性地进行排查。但大多数情况下，业务方也很难快速定位，那么就需要从维度层面全面探索。

步骤二：通过日常维度累积，结合 JSD 散度等方式找出变化程度较大的维度。

步骤三：根据维度拆解 DAU，将各维度值的贡献程度计算出来。排查技巧：如果是天对天的异动，有较大不正常跌幅，往往是某时间点上线了什么东西导致的，这种情况通过时间维度下钻（小时／分钟）能够看出端倪。

步骤四：当发现某些维度有较大异动时，同步业务人员，查询是哪些业务改动可能会对这些维度产生影响。排查技巧：维度之间是会相互影响的，需要找到最异常的维度。

> **案例讲解**
>
> A 维度中只有一个维度值大跌，B 维度全部维度值均大跌，这就很可能是 A 中该维度值下跌，导致的 B 中各维度值下跌，A 维度值的问题更大。

步骤五：最终根据排查，给出数据结论及业务结论，而不能是纯数据结论。

> **案例讲解**
>
> 不好的结论：DAU 下跌主要是推送量级下跌所导致。
>
> 好的结论：DAU 下跌主要是受到推送 ×××策略的影响，导致推送用户量下跌，是大盘下跌的主因，昨日 22 点已经恢复。

步骤六：整理问题文档、做好问题记录、沉淀排查思路、新增排查维度。这对于未来的问题排查会有很大帮助。

题目4：老板需要你对未来一个月的订单量做一个预测，你会如何去做？

考核点：对于预测方法的掌握程度。

解答思路：

首先，明确订单量过去的趋势是否平稳，以及未来一个月中，是否存在影响指标的特殊时点，例如"双十一"、母亲节等。

其次，根据预测模型预测未来数据趋势，可采用的模型方式有很多，其中 Prophet 模型的性价比相对较高，详细介绍可参考第 6 章的内容。

题目5：拉新用户过程中，如何量化度量不同渠道间的优劣？

考核点：对于渠道调控、ROI 评估方式的理解。

解答思路：

拉新往往是通过不同渠道组合进行的，而渠道是需要评估性价比的，也就是投放成本对比用户价值。

这就需要通过 ROI 的方式度量渠道间的优劣，并且随着渠道拉新的深入，单一渠道会呈现边际递减效应。

题目 6：产品近期新老用户流失率均较高，你觉得可能是什么原因？数据侧又可以做哪些事情？

考核点：对于用户增长的理解程度。

解答思路：

新用户和老用户，无论是在产品理解上，还是在用户行为上，均存在差异。因此流失的原因也需要拆开来分析。

1）新用户

（1）可能流失原因。

功能原因：首次注册链路较长；功能设计较为复杂。

内容原因：产品核心内容不够聚焦，用户无法在短时间内发现产品价值；产品核心功能与宣传不符，使用户产生疑惑。

（2）数据分析思路。

针对注册链路的分析：通过注册漏斗找到流失较高的环节，调整设计框架，结合 AB 实验进行评估。注意，这里往往需要伴随维度的拆解，不同风格对于不同用户感知存在差异。

针对核心功能的分析：核心功能是否触达到用户，可以通过渗透率等方式进行评估；核心功能是否满足用户预期，可以通过留存等方式进行判断。

2）老用户

（1）可能流失原因。

内部原因：审美疲劳，用户处于正常衰退期；功能 / 界面改版，用户无法习惯。

外部原因：同类竞品的影响；替代类竞品的影响。

（2）数据分析思路。

流失特点分析：通过随机森林特征贡献度等方式，挖掘影响用户流失较大的特征。例如，连续两周消费减少时用户有流失风险。

流失用户预警：通过模型方式，挖掘用户是否可能会流失，并结合策略进行拉回。

题目 7：产品近期某个页面的跳出率比较高，你会如何查询原因？

考核点：对于产品功能分析的掌握程度。

解答思路：

页面跳出指该页面是用户当前 Session 内的最后一个页面，跳出的原因主要分为两种：用户主动跳出以及用户被动跳出。

用户主动跳出：该页面使用户产生反感，从而使得用户跳出 App，例如推广页面。

可以通过页面是否有跳出点击行为进行判断，优先定位是主动还是被动，导致的跳出率增加。

用户被动跳出：该页面某些点位点击，吊起其他 App 或者跳转到其他页面，这种情况会影响用户的持续消费。可以优先通过用户链路，调研该页面用户最后几次行为是什么，从用户明细粒度总结一些规律，并通过上卷到聚合数据进行验证。

题目 8：业务希望你分析一下产品的现状，并对未来发展给出一些建议，你会如何做？

考核点： 对于探索性分析思路的掌握程度。

解答思路：

探索性分析即进攻性分析，是指在没有先验想法的前提下，通过数据加以探索及发现，做这种分析的时候，思路是非常重要的。

首先，可以考虑通过"人 + 货 + 场"的方式进行维度下钻，发现可能的问题点。

其次，结合一些分析方法及模型方法，探索发现改进的方向点。

再次，通过 AB 实验进行验证，判断产品改进对于用户的北极星指标提升是否有显著作用。

最后，循环前三步环节，将产品往好的方向持续推动。

题目 9：业务提了一个需求，你一般如何处理？结合一个案例加以说明。

考核点： 日常需求处理流程及思考方式。

解答思路：

这里如果你的回答是"业务需要什么，就给对方输出什么"，那你的回答恰巧命中了面试官最不想听到的答案。

这里，面试官希望听到你对一个需求的"思考 + 主导"能力，在处理需求时，可以参考以下流程。

步骤一：了解需求背景，明确业务方真实目的。有时业务方是为了完成老板需求，自己并不清楚要这个数据是为了什么，你这样做可以帮助他梳理清晰。

步骤二：将业务需求数据化。由上至下梳理需要的数据及其口径，预判每个数据能够对结论产生的可能影响。注意，一定要明确口径，并与业务方达成共识，以防返工。

步骤三：处理需求。根据产出的数据判断是否可以满足业务目标，如不可以，需要继续思考，调整数据方向。

步骤四：输出需求文档。其中涵盖"数据 + 业务结论 + 业务建议"，从被动接需求，转变成主动推动需求。

题目 10：在你的工作中，会用到哪些分析方法论去处理业务问题？

考核点： 对于分析方法论应用的熟练程度。

解答思路：

这道题相对比较开放，可以选择一个你应用较多的分析场景，例如归因分析、预测分析、相关分析、因果分析、漏斗分析、链路分析、用户分析等。

12.12.2　小结

数据分析师是为了辅助业务发展，但绝不是业务提什么需求，我们就要去做什么，需要加进自己的思考。只要在工作的过程中多沉淀、多思考，面试中的此类问题，是绝对难不倒你的。

希望通过本节的学习，可以帮助你扩充思路，在面试中游刃有余。

12.13　本章小结

老姜：小白，通过本节的学习，是否会让你对面试更有信心了呢？

小白：当然会，我觉得整体思路都更清晰了，最重要的是知道该如何准备面试了！

老姜：有收获就好，快去准备吧！